W0268430

Hubig · Technik- und Wissenschaftsethik

Springer

*Berlin
Heidelberg
New York
Barcelona
Budapest
Hong Kong
London
Mailand
Paris
Santa Clara
Singapur
Tokio*

Christoph Hubig

Technik- und Wissenschaftsethik

Ein Leitfaden

2. Auflage
mit 25 Abbildungen

Springer

Univ.-Prof. Dr. phil. Christoph Hubig
Lehrstuhl für Praktische Philosophie
Universität Leipzig
Augustusplatz 9
04109 Leipzig

ISBN-13: 978-3-642-79628-9   e-ISBN-13: 978-3-642-79627-2
DOI: 10.1007/978-3-642-79627-2

Die Deutsche Bibliothek – Cip-Einheitsaufnahme
Hubig, Christoph:
Technik- und Wissenschaftsethik : Ein Leitfaden / Christoph Hubig. -
2. Aufl. - Berlin ; Heidelberg ; New York ; London ; Paris ; Tokyo ;
Hong Kong ; Barcelona ; Budapest : Springer, 1995

Die Wiedergabe von Gebrauchsnamen, Handelsnamen, Warenbezeichnungen usw. in diesem Buch berechtigt auch ohne besondere Kennzeichnung nicht zu der Annahme, daß solche Namen im Sinne der Warenzeichen- und Markenschutz-Gesetzgebung als frei zu betrachten wären und daher von jedermann benutzt werden dürften.

Sollte in diesem Werk direkt oder indirekt auf Gesetze, Vorschriften oder Richtlinien (z.B. DIN, VDI, VDE) Bezug genommen oder aus ihnen zitiert worden sein, so kann der Verlag keine Gewähr für die Richtigkeit, Vollständigkeit oder Aktualität übernehmen. Es empfiehlt sich, gegebenenfalls für die eigenen Arbeiten die vollständigen Vorschriften oder Richtlinien in der jeweils gültigen Fassung hinzuzuziehen.

SPIN: 10484387   68/3020 - 5 4 3 2 1 0 - Gedruckt auf säurefreiem Papier

Herrn
Prof. Dr. Werner Fischer,
dem Rektor der Fachhochschule Karlsruhe
und Vorsitzenden der Studienkommission
für Hochschuldidaktik an Fachhochschulen
Baden-Württembergs
mit Dank für die ständige Unterstützung
und Ermutigung zu diesem Projekt
gewidmet.

Inhaltsverzeichnis

0 Vorwort

0.1 Das Anliegen dieses Leitfadens

Die Absicht, einen "Leitfaden Technik- und Wissenschaftsethik" vorzulegen, dürfte gerade unter Philosophen auf gut begründete Vorbehalte stoßen. Wird doch dadurch suggeriert, es gäbe in diesem Bereich ein mehr oder weniger gefestigtes Wissen, das vermittelbar und anwendbar wäre. Ist doch zu unterstellen, daß das Philosophieren als eine entscheidungsabhängige Tätigkeit (Ludwig Wittgenstein)

— bei der Begriffe auszuwählen und zum Zwecke der Identifizierung einzusetzen sind,

— bei der formale und inhaltliche Regeln des Schließens anzuerkennen oder zu verwerfen sind,

— bei der Normen dieser Anerkennung zu rechtfertigen oder zu kritisieren sind,

— bei der Problemperspektiven geteilt werden oder nicht,

— bei der vorgängig die Adäquatheit von Methoden behauptet oder zurückgewiesen wird und

— bei der das Einlassen auf einen bestimmten Diskurs niemandem grundsätzlich abzuverlangen ist, geschweige denn Einigkeit vorauszusetzen ist bei der Beurteilung der Relevanz für die Praxis

verdrängt würde zugunsten einer Gängelung durch die Philosophie (die sich von solcherlei Ansprüchen längst frei gemacht hat). Kann überdies doch der Eindruck entstehen, daß hier eine Entlastung angeboten würde, die den einzelnen von der Bürde moralischer Unsicherheit zu befreien vermag und vom Druck der Rechtfertigung durch Verweis auf die Philosophie entbinden könnte.

Die Kritik an solcherlei (unterstellbaren) Absichten wird von philosophisch engagierten und interessierten Fachwissenschaftlern und Ingenieuren sicherlich geteilt.

Auf der anderen Seite sieht sich Praktische Ethik mit gegenläufigen Forderungen konfrontiert: Unter dem Problemdruck der gegenwärtigen Situation verbunden mit dem Zeitdruck bei der Problembewältigung – hier gilt oftmals, daß "aufgeschoben" bereits "aufgehoben" ist – erwartet man griffige Lösungsstrategien, so etwas wie eine "Lebenssoftware" oder Lösungsalgorithmen für die anstehenden Probleme, die sich im Blick auf die noch nie so groß gewesenen Chancen und Risiken, die Technik und Wissenschaft eröffnen, aufbauen. Im Extremfall laufen die

Ansprüche darauf hinaus, daß z. B. aus der Ethik der Technik eine "Technik der Ethik" wird, daß also Umgangsformen etabliert werden sollen, die auf einen wohl aufgearbeiteten Fundus von "ethischen Lösungen" zurückgreifen können, oder daß etwa aus einer Ethik der Wirtschaft Richtlinien für ein "Wirtschaften unter Ethik" (oder gar "mit Ethik", wenn man an den Einsatz ethischer Argumente in den Marketingstrategien denkt) gewonnen werden könnten. Diese Haltung ist unter den motivierten Studenten sehr verbreitet, aber auch -- verständlicherweise -- bei allen, die in ihrer Berufspraxis an verantwortlicher Stelle unter Entscheidungsdruck stehen. Die "Ethik" soll bei der Qualifizierung der entscheidungsfähigen Größen "beteiligt" werden und beim Abwägen zusätzliche Gewichtungen beibringen.

In dieses Spannungsfeld stellt sich der vorliegende Leitfaden ganz bewußt, und er versucht, diesem Grundproblem dadurch zu begegnen, daß er es beständig mitreflektiert. Dabei soll nicht ein seichter Kompromiß des "sowohl als auch" herauskommen, sondern es soll dem Problem dadurch entsprochen werden, daß sich der Leitfaden als "Katalysator" versteht: Er soll "Reaktionen" ermöglichen und aktivieren, die jedem einzelnen obliegen und entspricht dadurch der erstgenannten Auffassung.Und durch die Möglichkeiten, die er aufdeckt, eröffnet und modelliert, kann er vielleicht diejenigen Hilfestellungen erbringen, die aus der Sicht der zweiten Position erwartet werden.

Der Leitfaden enthält einen Überblick über Problemstellungen und Lösungsansätze. Er folgt dem Anliegen, die Diskussion um Fragen einer Technik- und Wissenschaftsethik von der Ebene allgemeinen Moralisierens oder öffentlichkeitswirksamer politischer Manifestationen herunterzuholen auf die Ebene konkreter Arbeit in der Praxis des Wissenschaftlers, des Ingenieurs und des Managers. Daher sind zu Beginn überhaupt erst einmal die ungeheuren Probleme zu thematisieren, die sich einer Verfolgung dieses Anliegens in den Weg stellen. Die Behandlung solcher Problemstellungen hat zugleich den Zweck, die Adressaten entsprechender Lehrveranstaltungen für Fragen einer Technik- und Wissenschaftsethik überhaupt zu sensibilisieren. Denn nur derjenige, der seine eigenen praktischen Probleme in einer Problemexplikation wiedererkennt, wird geneigt sein, sich auf die zugegebenermaßen schwierigen Lösungsansätze einzulassen.

Andererseits trifft das Bild vom Katalysator nicht ganz, denn der Leitfaden ist nicht im radikalen Sinne "neutral": Durch die Auswahl, Gewichtung und Ergänzung der Problemstellungen und Lösungsansätze wird die Diskussion in eine bestimmte Richtung geführt, in der sich der Leitfaden von anderen Einführungen unterscheidet und ihren Defiziten -- auch was die Umsetzung in die Praxis angeht -- zu begegnen sucht. Es sind dies

— eine Analyse der Problemsituation auf der Basis einer handlungstheoretischen Analyse des Umgangs mit Wissen und Technik,
— eine Favorisierung der aristotelischen Klugheitsethik in ihrer Kritik an Prinzipien und Imperativen,
— eine Betonung der Aspekte institutionellen Handelns und entsprechend eine Ethik institutionellen Handelns im Bereich von Wissenschaft und Technik in Ergänzung zur Individualethik,
— eine Rehabilitierung der materialen Wertethik und ihrer Suche nach Basiswerten, die inhaltlich die Zweckfindung beim Entscheiden leiten können ("Options"- und "Vermächtniswerte"),

— der Versuch, anstelle von grundsätzlichen Befürwortungs- und Verwerfungs-
prinzipien "Testfragen" zu entwickeln, auf deren Folie das Abwägen erfolgen
kann.

Die zunehmende Verwissenschaftlichung der Technik sowie die Technisierung der
Wissenschaften verlangen, daß beide Gebiete gemeinsam behandelt werden. Nur so
ist dem oft von Ingenieuren vertretenen Vorurteil zu begegnen, Wissenschaft sei
objektiv sowie der verbreiteten Auffassung, Technik sei – für sich gesehen – eine
wertneutrale Umsetzung von Wissen unter externen (politischen, wirtschaftlichen)
Direktiven. Die Analyse der Entscheidungsprozesse, unter denen wissenschaftliche
Resultate gewonnen und technische Innovationen gezeitigt werden, stellt den
Problembereich vor, der die Ansatzpunkte für mögliche Überlegungen zur
Rechtfertigung jener Entscheidungen und somit den Übergang in die Ethik enthält.
Technik- und Wissenschaftsethik können nur im interdisziplinären Dialog be-
trieben werden. Denn die brisanten Probleme, die die gegenwärtige öffentliche
Diskussion beherrschen, betreffen im wesentlichen sogenannte Nebenfolgen oder
Fernwirkungen in der Zukunft. Vom objektiven Standpunkt aus aber gibt es keine
Nebenfolgen, sondern diese erscheinen als solche im Lichte begrenzter Absichten
und fachperspektivisch verengter Erwartungen, die neben den erwarteten und intendierten Folgen sich mit Effekten konfrontiert sehen, die deshalb als Nebenfolgen
erscheinen, weil sie jenseits der gesetzten Zwecke und jenseits des Wissenshorizonts des Handelnden liegen. Aufgrund der Überlagerung von Folgekomplexen
können Fernwirkungen entstehen, die nicht mehr durch bloße Trendextrapolation
zu erfassen sind. Die Diskussion von solcherlei problematischen Kandidaten einer
Rechtfertigung ist daher nur im Rahmen interdisziplinärer Zusammenarbeit gewährleistet. Der vorliegende allgemeine Teil des Leitfadens berücksichtigt bereits
diese interdisziplinären Aspekte, ist aber ergänzungsbedürftig. Daher sollen im
Anschluß an diesen allgemeinen Teil spezifische, jeweils fachbezogene Handrei-
chungen angefügt werden, die im Rahmen interdisziplinärer Seminare mit Vertretern der einzelnen Fachwissenschaften erarbeitet werden. Insbesondere die wirt-
schaftsethischen Fragestellungen im Blick auf Wissenschaft und Technik bedürfen
einer eigenen Darstellung.
Aber auch im Blick auf "Wissenschaft" ist dieser Leitfaden unvollständig. Er
berücksichtigt zunächst nur diejenigen natur- und sozialwissenschaftlichen
Aspekte, die einerseits für die technischen Disziplinen relevant sind, andererseits
durch die Entwicklung der Technik und die Etablierung technischen Denkens direkt
geprägt sind. Dabei stellt sich aber auch ein weiteres Grundproblem dieses Leitfadens im Lichte der Tatsache, daß die hochdifferenzierten Wissenschaften und Techniken kein homogenes Gebilde sind. Es waren daher Stilisierungen und Modellierungen notwendig, die auch durch die fachbezogenen Fallanalysen und Beispiele
nicht aufgefangen werden können. Eine allgemeine Orientierung an den empirischen Wissenschaften folgt zunächst der verbreiteten Tendenz, die "Wissenschaft"
mit "science" identifiziert und das Feld der qualitativ orientierten, verstehenden
Wissenschaften ("humanities") als "weichen" Disziplinen ignoriert. Andererseits
wird im Zuge der Darstellung wohl deutlich, daß die empirisch orientierten
"harten" Erkenntnisstrategien nur einen entscheidungsabhängigen Sonderfall allgemeiner Erfahrung darstellen (vergl. z. B. das Kap. "Risiko"). Was die geisteswissenschaftlichen Disziplinen sowie die verstehenden Sozialwissenschaften an-

geht, kann ich an dieser Stelle nur auf andernorts publizierte Vorarbeiten verweisen. Für die verstehende Methode finden sich diese im 3. Kapitel meiner Habilitationsschrift "Handlung - Identität - Verstehen"[1], für die verstehenden Sozialwissenschaften, insbesondere die Psychologie in den Arbeiten, die im Zuge des Forschungsschwerpunktes "Qualitative Psychologie" am Institut für Psychologie der Technischen Universität Berlin (G. Jüttemann) entstanden sind und später zusammengefaßt werden sollen.[2]

0.2 Kommentar zum Inhalt

Solange man Technik als Arsenal menschlich hergestellter Gebilde versteht oder unter Wissenschaft das Gebäude allgemein anerkannter Lehrsätze, gibt es keinen Ansatzpunkt für eine Ethik. Erst der *Umgang* mit menschlichen Artefakten oder der *Umgang* mit Gedanken wird überhaupt zum Kandidaten einer möglichen Rechtfertigung. Dabei umfaßt der Umgang die entscheidungsabhängigen Herstellungs- und Gewinnungsstrategien, die Veröffentlichung, Diskussion, Verteidigung und Vertreibung der entsprechenden Gedanken und Gegenstände, ihre Anwendung, ihre Nutzung, ihre Interpretation, Verstärkung und Verhinderung, also all das, was an Handlungen, die auf jene Gegenstände gerichtet sind, denkbar ist. Handlungen folgen, soweit sie bewußt vorgenommen werden, bestimmten Maximen. Die Rechtfertigung jener Maximen obliegt der *Moral*, der der einzelne folgt. Die Diskussion der moralischen Rechtfertigungsstrategien ist Gegenstand der *Ethik*. (Dabei sind Unterschiede im Wortgebrauch zu berücksichtigen: Im Angelsächsischen versteht man unter Moral im weiteren Sinne die sich verfestigt habenden und allgemein kulturell anerkannten Handlungsgewohnheiten, denen sich die "Moral sciences" widmen. Ethik wird dann oft als "analytische Ethik", als Beschreibung und Rekonstruktion jener Anerkennungsmechanismen, begriffen. Im hierzulande verbreiteten Sprachgebrauch würde eine solche Auffassung von Moral eher durch den Begriff des *Ethos* abgedeckt, wie er sich z. B. im Standesethos der Ärztekammer, der

---

[1]Chr. Hubig, Handlung - Identität - Verstehen. Von der Handlungstheorie zur Geisteswissenschaft, Weinheim 1985, sowie: ders., Rezeption und Interpretation als Handlungen. Zum Verhältnis von Rezeptionsästhetik und Hermeneutik, in: H. Danuser/ F. Krummacher (Hrsg.), Rezeptionsästhetik und Rezeptionsgeschichte, Laaber 1991, S. 37-56.

[2]Chr. Hubig, Rationaltätskriterien qualitativer Analyse, in: G. Jüttemann (Hrsg.), Qualitative Forschung in der Psychologie, Weinheim 1985, S. 327-351; ders., Idiographische und nomothetische Forschung aus wissenschaftstheoretischer Sicht, in: H. Thomae (Hrsg.), Biographie und Psychologie, Berlin/Heidelberg/New York 1987, S. 64-72; ders., Die Hermeneutik und ihre Bedeutung für die Psychologie, in: G. Jüttemann (Hrsg.), Wegbereiter einer Historischen Psychologie, Weinheim 1988, S. 70-83; ders., Analogie und Ähnlichkeit. Probleme einer theoretischen Begründung vergleichenden Denkens, in: G. Jüttemann (Hrsg.), Komparative Kasuistik, Weinheim 1989, S. 133-143; ders., Abduktion. Das implizite Voraussetzen von Regeln, in: G. Jüttemann (Hrsg.), Regelgeleitetes Handeln. Zur Wiederbegründung einer geisteswissenschaftlichen Psychologie, Heidelberg 1991, S. 1-11.

Rechtsanwälte oder in den Ingenieurkodizes ausdrückt.) Der engere Begriff der Moral in Absetzung von dem amoralischen Verhalten, das bloß subjektiven Trieben, Interessen und Leidenschaften folgt, meint zunächst nichts anderes als die bewußte Orientierung von Handlungsvollzügen an einem individuellen Lebensentwurf. Der Ethik kommt dann die Aufgabe zu, solche Lebensentwürfe ihrerseits zu rechtfertigen bzw. sie auf ihre übersubjektive Anerkennbarkeit hin zu befragen.

Der Leitfaden setzt daher – nach einem Rückblick auf die neuere Problemgeschichte – bei der Analyse der Entscheidungsprozesse im Bereich Technik und Wissenschaft an. Diese Analyse erbringt überhaupt erst das Thema der ethischen Bewertung, im Blick darauf, ob der Umgang mit Werkzeugen, Maschinen oder technischen Systemen jeweils zu rechtfertigen ist, bzw. ob im Bereich der Wissenschaften konkrete Operationen, Methoden oder ganze Paradigmen zur Diskussion stehen. Es wird zu zeigen sein, daß es sich um jeweils völlig unterschiedliche Problemlagen handelt. Je nach Problemlage finden wir unterschiedliche *Möglichkeiten* der entsprechenden Folgen der Handlung, die zunächst zu verantworten sind, vor: Entsprechend ist der *Gegenstand* der Bewertung ein unterschiedlicher. Aus der Analyse der Entscheidungsprozesse sind aber inzwischen auch die Probleme dieser Gegenstandsbestimmung deutlich geworden. Die Bestimmung des Typs des Gegenstandes der Verantwortung ist Voraussetzung für die Auswahl der entsprechenden Strategien der *Technikfolgenabschätzung*, die den Gegenstand näher erfaßt und – bei aller Unsicherheit – modelliert. Dann können wir zur zweiten Voraussetzung der Behandlung des Verantwortungsproblems übergehen, der Frage nach dem *Subjekt* der Verantwortung. Aus der Analyse der Entscheidungsprozesse resultiert, daß die Verantwortung nicht in erster Linie bei individuellen Subjekten liegt. Die Erträge der Institutionenphilosophie und der Organisationssoziologie helfen uns, das Subjekt der Verantwortung genauer zu differenzieren. Erst an diesem Punkt kann dann der Übergang zur eigentlichen *Rechtfertigungsproblematik* erfolgen. Ein Überblick über die ethischen Begründungsansätze zeigt, daß wir zur Rechtfertigung des institutionellen Handelns auf Prinzipien und Imperative zurückgreifen können, die ihren Grund in der Rechtfertigung der Existenz von Institutionen überhaupt haben und somit auch Technik und Wissenschaft als Institutionen betreffen. Andererseits zeigt die aristotelische Kritik an der Möglichkeit, solche Prinzipien in die Praxis umzusetzen, daß wir zusätzliche Instanzen des individuellen Abwägens benötigen. An dieser Stelle kann meines Erachtens eine moderne Form der Wertethik die Zweckfindung und Qualifizierung der Mittel beim Handeln leiten. Schließlich sollen vier Testfragen den Abwägungsprozeß zu strukturieren helfen, wie er im Blick auf die Pilottechnologien Energiebereitstellung, Gentechnologie und Informatik exemplifiziert wird. (Das Kapitel 2 ist eher für die philosophisch interessierten Leser gedacht und rechtfertigt das weitere Vorgehen aus der Problemgeschichte heraus. Für die ausschließlich an Fragen der Technikbewertung interessierten Leser ist die Lektüre verzichtbar) Zum Schema des Vorgehens s. Abb. 1.

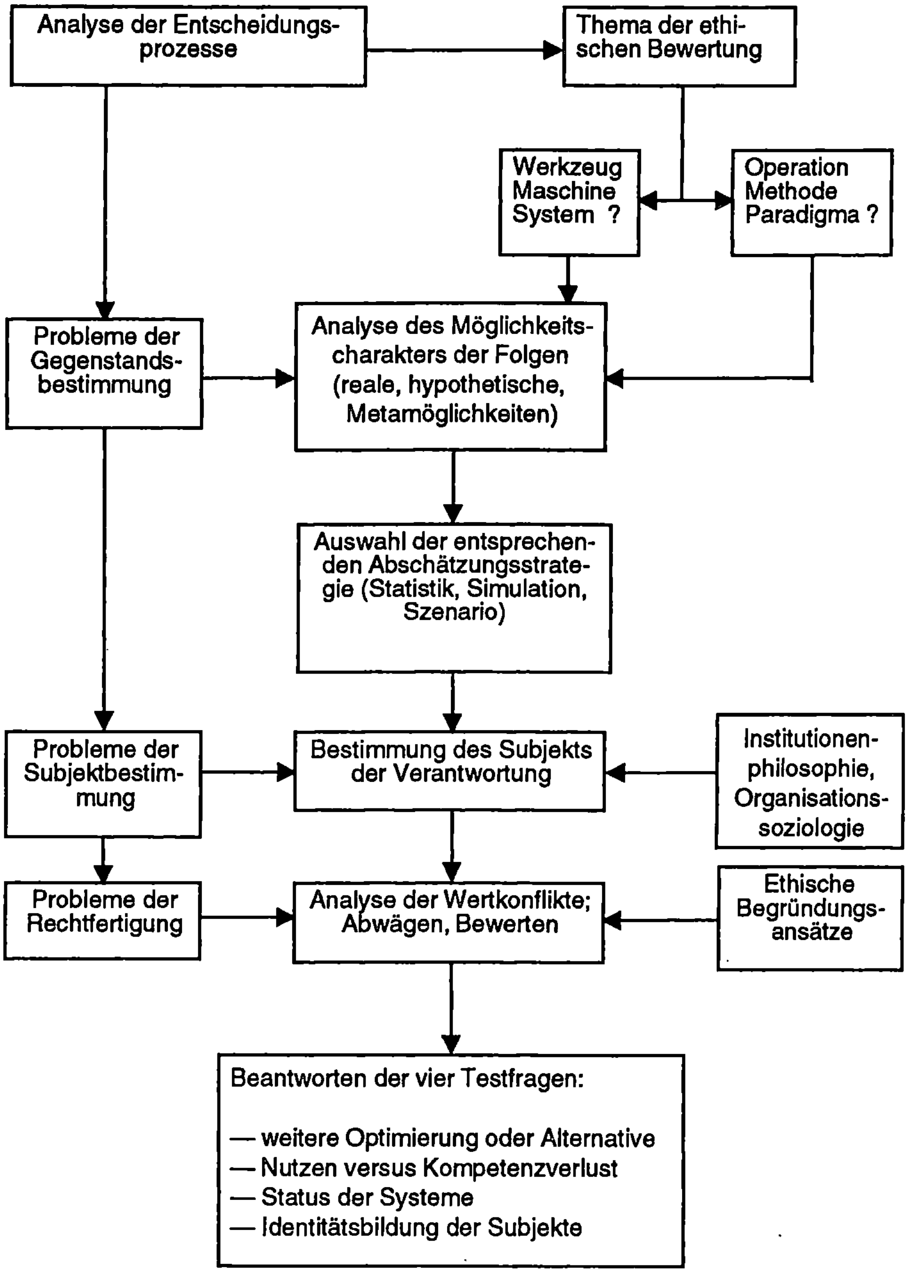

Abb. 1. Schema des Vorgehens

0.3   Vorgeschichte

Der vorliegende "Leitfaden" profitiert von den Anregungen, die ich zum einen im Zuge der Vorlesung "Technik- und Wissenschaftsethik" an der Technischen Universität erhalten habe, zum anderen während meiner Tätigkeit als Leiter (zusammen mit Hans Poser) des Teilgebiets Philosophie des sechsjährigen DFG-Projekts "Konstruktionshandeln" (Normative Probleme des Rechnereinsatzes und wissenbasierten CAD's beim Konstruieren) an der TU Berlin, wobei ich insbesondere meiner Mitarbeiterin Eva Jelden zu Dank verpflichtet bin.

Weiterhin konnte ich wertvolle Anregungen aus dem Colloquium "Verantwortung in Wissenschaft und Technik" beziehen, das im WS 1987/88 an der TU Berlin stattfand[3] sowie aus der Diskussion um die Inhalte eines zu gründenden Zentrums "Technik und Gesellschaft".

Seine jetzige Gestalt hat der "Leitfaden" jedoch im Zuge meiner zweijährigen Tätigkeit als "Referent für Technik- und Wissenschaftsethik" an den Fachhochschulen Baden-Württembergs gewonnen.

Angeregt durch Erwin Teufel – noch aus seiner Zeit als Abgeordneter des Landtags – verfolgt das Ministerium für Wissenschaft und Kunst Baden-Württembergs seit 1988 deutlich die Politik, das Ausbildungsangebot in Sachen Wissenschaftsethik zu verbessern. Damit kommt es sowohl den Forderungen des VDI nach Erhöhung allgemeinbildender Studienanteile in der Ingenieursausbildung nach wie gewerkschaftlichen Vorstellungen und den Tendenzen der Wirtschaft, die "Technikverantwortung in der Unternehmenskultur" zu verankern (so der Titel einer neuerlichen Tagung in Düsseldorf)[4].

Die Fachhochschulen reagierten durch die Benennung von Ethikbeauftragten sowie die Gründung einer Arbeitsgruppe "Wissenschaftsethik". Inzwischen gehören Technik- und Wissenschaftsethik an einigen Fachhochschulen bereits zum Katalog der Wahlpflichtfächer. Damit die Ethik aber praxisnah vermittelt werden kann, war insbesondere auch die Weiterbildung der Professoren notwendig. Nur so läßt sich die inzwischen von vielen Managern geteilte Meinung, daß Ethik, Ökologie und Ökonomie nicht mehr in Konkurrenz zueinander stehen müssen, den Studenten in ihren Fachgebieten vermitteln.

Unter der Federführung der Studienkommission für Hochschuldidaktik an den Fachhochschulen Baden-Württembergs und ihrem Vorsitzenden, Prof. Dr. Werner Fischer, wurde (und wird weiterhin) – ausgehend von einer Geschäftsstelle an der Fachhochschule Karlsruhe – das Projekt Technik- und Wissenschaftsethik realisiert, das gerade im Blick auf die angewandte Forschung an den Fachhochschulen für Technik, Wirtschaft, Sozialwesen und öffentliche Verwaltung durch die Etablierung einschlägiger Lehrveranstaltungen und interdisziplinärer Projekte den aktuellen Problemen entsprechen will. Von den Ethikbeauftragten der Fachhochschulen, insbesondere den Kolleginnen und Kollegen R. Capurro, G. Frey, M. Körber-

---

[3] Chr. Hubig (Hrsg.), Verantwortung in Wissenschaft und Technik, (TUB - Dokumentation Nr. 54), Berlin 1990.

[4] V. Brennecke/ W. Ch. Zimmerli (Hrsg.), Technikverantwortung in der Unternehmenskultur, Düsseldorf 1993..

Weik, O. Onnen, M. Praetorius habe ich im Zuge dieser Tätigkeit wertvolle Hinweise erhalten und danke allen sehr herzlich. Dasselbe gilt für die Mitglieder des zentralen VDI-Arbeitskreises Philosophie und Technik sowie des VDI-Arbeitskreises Gesellschaft und Technik Baden-Württemberg.

Die Erträge der bisherigen Arbeit wurden von der Internationalen Gesellschaft für Ingenieurpädagogik (IGIP) mit dem Sonderpreis 1992 ausgezeichnet, der als Druckkostenzuschuß zur Realisierung der vorliegenden Fassung Verwendung fand. Hierfür sowie für die dadurch ausgedrückte Ermutigung bin ich der IGIP sehr dankbar.

Der vorliegende Leitfaden versteht sich also als Anregung zur Gestaltung entsprechender Lehrveranstaltungen auf diesem Gebiet, zur Integration entsprechender Lehrinhalte in die Fachvorlesungen, zur Gestaltung interdisziplinärer Projekte im Blick auf die zu behandelnden Fragestellungen sowie für das Brainstorming der Entscheidungsträger. Wenn er als "Steinbruch" benutzt wird, hat er eine wichtige Funktion erfüllt. Er will kein Lehrbuch sein, sondern ein Handbuch für die Lehre. Die Schaubilder sind so angelegt, daß sie bei Bedarf als Vortragsfolien eingesetzt werden können.

1 Einleitung

1.1 Die Frage nach einer Ethik von Wissenschaft und Technik

Wer die Frage nach der Verantwortung in Wissenschaft und Technik aufwirft, stößt inzwischen kaum mehr auf Vorbehalte. Längst ist dieses Thema im öffentlichen Bewußtsein verankert, fester Bestandteil der Reden von Politikern, Industriellen und Umweltschützern. Philosophische Bestseller wie Hans Jonas' "Das Prinzip Verantwortung"[1] haben inzwischen paradigmatischen Charakter gewonnen und provozierten – wie alle Paradigmen – die Profilierung von Gegenpositionen sowie die Ausdifferenzierung und Modifizierung der Idee von Verantwortung, so daß man durchaus sagen kann, daß die Konzepte "wuchern", daß der Diskurs über Verantwortung fast schon unübersichtlich geworden ist. In anderer Beleuchtung erscheint jedoch die Eingangsfrage, wenn sie auf eine spezifische Ethik von Wissenschaft und Technik zielt. Hier sind in vielerlei Hinsicht Einwände artikuliert, von denen die wichtigsten vorab zu diskutieren sind.

Philosophen, die diese Frage als Herausforderung für eine "angewandte Philosophie" oder "angewandte Ethik" erachten, befinden sich in dem Dilemma, dem sich jeder Theoretiker ausgeliefert sieht, der sich um Anwendbarkeit bemüht: Entweder muß er seine spröden, typisierenden oder generalisierenden Theoreme und Prinzipien durch komplizierte Kasuistiken und differenzierte Brückenprinzipien, also einen eigenen Apparat von Anwendungsregeln, auf die Wirklichkeit beziehen. Oder er besteht auf seinem rigiden und prinzipiellen Argumentationsniveau, verbunden mit dem Anspruch, die Komplexität des Wirklichen zu reduzieren, einfache Formeln der Orientierung anzubieten, Modelle des Entscheidens vorzulegen, die sich bewußt von der in variablen und amorphen Prozessen ablaufenden Realität abheben.[2]

---

[1] H. Jonas, Das Prinzip Verantwortung. Versuch einer Ethik für die technologische Zivilisation, Frankfurt/M. 1979.

[2] "Mit der Kunst (der Genrekombination) als solcher, auf den Menschen angewandt, würden wir die Pandorabüchse melioristischer, stochastischer, erfinderischer oder einfach pervers-neugieriger Abenteuer öffnen, die den konservativen Geist genetischer Reparatur hinter sich ließen und den Pfad schöpferischer Arroganz beschreiten. Hierzu sind wir nicht berechtigt und nicht ausgerüstet —nicht mit der Weisheit, nicht dem Wertwissen, nicht mit der Selbstzucht — und keine alten Ehrfürchte schützen uns

Im ersten Fall wird seine Fachkompetenz weit überschritten – die immer wiederkehrenden blamablen Äußerungen von philosophischer Seite, wenn es um Verkehrsprobleme[3], Techniksteuerung, Wirtschaftsgestaltung, Wissenschaftsplanung oder ihre Unterlassung geht, dokumentieren dies. Woher sollte der Einblick in die komplizierte Binnenstruktur der Praxis auch kommen, wenn der Philosoph eben in dieser Praxis nicht selbst steht?

Im zweiten Fall lassen sich seine Argumente mit den Expertenargumenten bezüglich der Weltfremdheit seiner Thesen, die keinen Definitionsbereich hätten, unterlaufen – Utopien im eigentlichen Sinne des οὐ τόπος, des "keinen Ort habens".

Aus diesem Dilemma führt meines Erachtens die Wiederaufnahme der aristotelischen Einsicht, daß in Fällen des Entscheidens nur ein nicht-theoretisches Vermögen, die praktische Klugheit, die nicht durch Angabe von Prinzipien, sondern nur durch "Lebenserfahrung" zu erlangen ist, in Anschlag zu bringen ist.[4] Über die "Umrisse" ihres Vorgehens, nämlich die "rechte Mitte" zwischen den Extremen des Mangels und des Überflusses zu erreichen, kann man sich verständigen.[5] Ihr Wirkungsfeld ist von außen eingrenzbar, die Binnenstruktur ihrer Entscheidungen jedoch nicht von vornherein oder allgemein rekonstruierbar. So können wir durchaus Kriterien angeben, wann im typischen Fall das Extrem des Mangels oder das des Überflusses gegeben ist, nicht jedoch im Einzelfall philosophisch argumentierend nachweisen, daß diese Bedingung erfüllt ist, weil die Vernetzung der Handlungszusammenhänge ein kluges "Abwägen" erfordert. Wenn dieses versuchte – immer unter Unsicherheit – z. B. Risiken zu mindern, Chancen nicht zu verstellen, Makrorisiken zu vermeiden, Entfaltungsmöglichkeiten menschlicher Handlungskompetenz nicht zu reduzieren – wäre es einem Handeln verpflichtet, das als "Eupraxia" (Aristoteles), als "gutes Leben" der Erhaltung des Handelnkönnens folgt, insofern also "Selbstzweck" wäre, wie es Aristoteles charakterisiert.[6] Es gilt also nach wie vor die Ansicht, daß "nichts anwendungsfreundlicher sei als eine gute Theorie" aufrechtzuerhalten, insofern aber zu modifizieren, als dem Zusatz "sofern sie den Spielraum klugen Abwägens nicht verstellt" neue Bedeutung zukommt, gerade im Blick auf eine Ethik von Wissenschaft und Technik. Dies überführt eine solche Ethik keineswegs in die Beliebigkeit und Willkür individuellen oder partikularistischen Entscheidens und seiner Rechtfertigung, verweist vielmehr die philosophische Intervention in die Domäne von Grenz- und Typusbestimmungen, sowie – mit aller Vorsicht – die Entwicklung von Modellen für Entscheidungsprozesse, die jenes kluge Abwägen optimieren, transparent machen, immanent beherrschbar und kritisierbar werden lassen, was ja seiner Intention entspricht.

Weltenzauberer noch vor dem Zauber leichtfertigen Frevels. Darum bliebe die Büchse besser ungeöffnet." H. Jonas, Technik, Medizin und Ethik, Frankfurt/M. 1987, S. 216f.

[3]Exemplarisch R. M. Hares Vorschlag, für nicht ausgelastete Fahrzeuge einen Insassenzoll zu erheben: R. M. Hare, Entscheidungsfindung in der Städteplanung, Diskussionsbeiträge zur Ethik Nr. 16, Saarbrücken 1991.

[4]Aristoteles, Nikomachische Ethik, 6. Buch, 1140a 24 - 1142a 30.

[5]Vergl. O. Höffe, Ethik und Politik. Grundmodelle und -probleme der praktischen Philosophie, Frankfurt/M. 1979, S. 66-71.

[6]Vergl. Chr. Hubig, Handlung - Identität - Verstehen, a. a. O., S. 88-96.

Wer nun die gegenwärtig geführte Debatte um die Verantwortung in Wissenschaft und Technik überblickt, wird feststellen, daß sie sich in einem wesentlichen Punkt von anderen zentralen philosophischen Diskussionen unterscheidet: Differieren in diesen Diskussionen die Positionen insbesondere aufgrund einer völlig unterschiedlichen Einschätzung der Problemstellung (z. B. im Methodenstreit der Sozialwissenschaften oder im Streit um die biologische Begründung unserer Erkenntnis)[7], so läßt die gegenwärtige Debatte ein erstaunliches Mißverhältnis zwischen einer einheitlichen Einschätzung des Problems und völlig divergierenden Lösungsvorschlägen überhaupt erkennen. Die Problemlage ist klar: Erstmals absehbare Makrorisiken bedrohen im Zuge unrevidierbarer Prozesse die Menschheit als Gattung. Da es sich um problematische *Folgen* handelt, wird allgemein dementsprechend eine neue *Verantwortung*sethik gefordert. Als Erscheinungsfelder dieser Makrorisiken werden immer wieder übereinstimmend benannt:

— Atomphysik und Kerntechnologie, deren Folgelasten und Risiken als nicht mehr beherrschbar erscheinen,
— Genetik und Gentechnologie, die nichtrevidierbare Eingriffe in Naturprozesse und -kreisläufe ermöglichen,
— Informatik und Kommunikationsforschung, deren Modelle menschliches Denken und Kommunizieren prägen und unsere traditionellen soziokulturellen Identitäts- und Orientierungsstandards zu zerstören drohen,
— naturwissenschaftlich orientierte Sozialwissenschaften, die den Menschen "verdinglichen",
— der Einsatz von Technik, der die Biosphäre, Biotope, Artenvielfalt beschädigt u. v. a. mehr.

Adorno/Horkheimers These von 1948,[8] daß das mechanistische, objektivierende Weltbild neuzeitlichen Denkens als Rahmen für die "instrumentelle Vernunft" mit ihrer reduzierten Rationalität, daß also die Idee der Unterwerfung der Natur unter die Nützlichkeitserwägungen der "Tauschgesellschaft" das Fundament jener Entwicklung sei, greift hier nicht mehr. Denn die Natur – auch die menschliche – wird inzwischen durchaus als System gedacht, und die Anmaßung des Menschen scheint jetzt darin zu bestehen, daß er diese Systeme zu regulieren beansprucht. Weder von den Betreibern noch von den Kritikern dieser Entwicklung wird bestritten, daß wir in solche systemischen Prozesse eingebunden sind. Diese drohen sich jedoch aufgrund ihrer Komplexität zunehmend jeder Regulation zu entziehen.

Die hierauf reagierenden Versuche, ein "Eigenrecht" der Natur als System oder eine "Heiligkeit" der Natur als Alternative der Orientierung anzubieten, stehen vor

---

[7]Vergl. die Beiträge von R. Dahrendorf, 'Anmerkungen zur Diskussion', in: Th. W. Adorno et al., Der Positivismusstreit in der deutschen Soziologie, Neuwied/ Berlin 1969, S. 145-154, sowie von W. Stegmüller, Evolutionäre Erkenntnistheorie, Realismus und Wissenschaftstheorie, in: R. Spaemann et al. (Hrsg.), Evolutionstheorie und menschliches Selbstverständnis, Weinheim 1984, S. 5-34.

[8]Th. W. Adorno/ M. Horkheimer, Dialektik der Aufklärung, Frankfurt/M. 1948, S. 9-49.

dem Begründungsdefizit, wie denn ein solcher Wertbegriff "Natur" unabhängig von den Modellen, die wir uns von ihr machen, zu entwerfen wäre.[9]

Jene Problemsicht führt entweder zur kritischen Konsequenz, daß die Position des Handlungssubjekts in Frage gestellt wird sowie zu einer Ethik, die nur noch den geordneten Rückzug befiehlt, oder sie führt zur zynischen Konsequenz, daß die menschliche Erkenntnis- und Handlungskompetenz als Teilmoment einer universellen Evolution aufgefaßt und eine philosophische Legitimation nur noch im Sinne einer "evolutionären Moral" nachzureichen wäre.[10]

Die unterschiedliche Einschätzung dieser Entwicklung führt zu unterschiedlichen Auffassungen des jeweiligen Definitionsbereichs einer wie auch immer gearteten Ethik der Wissenschaften und Technik, für die drei – hier nur idealtypisch zu unterscheidende – Strategien in der Diskussion sind:

— *Immunisierung der Wissenschaft/Politisierung der Technik*
Die Wissenschaften haben lediglich den Gesetzen zu folgen, die ihre "kognitive Autonomie" (selbst Schiedsrichterin über die Gültigkeit wissenschaftlicher Erkenntnis zu sein) erhalten (Ethos der Wissenschaften). Kritisch gewendet: Die Wissenschaft darf sich nicht zur Legitimationsinstanz der jeweiligen gesellschaftlich-politisch bedingten Umsetzung und des Umgangs mit Natur aufschwingen.

— *Autonomisierung der Wissenschaft/Wissenschaftskontrolle über die Technik*
Die scientific community als ethisches Subjekt soll ein idealer Sachverwalter *allgemeiner* Vernunft sein. Ihre Experten tragen die Verantwortung für die Realisierung neuer Wissensmöglichkeiten. Wissenschaft ist aufgrund ihres privilegierten Zugangs alleiniger "Anwalt der Natur". In kritischer Hinsicht: Wissenschaft darf auf keinen Fall auf jenen sensiblen Gebieten unter partikularistischen und privaten Interessen betrieben werden; sie darf sich niemandem in Dienst stellen.

— *Pragmatische Strategien*
Wissenschafts- und Technikethik dürfen weder als Sonderethiken noch als privilegierte Modelle allgemeiner Ethik begriffen werden. Vielmehr repräsentieren "Wissenschaft" und "Technik" institutionelle Subjekte neben anderen, die im Spannungsfeld zwischen der Verantwortung gegenüber der Menschheit als Teil der Natur einerseits und den faktischen Individuen (Wohlfahrt) andererseits stehen.

Die erste Strategie – Immunisierung der Wissenschaft – überträgt ein klassisches Wissenschaftsverständnis auf jenes neue umfassendere Problemfeld; die zweite Strategie – Autonomisierung der Wissenschaft – überträgt ein klassisches Ethikverständnis auf die Wissenschaft und fordert ein neues Selbstverständnis für diese; die dritte – pragmatische – Variante steht vor dem Problem, daß ihre Modelle der Verantwortung noch eines gesicherten Begriffs vom verantwortlichen

---

[9]Vergl. Chr. Hubig, Ökologische Ethik und Wissenschaft, in: M. Faulstich (Hrsg.), Ganzheitlicher Umweltschutz, Stuttgart 1990, S. 33-46.
[10]Vergl. H. Mohr, Evolutionäre Ethik, in: Wörterbuch der ökologischen Ethik, Freiburg 1986.

Subjekt entraten[11] und Kriterien der Verantwortung zu entwickeln sind. Die ersten beiden Strategien folgen also der Tendenz, Wissenschaft und verwissenschaftliche Technik als Sachwalter von Prinzipien zu bestimmen, denen das Feld der technischen Anwendung entweder fremd oder zu unterwerfen ist ("Imperialismus wissenschaftlicher Rationalität"). Die dritte Strategie birgt die Gefahr, daß Wissenschafts- und Technikethik ersetzt werden von einer Systemtheorie der Wissensproduktion. An die Stelle einer Ethik der Entscheidungen tritt dann eine Operationalisierung der Entscheidungsfindung unter den funktionalen Erfordernissen der Systeme. Dieses Problem ist von den Wissenssoziologen, aus deren Sicht die Rechtfertigungsfrage im Blick auf Systeme obsolet ist, vielfach so modelliert worden.

Auf diesem Hintergrund überrascht es daher nicht, daß der Aufwand der Problembehandlung in der Theorie sich umgekehrt proportional zu ihrer Relevanz in der Praxis verhält, von politischer Durchschlagskraft ganz zu schweigen.Dieser Vorwurf wird oft generell der Philosophie gegenüber erhoben, in Verbindung mit ihrer Selbstcharakterisierung als Reflexionswissenschaft, die immer zu spät komme, wie Hegels 'Eule der Minerva', deren Flug in der Dämmerung anhebt, somit den gesellschaftlichen Entwicklungen hinterherfliege – so wie Hans Jonas' Warnung vor der Pandorabüchse, die längst geöffnet ist. Polemisch verschärft wird diese Kritik als Kritik an Reflexion überhaupt, die handlungshemmend wirke, wie es die Sozialanthropologen Arnold Gehlen[12] und Helmut Schelsky[13] den 'Intellektuellen' vorhalten – ein Argument, mit dem sich mancher Wissenschafts- und Technikethiker konfrontiert sieht. Warum sollte nicht die gesellschaftliche Selbstregulation, begleitet von der "Bürgerethik" (Odo Marquard)[14], die auf der Tradition des Bewährten und dem Konsensprinzip als demokratischer Rechtfertigungsstrategie für Veränderung beruht, auch im Blick auf Wissenschaft und Technik das Notwendige leisten? Dann wäre unser Bemühen überflüssig.

Die von den Fachwissenschaftlern einschließlich der Ingenieurwissenschaften reserviert beobachteten Wissenschafts- und Technikethiker laufen daher leicht Gefahr, in ihrer Problematisierungswut als Idealisten – "umso schlimmer für die Wirklichkeit" (Hegel) – oder gar als Don Quichottes dazustehen, die nun nicht mehr gegen Windmühlen, sondern z. B. gegen Kernkraftwerke kämpfen.

---

[11]S. hierzu Kap. 6 dieser Abhandlung; vorbereitende Überlegungen in : Chr. Hubig (Hrsg.), Ethik institutionellen Handelns, Frankfurt/New York 1982.

[12]A. Gehlen, Moral und Hypermoral. Eine pluralistische Ethik, Frankfurt/M. 1973, S. 151-156.

[13]H. Schelsky, Die Arbeit tun die Anderen. Klassenkampf und Priesterherrschaft der Intellektuellen, Opladen 1975.

[14]O. Marquard, Apologie des Zufälligen. Philosophische Studien, Stuttgart 1986, S. 117-139.

1.2 "Die Antworten sind längst gegeben!"

Diese Konstellation erscheint in noch härterer Beleuchtung, wenn nun den Kritikern einer 'neumodischen' Ethik von Wissenschaft und Technik keineswegs eine generelle Philosophiefeindlichkeit zu unterstellen ist, sondern ein geradezu solider Bezug auf die klassischen Positionen der abendländischen Ethiken, und dies in zweifacher Hinsicht:

Die klassischen Ethiken stellen Rechtfertigungsstrategien für das individuelle Handeln vor. Unsere klassischen Leitideen, die sich etwa auf den gerecht verteilten Nutzen für die größte Zahl beziehen (utilitaristische Ethiken), und/oder auf das Glück aller leidensfähigen Individuen als Absenz von Leid und Mangel, Befriedigung der Grundbedürfnisse und Ermöglichung der Führung eines erfüllten Lebens (hedonistische Ethiken), und/oder der Herstellung und Erhaltung des freien Handelns der Individuen, das nur dem guten Willen verpflichtet ist (deontologische oder formale Ethiken)[15], finden in wechselnder Gewichtung bereits ihren Niederschlag in den Prämissen der Ethikkodizes, die das Handeln des Ingenieurs in den Dienst der allgemeinen Wohlfahrt, der Beseitigung des Mangels, der Erhaltung und Erweiterung der menschlichen Freiheit und Handlungskompetenz stellen. Das Handeln der Ingenieure als Individuen erscheint somit, was die Rechtfertigung seiner Ziele angeht, als ableitbarer und spezieller Fall der allgemeinen Rechtfertigungsstrategien der klassischen Ethiken.

Ähnliches gilt für den Wissenschaftler: Die Vernünftigkeit seines Vorgehens, wie immer sie auch konkret gefaßt wird, folgt der Leitidee, daß die Erkennbarkeit von Regelmäßigkeiten in Natur und Gesellschaft uns in die Lage versetzt, ihnen handelnd zu begegnen, indem wir uns die Regelmäßigkeiten zunutze machen, damit die Natur in Teilbereichen uns zu Diensten sei, und/oder sie als nachzuahmendes Regulativ aufzufassen, an dem wir unseren Lebensvollzug orientieren. Dahinter steht die Vorstellung der Erhaltung oder gar Erweiterung der menschlichen Freiheit auf der Basis einer Sicherung ihrer natürlichen Grundlage im Zuge der Realisierung eines wie immer gearteten vernünftigen Verhältnisses zur Natur. Die Idee menschlicher Wohlfahrt, inzwischen nicht mehr zu trennen von der Idee einer Erhaltung der Natur, setzt sich dabei bis in konkrete Modellierungen wissenschaftlicher Wahrheit durch: so z. B., wenn die Wahrheit sich im langfristigem Gelingen von Handlungsvollzügen erweist (Pragmatismus) oder wenn die Auffassung von Natur als einem "als ob" vernünftig und ökonomisch handelnden Wesen (Kant) Vorstellungen begründet, die wir zur Normierung wissenschaftlicher Tätigkeit (bis hinein in die Fehlerrechnung) voraussetzen und an die Natur aus sittlichen Gründen herantragen ("Die Natur tut nichts umsonst, die Natur tut nichts Überflüssiges...").

Für die konkreten Entscheidungssituationen im Alltag der Wissenschafts- und Ingenieurpraxis erscheinen darüber hinaus diejenigen Regeln, die sich im Rahmen des Standesethos der Wissenschaftler und Ingenieure (vergleichbar etwa dem der Ärzte und Rechtsanwälte) herausgebildet und etabliert haben, wie etwa die Krite-

---

[15]Zur Typisierung vergl. auch W. K. Frankena, Analytische Ethik, München 1972.

rien des Experimentierens und der Theoriebildung (Robert K. Merton)[16], die z. B. in der Gutachter- und Schiedsrichtertätigkeit des Expertengremiums der Zeitschrift 'Nature' exemplifiziert sind, die Kriterien des Umgangs mit den Pflichtenheften, die Berücksichtigung bestimmter Sicherheitsnormen, das Fairnessgebot im Konkurrenzverhalten, die Loyalität gegenüber den Auftraggebern bzw. Drittmittelgebern etc., als hinreichend entwickelt und durch ihre allgemeine gesellschaftliche Anerkennung auch genügend stabilisiert, so daß sie einer Problematisierung aus der Sicht einer neuen Wissenschafts- und Technikethik nicht bedürfen.

Gegenüber dieser optimistischen Einschätzung lassen sich nun allerdings Einwände erheben, die zumindest auf eine Ergänzungsbedürftigkeit dieser beiden Dimensionen der Rechtfertigung des Handelns der Wissenschaftler und Ingenieure verweisen und somit die Nische für eine spezifische Ethik von Wissenschaft und Technik markieren. Sie basieren auf der Einsicht, daß sich der Gegenstandsbereich, von dem die Rede sein wird, grundlegend geändert hat, so daß die beiden skizzierten Problemlösungsstrategien ihrem Thema nicht gerecht werden, es gar verfehlen. Die kritische These wird lauten, daß die Entwicklung, Herstellung und der Umgang mit Wissen und moderner Technik in unserer modernen Kultur kategorial verschieden sind von dem übrigen individuellen Handeln der Menschen, auch dem Handeln, das dem Wissenschaftler und Ingenieur als sein eigenes individuelles Handeln erscheint.

Am deutlichsten wird dies bei einem ersten Blick auf die Technik.

1.3 Der Wandel der Technik

Im Zuge der Herausbildung der neuzeitlichen Auffassung vom Menschen als "alter deus" (dem "zweiten Gott"), der sich und seine Welt eigenständig gestaltet, wandelte sich das Bild der Technik. Aus ihrer (oftmals abwertend) begriffenen dienenden Funktion emanzipiert sie sich zum eigentlichen Charakteristikum des Menschen: Als *Mittel* seiner eigenständigen Bedürfnisbefriedigung, als *Mittel* seiner autonomen Weltgestaltung, als *Mittel* der Naturerkenntnis und als *Mittel* seiner Selbsterkenntnis in seinen technisch realisierten Werken. Diese klassische Auffassung der Technik als Mittel orientierte sich dabei am Einsatz von *Werkzeugen*, bei dem ein verantwortliches Subjekt ein oft multifunktionales Mittel in geeigneter oder ungeeigneter Weise für gute oder schlechte Zwecke einsetzt. Unter diesem Bild – der Mensch als "Bildhauer der Erde" (G. Droysen) – kann Technik wertfrei begriffen werden als "zweckerfüllende Form" zum "Aufbau des Menschheitshauses aus dem Schatz kosmischer Möglichkeiten" (Fr. Dessauer)[17], die die "idealen Lösungsformen" jeweils bereitstelle – eine Auffassung, die die Ingenieursphilosophie vom "one best way" prägt. Sie kann als "Organprojektion des Menschen" modelliert werden, die die Funktionsprinzipien des "Mängelwesens" Mensch (A.

---

[16]R. K. Merton, Entwicklung und Wandel von Forschungsinteressen, Frankfurt/M. 1985, S. 86-99.

[17]F. Dessauer, Streit um die Technik. Frankfurt/M. 1956, S. 184.

Gehlen) optimiert und ersetzt (E. Kapp)[18]. Ihr Einsatz als "erste geschichtliche Tat" (K. Marx) einer autonomen Bedürfnisbefriedigung, die "abgeleitete Bedürfnisse" und somit erst Geschichte produziert, läßt sie als konstitutiv für die Naturgeschichte des Menschen erscheinen.[19] Als Instrument der Naturerkenntnis und Testinstanz unserer Auffassungen über naturgesetzliche Zusammenhänge wird sie zur Schiedsrichterin über Wahrheit und Wissenschaftlichkeit (amerikan. Pragmatismus). Und in den technischen Artefakten, den Resultaten der Arbeit, erkennt sich der Mensch und bildet daran sein Selbstbewußtsein als Resultat einer Überprüfung seiner Fähigkeiten, mit Mitteln umzugehen (G. W. F. Hegel).

Eine solche Auffassung von Technik als reiner Schöpfung, als Bereitstellung idealer Lösungen, von Mitteln also, über deren Zwecke andere (der Politiker, der Ökonom, der Ethiker etc.) zu befinden haben, ruft bereits die Kritiker auf den Plan: Ein "mechanisches Leben" bilde sich, wo sich der Mensch nur über die Mittel erkenne und zum "Abdruck" seines Geschäfts würde (Fr. Schiller); das technische Denken erobere immer mehr Lebensbereiche (H. Freyer); unsere Naturauffassung verenge sich auf den Bereich, der Natur als Objekt technischen Verfügens ersichtlich werden lasse; die eingesetzten Mittel würden selbst zur Bedingung menschlicher Existenz (H. Arendt), indem sie eine Eigendynamik entfalten, weil sie durch ihre Folgelasten neue Bedürfnisse schaffen, weil sie durch den Aufwand ihrer Entwicklung uns unter Amortisationszwänge setzen, weil sie keine Einsichten mehr zulassen, die mit der technisch-funktional bestimmten Wahrheit konkurrieren könnten (G. Simmel).[20]

Weitaus problematischer wird jedoch jene Sicht der Technik, wenn man sich darüber vergewissert, daß der Werkzeuggebrauch nicht mehr Modell einer Technik als Mittel sein kann: Entwicklung, Herstellung und Nutzung von *Maschinen* läßt viele Subjekte in einen Handlungszusammenhang eintreten, in dem die Maschine als ein *Schema* der Realisierung von Zwecken nicht mehr als Werkzeug eines autonomen Subjekts, sondern als Rahmenprinzip unterschiedlicher Nutzung und Bedienung erscheint und das Handeln mit Technik zu einem Handeln mit "fremdem Wissen" und "fremdem Wollen" (G. Ropohl)[21] wird. Technik als Maschinentechnik stellt nicht mehr für die Subjekte neutrale Mittel bereit, sondern läßt Möglichkeitsspielräume, innerhalb derer Zwecke realisiert werden können, in viel höherem Maße als determiniert erscheinen: Zwar erweitern Maschinen die Handlungsspielräume der Menschen in verschiedener Hinsicht enorm. Zugleich erlauben sie jedoch nicht mehr eine Intervention in die komplexen Mittel-Zweck-Verknüpfungsketten, wie sie beim Werkzeugeinsatz noch möglich ist. Die Art der Zweckrealisierung (Ressourceneinsatz, Zeitaufwand, Präzision und Effektivität,

---

[18]A. Gehlen, Die Seele im technischen Zeitalter, Reinbek 1957, E. Kapp, Grundlinien einer Philosophie der Technik, Braunschweig 1977 (z. B. S. 79 "Auge und Linse").

[19]K. Marx, Deutsche Ideologie, Kap. Feuerbach, Ausg. Lieber/Furth, Darmstadt 1971, Bd. 1, S. 29.

[20]F. Schiller, Über die ästhetische Erziehung des Menschen..., 23. Brief, Stuttgart 1965; H. Freyer, Theorie des gegenwärtigen Zeitalters, Stuttgart 1955; H. Arendt, Vita activa oder Vom tätigen Leben, Stuttgart 1960; G. Simmel, Der Konflikt der modernen Kultur, München/Leipzig 1918.

[21]G. Ropohl, Die unvollkommene Technik, Frankfurt/M. 1985, S. 152f.

Folgelasten) ist durch das Maschinenschema vorgegeben. Dieser Verlust an Bestimmungskompetenz wird noch verschärft durch die abnehmende Einsicht in viele Parameter des Maschineneinsatzes im Zuge der Arbeitsteilung von der Entwicklung über die Produktion, Distribution und Nutzung der Maschine sowohl was das Wissen um ihre Eigenschaften als auch die Möglichkeiten der Folgen ihrer Nutzung unter qualitativ und quantitativ veränderten Bedingungen betrifft.

Das Bild der Technik als bloßes Mittel wird jedoch erst recht fraglich, wenn der *Systemcharakter* der modernen Technik bedacht wird. Die technischen Systeme (der Energiebereitstellung, der Datenkommunikation, der Müllentsorgung, der Fertigung, des Verkehrs etc.) sind nicht mehr bloß maschinelle Handlungsschemata, sondern machen grundlegende Bedingungen unserer Lebenswelt aus, innerhalb derer dann Werkzeugeinsatz oder Maschinennutzung stattfinden. Der "Sachzwangcharakter" (H. Schelsky) dieser Technik wird z. B. daran deutlich, daß Gegner dieser Systemtechniken deren Leistungen dennoch in Anspruch nehmen müssen. Zugleich scheint aber die Steuerungskompetenz nicht mehr den Subjekten zu obliegen, und für die Verantwortungsübernahme scheinen keine Adressaten mehr vorfindlich zu sein. Krisenmanagement und "Reparaturethik" sind die Folge einer Entwicklung zu Prozessen, denen "das Denken nicht mehr vorauslaufen kann" (H. Schelsky).[22] Der "alter deus" ist zum Element des technisch-wirtschaftlichen Kreislaufs geworden. Wir werden diese Thematik in den Kapiteln 3.3 und 4.1 ausführlich diskutieren.

1.4 Neue Herausforderungen an eine alte Ethik von Wissenschaft und Technik

Die Erledigung der Probleme vermittels eines Rekurses auf klassische Ethik und Standesethos scheitert nicht bloß an der Strukturveränderung der zugrunde liegenden Handlungsmodelle, sondern ist auch dadurch überfordert, daß die zu verantwortenden Folgen und "Nebenfolgen" wissenschaftlicher und technologischer Innovationen eine völlig neue Qualität aufweisen: Sie berühren nicht bloß die Bedingungen der Existenz der menschlichen Gattung und ihrer Handlungen sowie der Natur, sondern beeinflussen diese Bedingungen in unrevidierbarer Weise (Evolution wird gemacht). Das bedeutet zunächst, daß eine Ethik von Wissenschaft und Technik nicht mehr im Sinne einer sogenannten Bürgerethik, die von allgemeinem und wechselndem Konsens getragen wird, begriffen werden kann. Denn die Auffassung, daß sich Sittlichkeit im Konsens herausbildet, wie sie den demokratischen Systemen zugrunde liegt, begründet die Zumutbarkeit des Unterwerfens unter Mehrheitsbeschlüsse gerade dadurch, daß die unterliegende Minderheit prinzipiell davon ausgehen können muß, daß sie möglicherweise in Zukunft einmal eine Mehrheit zustande bringt, die den zugemuteten und akzeptierten Kompromiß rückgängig macht oder transformiert. Das Rollen-

---

[22]H. Schelsky, Der Mensch in der wissenschaftlichen Zivilisation, Köln/Opladen 1961, S. 16f.

verhalten und die Loyalitätszumutung auch gegenüber Maßnahmen, die dem einzelnen oder einer Minderheit als ungerechtfertigt und untriftig erscheinen, basiert gerade auf der zumindest prinzipiellen Revidierbarkeit der getroffenen Maßnahmen bzw. der Veränderbarkeit der anerkannten Regeln.

Dieses Prinzip ist gestört, wenn bestimmte wissenschaftliche und technologische Innovationen Folgen zeitigen, die beim Stand eines bestimmten Wissens als grundlegend unrevidierbar oder als irreversibel ohne Kompensierbarkeit erscheinen und daher nicht mehr als durch einen neuen künftigen demokratischen Konsens veränderbar begriffen werden können.[23] Dies gilt insbesondere z. B. für die Folgenlasten der Energiebereitstellung aus Kernkraft oder fossilen Brennstoffen (Klima), die Entwicklung neuer Organismen, die Änderung des Ökosystems, die Transformierung menschlicher Identität und Rationalität durch neue Informationstechnologien. Sowenig wie es z. B. für Minderheiten gerechtfertigt ist, aus Protest gegen Schnellstraßenbau oder M-Bahn-Experimente die Loyalität aufzukündigen und Widerstand zu leisten, erscheint es umgekehrt durchaus aus jenem Blickwinkel gerechtfertigt, Widerstandsmaßnahmen zu ergreifen, wenn Existenzbedingungen der Gattung irreversibel berührt sind. Dies gilt z. B. dann, wenn genetisch manipulierte Organismen aus dem Labor in Freilandversuche losgelassen werden, ohne daß solche Existenzrisiken ausgeschlossen werden können, oder wenn Sozialexperimente durchgeführt werden, die strukturelle Mentalitätsveränderungen nach sich ziehen können. Diese fundamentalen Nebenfolgen neuer Qualität betreffen im übrigen auch Unterlassungen, z. B. der Sicherstellung einer ausreichenden und ökologisch vertretbaren Energieversorgung in der Zukunft, etwa durch Erschließung alternativer Energiequellen oder der Realisierung langfristiger Forschungsstrategien zur Energieeinsparung oder der Präventionsmedizin im Gegensatz zur "Reparatur-Medizin" etc.

Ein weiterer Aspekt, der in Verbindung mit diesem Einwand gesehen werden kann, ist derjenige, daß im Blick auf jene Folgen die Konzepte der Risikozuweisung und der Risikozumutung neu überdacht werden müssen. Solange bestimmte Risiken individuell getragen werden (z. B. beim Umgang mit der eigenen Gesundheit) oder in bestimmten Kontexten maßgeblich werden, in die Individuen aus freien Stücken eintreten können, so daß ihnen eine Zustimmung zur Risikoübernahme unterstellt werden kann (z. B. bei der Benutzung eines Verkehrssystems oder der Unterwerfung unter einen IQ-Test), solange sind diese Risikozumutungen gerechtfertigt. Wenn die Risiken jedoch dem einzelnen nicht mehr erlauben, sich jetzt oder später diesen zu verweigern, weil ihm entweder eine alternative Existenzweise nicht zur Verfügung steht oder diese Risiken alle ihm erreichbaren Existenzweisen in gleicher Weise betreffen, so ist ihm ein Konsens zur Risikoübernahme nicht mit Bürgerethikargumenten zuzumuten und es entfällt damit ein wesentliches Argument derartiger Auffassung von Sittlichkeit als durch den demokratischen Entscheidungsprozeß gerechtfertigter Normengeltung.

Auf der Subjektseite der Verantwortung hingegen sehen wir das Problem, daß die wissenschaftlichen und technischen Systeme mit zunehmender Ausdehnung und zunehmendem Anwachsen eine immer größere Binnendifferenzierung erbringen

---

[23]Diese Position ist ausführlich entwickelt bei R. Spaemann, Technische Eingriffe in die Natur als Problem der politischen Ethik, in: D. Birnbacher (Hrsg.), Ökologie und Ethik, Stuttgart 1986, S. 180-206.

müssen, um adäquate Lösungen zu ermöglichen. Dies bedeutet, daß in diesen Systemen die Arbeitsteilung immer weiter anwächst und eine Funktionalisierung der einzelnen Handlungen des Wissenschaftlers oder Ingenieurs bei der Entwicklung oder Produktion oder Anwendung von Wissen oder Produkten in Teilen dieser Systeme nurmehr auf immer abstraktere oder bloß allgemeinere Zwecke beziehbar und maßgeblich wird, z. B. den Zweck seiner persönlichen materiellen Reproduktion ohne Einsicht in den Gesamtzusammenhang der wissenschaftlichen und technischen Realisierungen, für die er Teillösungen erarbeitet und in die er eingebunden ist. Damit ist das Identitätsgefühl desjenigen berührt, der in solchen Zusammenhängen handelt und die Frage wird virulent, wer überhaupt als Subjekt der Verantwortung für diese Handlungen angesehen werden kann.

Im Lichte dieser Einwände hat sich eine Ethik von Wissenschaft und Technik dem Problem zu stellen, daß sie nicht unvermittelt als Ethik für Wissenschaftler, Techniker und Ingenieure entwickelt werden kann, andererseits aber auch nicht eine schlichte Verantwortungsabweisung an die Systeme und ihre Mechanismen der Selbstorganisation (z. B. den Markt) erfolgen kann, wenn man überhaupt noch von Ethik sprechen will. Insbesondere bedeutet die im Blick auf diese Einwände zunächst zu unterstellende Entlastung für den einzelnen Wissenschaftler und Ingenieur keineswegs, daß diese Entlastungen auch für die Organisationen gelten, in denen er steht (z. B. den VDI, die DFG, die Max-Planck-Gesellschaft etc.) oder die Institutionen (wie Bildungseinrichtungen, Kirchen, Regierungen und juristische Instanzen), die in jenen Systemen verankert sind, aktiv werden oder gar über sie disponieren. Der "Verlust des verantwortlichen Subjektes" und der "Verlust des Gegenstandes der Verantwortung" werden daher die zentralen Herausforderungen ausmachen, auf deren Basis die klassischen Individualethiken zu modifizieren sind.

2 Defizite der neueren Problemgeschichte

Appelle zur Verantwortung und Aufgabenstellung der Wissenschaften prägen deren Geschichte von alters her. In der neueren Geschichte finden wir sie verdichtet in den programmatischen Reden und Vorlesungen, z. B. im Kontext der Neubegründung der Deutschen Universität zur Zeit des Idealismus und Humanismus, an die man sich nach dem 2. Weltkrieg erinnerte.[1] Die moralische und ethische Dimension von Wissenschaft und Technik wurde allerdings durch eine seltsame Rezeption des "Werturteilsstreites" im Ausgang von den Überlegungen Max Webers verdrängt.[2] Dessen Kritik an einer durch die Wissenschaften vorgenommenen moralischen Wertung und der damit verbundene Appell an die Wissenschaftler, sich dieser Wertungen zu enthalten, wurde uminterpretiert in eine Forderung nach Wertfreiheit der Wissenschaft überhaupt bzw. in eine Konstatierung der Wertneutralität "wahrer" Wissenschaft. Dabei war doch jener Appell Max Webers gerade motiviert durch den Nachweis der kulturrelativen, auf Wertvorentscheidungen basierenden Verhaftung des wissenschaftlichen Vorgehens, das deshalb nicht zu einer moralischen Instanz hochstilisiert werden dürfe. Die geforderte Bewertungsfreiheit ist etwas anderes als die Behauptung der Freiheit der Wissenschaft von Werten. Letzteres wurde indes gerne für die Wissenschaft beansprucht und wird heute oft noch für die Technik behauptet, eine Technik, die "janusköpfig", nicht festgelegt, sei. Wir werden im Zusammenhang mit der Problematik einer ethischen Fundierung von Wissenschaft und Technik auf diesen Werturteilsstreit zurückkommen. Dann geht es um die Frage, ob die Orientierung von Wissenschaft und Technik an bestimmten Wertvorstellungen rechtfertigungsbedürftig und rechtfertigungsfähig sei. Am vorliegenden Punkt unserer Annäherung an das Problem kann hingegen der Blick auf drei repräsentative Kontroversen der jüngsten Problemgeschichte zu einer weiteren Spezifizierung der einleitenden Fragen beitragen. Dies wird durch den Aufweis charakteristischer Defizite der Diskussionen geleistet, innerhalb derer zwar die Verhaftung der Wissenschaft und Technik auf Werte nicht (mehr) in Frage gestellt, jedoch extrem unterschiedlich modelliert wurde. Und diese Modellierungen wurden mit einem derart moralischen Pathos unterlegt, daß dem jeweiligen Gegner nicht bloß schlechtes oder falsches wissenschaftliches Vorgehen, sondern gar Wissenschaftsvergessenheit und Unwissenschaftlichkeit vorgeworfen wurden. Man

---

[1] Die Idee der deutschen Universität. Die fünf Grundschriften aus der Zeit ihrer Neubegründung...., o. Hrsg., Darmstadt 1956.

[2] H. Albert/E. Topitsch (Hrsg.), Werturteilsstreit, Darmstadt 1979; K. Hübner et al. (Hrsg.), Die politische Herausforderung der Wissenschaft, Hamburg 1976.

nahm also eine Ausgrenzung fast im Sinne des Verlustes wissenschaftlicher "Ehrenrechte" vor[3] – ungeachtet der Tatsache, daß man sich bei diesen Kontroversen im akademischen Kontext bewegte, der allerdings dann unter Heranziehung wissenschaftspolitischer Hilfstruppen durchaus – mit den üblichen ökonomischen Mitteln – beschnitten und verändert werden sollte. Jene Grundsatzkontroversen "griffen" jedoch nicht recht, aus Gründen, die nachfolgend skizziert werden, und die m. E. im wesentlichen darauf zurückzuführen sind, daß die Entscheidungsstrukturen im Wissenschaftsprozeß unzureichend erfaßt, ihre Voraussetzungen unvollständig erschlossen und je nach Ideologie einseitig fokussiert wurden.Hierbei steuere ich nun nicht auf eine Vermittlung hin, sondern möchte bestimmte Aspekte vorstellen oder rehabilitieren, die durch jene ersten – notwendig defizitären – Ansätze allererst ins Blickfeld gerieten (genau dies ist ja der Ertrag von Problemgeschichte).

2.1 Positivismusstreit

Der "Positivismusstreit in der deutschen Soziologie"[4] ist mit diesem Etikett, was seinen institutionellen Rahmen und primären Bezugsgegenstand angeht, richtig gekennzeichnet, nicht jedoch seinem Inhalt nach. Betrachtet man die Positionen der Parteien, von denen die eine "Einheit der Wissenschaft" unter dem Vorbild der Naturwissenschaften, verbunden mit einem bestimmten Typ von Technologie und wissenschaftlicher Kritik forderte, die andere die kritische Funktion eines bestimmten Typs von Sozialwissenschaft als Reflexionsinstanz des gesamten Wissenschaftsbetriebs reklamierte, sieht man, daß sich der Streit auf das Verhältnis von Wissenschaft, Technik und Kritik insgesamt erstreckte, bei unterschiedlicher Verortung von "Wissenschaft" und "Technik" im System moralischen und ethischen Handelns überhaupt. Darüber hinaus ist der Streit für uns unter dem Gesichtspunkt interessant, daß die Frage einer wissenschaftlich-technischen Gestaltung sozialer Verhältnisse (Sozialtechnologie) ebenfalls im Zentrum stand, und damit ein Problem thematisiert wurde, das bereits der Technikphilosoph Hans Freyer[5] als Problem der Ausweitung technischen Denkens auf die Gesellschaft angesprochen hatte.

Die Kontroverse beginnt bereits bei der Frage, wo Wissenschaft ansetzt. Für die "Kritischen Rationalisten" (nachfolgend abgek. KR) unter der Wortführung Karl Raimund Poppers und Hans Alberts ist der Ansatzpunkt ein bestimmtes Erkenntnisproblem, nämlich ein Widerspruch zwischen einer Hypothese oder Theorie zu

[3] Vergl. auch C. Hubig/W. v. Rahden (Hrsg.), Konsequenzen kritischer Wissenschaftstheorie, Berlin/New York 1978.

[4] Th. W. Adorno et al., Der Positivismusstreit in der deutschen Soziologie, Neuwied 1969.

[5] H. Freyer, Über das Dominantwerden technischer Kategorien in der Lebenswelt der industriellen Gesellschaft, in: Akademie der Wissenschaft und der Literatur, Abh. der geistes- und sozialwissenschaftlichen Klasse, Jg. 1960 Nr. 7, Wiesbaden 1960, S. 131-145.

einem in einem "Basissatz" formulierten empirischen Sachverhalt. Für die "Kritische Theorie" (nachfolgend abgek. KT) Theodor W. Adornos und Jürgen Habermas' ist es ein Problem unserer gesellschaftlichen Verfaßtheit (zu der der Wissenschaftsbetrieb gehört), nämlich ein Widerspruch zwischen dem "Totalitätsanspruch" gesellschaftlicher Strukturen und Regeln (einschließlich derjenigen von Wissenschaft und Technik) und einer einzelnen Sachlage, einem Befund, der sich diesen Regeln widersetzt oder nicht von ihnen erfaßt werden kann (z. B. Verbesserung der Kommunikationsstruktur bei gleichzeitiger Vereinzelung des Individuums). Der "Kritische Rationalist" bestimmt sein Bemühen daher angesichts unseres grenzenlosen Nichtwissens, das er im Scheitern seiner Theorien und ihrer Anwendungen immer wieder erfährt. Der "Kritische Theoretiker" sieht sein Bemühen angesichts des allgemeinen "Verblendungszusammenhangs", der eine rationale Organisation der gesellschaftlichen Bedürfnisbefriedigung nicht erlaube.

Bereits hier wird ersichtlich, daß beide Ansätze von Verschiedenem sprechen, ohne daß man beides mit einem Sowohl-als-auch oder einem "Weiter" (KT) oder "Enger" (KR) aufeinander beziehen könnte. Denn in bestimmten Fällen hebt Wissenschaft durchaus an internen Problemen an (z. B. in der physikalischen oder chemischen Grundlagenforschung), deren Lösungen erst später zur Anwendung reifen. In anderen Fällen wird angewandte Forschung betrieben (Manhattan-Projekt zur Entwicklung der Atombombe, Pharmazie), ohne daß entsprechende Grundlagen explizit und abgeschlossen vorlägen, sondern erst durch Anwendungsprobleme überhaupt ins Blickfeld geraten. Ferner zwingt gesellschaftlicher Druck oft zu Problemlösungen, die einseitig favorisiert werden und später in den Kanon des Wissens wandern, obwohl oder weil ihre Konkurrenzkandidaten einfach nicht hinreichend erschlossen wurden (so in unserer naturwissenschaftlich geprägten Medizin oder Arbeitswissenschaft etc.).

Umgekehrt setzen sich manchmal widerstrebende oder nicht erfaßte Faktoren erst dann wieder ins rechte Licht, wenn die Rechtfertigung ihrer Ausklammerung oder ihrer über Ausnahmeregelungen versuchten Integration die etablierten Theorien so komplex werden ließ, daß sie nicht mehr beherrschbar sind. Der beständige Transfer wissenschaftlicher und außerwissenschaftlicher Probleme, "intern" und "extern" gerechtfertigter Lösungen, wissenschaftlicher und außerwissenschaftlicher Problem- und Wertvorstellungen läßt vermuten, daß die ethische Problematik gerade an diesen Transferstellen auftritt und nicht eine Problematik ihres Zulassens oder ihres Ausklammerns ist. Denn warum sonst wäre man so bemüht, diesen Transfer als selbstverständlich oder gar determiniert hinzustellen (KT), oder ihn zu negieren durch eine Grenzlinie, die die jenseitige Problem- und Wertsphäre als außerwissenschaftliche terra incognita hinstellt (KR). Solche taktischen Entlastungsstrategien, von welcher Seite auch immer, erscheinen äußerst problematisch."Christophorus trug Christus, und dieser trug die Welt – wo stand Christophorus?" – Die wissenschaftliche Rationalität macht den Wissenschaftler aus und dieser erbringt Problemlösungen – auf welchem Boden steht die wissenschaftliche Rationalität?

Die jeweils einseitige Betonung bestimmter Aspekte von Wissenschaft trägt die Kontroverse weiter: Ist Wahrheit zu denken als (wertfreie) Adäquation der theoretischen Sätze zur Welt als Ensemble empirischer Befunde (KR) oder als wertbestimmte *Wahrhaftigkeit*, Resultat einer Analyse der Relation zwischen Anspruch und seiner Verwirklichung, Ideologie und den "Begriffen, die die Sache von sich hat" (KT)? Vorläufige Bestätigung einer Hypothese als wertfreie Problemlösung (KR) oder Explikation des Warum eines Widerspruchs (KT) als Provokation zur Korrektur des ganzen Ansatzes? Strikter Falsifikationismus (Trial and Error) als Methodenideal (KR) oder "umfassende" Reflexion der Widersprüche (KT)? Wissenskritik (KR) oder Kritik der Gesellschaft (KT)? Produziert die erste Auffassung den Vorwurf der Verengung der Fragestellung, so die andere denjenigen dialektischer Überheblichkeit, des "Totalitätsanspruchs". Auf welchem Fundament steht die Wissenschaft? Woher bezieht sie ihre Werte?

Auch ein Blick auf die zugegebenen Interessen der kontroversen Parteien führt hier nicht weiter. Einerseits sollen unter dem Ethos reiner Wissenschaftlichkeit (Merton s.o.) die gewonnenen Erkenntnisse zum Zweck einer politisch bestimmten (Sozial-) Technologie eingesetzt werden, die sich die Kenntnis der "Situationslogik" zunutze macht, um schrittweise kleine und überprüfbare Verbesserungen einzuführen. Auf der anderen Seite fordert der Vertreter einer kritisch emanzipatorischen Wissenschaftstheorie, den *Umgang* mit der Situationslogik, den Daten, der Technik unter den gesellschaftlichen Werten und der gesellschaftlichen Machtverteilung zu analysieren. Die Kritischen Rationalisten sehen Freiheit durch Kritik an Metaphysik, Dogmatik, Objektivismus/ Naturalismus, wissenssoziologisch geprägtem Relativismus und überheblichem Holismus (Ganzheitsdenken) befördert. Die Kritischen Theoretiker erachten die Beförderung der Freiheit als Emanzipation nur möglich durch Bewußtmachung der gesellschaftlichen Zwänge. Diese würden erst jenseits des datenfixierten "Positivismus", nur durch Interpretation der Befunde auf ihre innere Widersprüchlichkeit transparent, entgegen aller "Glättung" durch Extrapolationen und Optimierungen, aber auch entgegen aller Bezüge auf traditionale Sinnstiftung, wie sie die geisteswissenschaftliche Verstehenslehre (Hermeneutik) zum Ausgangspunkt nimmt.

Denn Trial-und-Error-Verfahren bauen zwar kontinuierlich die Differenz zwischen Gesetzeshypothesen und Daten ab – dies macht den Wissensfortschritt aus. Solcherlei Überbrückung täuscht aber über folgende Probleme hinweg: Inwieweit legen Gesetze als Hypothesen, in deren Lichte man forscht, somit als Träger von Ideologien und Präformierungen der Wirklichkeit, die Möglichkeitsspielräume und den Typ von Daten bereits fest, die ihnen überhaupt widersprechen können? Inwiefern sind empirische Befunde Symptome nicht bloß unkorrekter Gesetze, sondern einer "Andersheit" des Gegenstandsbereiches überhaupt, seiner "Nichtidentität" (Adorno), die sich der vorgegebenen Zugangsweise "versperre"? Die Begriffe der Hypothesen, so die Kritische Theorie, müßten "adäquat" sein, damit die Aussagen überhaupt wahrheits*fähig* würden. Wie ist aber diese Adäquatheit zu gewährleisten? Reproduziert nicht eine einmal etablierte Zugangsweise zum Gegenstandsbereich immer nur sich selbst?

Auch und gerade der "Test" allgemeiner Theorien in Technologien, die als ihre "Anwendung" (KR) begriffen werden, zementiert den Typus der theoretischen Zugangsweisen. Dies wird besonders deutlich, wenn jene Auffassung von Technik auf den gesellschaftlichen Bereich (auch den des Umgangs mit Technik) übertragen wird. Beispiel: Die soziale Wirkungslosigkeit der Pfandglasflaschenpropagierung wird mit der Gesetzeshypothese erklärt, daß die Wirkung gesellschaftlichen Drucks nachläßt analog zur Nichtöffentlichkeit des Verhaltens, und mit der Feststellung, daß Kaufverhalten nicht öffentlich ist. Deshalb wird eine Zwangsabgabe für

Kunststoffbehälter gefordert, was als sozialtechnologische Maßnahme Erfolg verspricht. Oder: Zunehmende Kinderlosigkeit von jungen Ehepaaren wird auf den sozialen Abstieg analog zur Kinderzahl, der vermieden werden soll, zurückgeführt. Dem gegenzusteuern schafft man soziale bzw. finanzielle Anreize, Kinder in die Welt zu setzen, was (begrenzt) zum Erfolg führt (ein Beispiel von H. Freyer, s. o.). Oder: Energieknappheit wird über den Strompreis reguliert. Der Verbrauch sinkt; die Auffassung von Energie als einem Wirtschaftsgut neben anderen bestätigt sich. (Analoge Beispiele kann man aus vielen anderen Technologien, auch der Medizin, gewinnen). Aus der Sicht der Kritischen Theorie bestärkten (Sozial-) Technologien in guter Absicht den "Verblendungszusammenhang" des fremdgesteuerten Umgangs in der Gesellschaft und mit der Natur, weil die Reflexion über die Differenz zwischen den tatsächlich wirkenden Machtgesetzen oder Naturzusammenhängen und den herrschenden Vorstellungen von Kultur und Natur, denen wir unsere Vollzüge unterordnen, fehle. Das Selbstverständnis des Handelnden (auch als ein herzustellendes) im Umgang mit sich, der Gesellschaft und der Natur bleibe außen vor, weil seine Handlungen selbst bloß "Objekte" der Technologien und ihrer Regulationsmechanismen sind. Der sorglose Umgang mit Abfall oder Energie – der nach wie vor ein Statussymbol bleibt – wird nicht thematisiert. Das veränderte Verhältnis zu nachfolgenden Generationen und der Zukunftspessimismus werden tabuisiert. Um diese "Objekti-vierung/Vergegenständlichung" aufzuheben, sollten Wissenschaft und Technik ihre Begriffe nicht "von außen" an den Gegenstandsbereich herantragen (also z. B. den Kulturverfall – so in einer Allensbacher Untersuchung – nicht an der Verbreitung des Turnschuhtragens messen, die Heilfunktion bestimmter medizinischer Technologien nicht bloß an einer Verlängerung der biologischen Lebensspanne, die Naturadäquanz bestimmter Bauweisen nicht an der Verringerung der Einsturzgefahr etc.), sondern an den Vorstellungen messen, die "der Sache von sich selbst aus" zukämen.

Wie sollen wir jedoch diese Vorstellungen erschließen – jenseits der Modelle? Intuitiv? Im Blick auf "vorwissenschaftlich akkumulierte Erfahrung" (Jürgen Habermas)[6]? Wie wäre es denn zu denken, die Testfunktion der Technik nicht mehr bloß auf Machbarkeit (KR), sondern im Blick auf die Aktualisierung möglicher Wertvorstellungen zu betrachten? Wie wäre es zu denken, Entwicklungsprozesse nicht bloß im Sinne ihrer immanenten Perfektionierung, sondern im Blick auf einen "Gesamtsinn", im Blick auf das "Gesamtsystem" zu sehen? Wer aber ist dessen Anwalt?

Im Zuge solcher Überlegungen bekommen einige Motive des alten Streits eine überraschende neue Relevanz, erscheinen in anderem Lichte. War die Idee des schrittweisen Einsatzes von Technologien mit Erfolgskontrolle im Kleinen (KR) aus der Sicht "ganzheitlichen Denkens" (KT) Ausweis scheinbar pragmatischer Kurzsichtigkeit, so hat sich heute eher der Technologe alten Stils den Anspruch angemaßt, Gesamtsysteme regulieren zu können. Die Forderung nach einem be-scheidenen, überprüfbaren Vorgehen in kleinen Schritten wird neuerdings von seiten derjenigen erhoben, die gerade im Wissen um die Komplexität der Gesamtzusammenhänge das Denken in kritischer Absicht in seine Nischen

---

[6]J. Habermas, Analytische Wissenschaftstheorie und Dialektik, in: Th. W. Adorno et al., Der Positivismusstreit..., a. a. O., S. 158f.

verweisen (gerade z. B. im Blick auf die Problematik von Systemsimulationen, die durch die neuere Datenverarbeitung ermöglicht werden, dazu Kap. 5.2.2). Damit ist jedoch das alte Problem bloß verlagert – es hat die Fronten gewechselt: Die Gefahr, durch pragmatisches Vorgehen im Kleinen die Nebenfolgen für das Ganze zu vernachlässigen, besteht nun für manche gut gemeinte "Öko-Aktion", und der alte Vorwurf, ein Systemmanipulator im Großen· begünstige wegen der nie auszuschließenden Irrtumsmöglichkeiten umso größere Gefahren für das Gesamtsystem, ist nun an die Technologien zu richten.

Hinter den unterschiedlichen inhaltlichen Ausprägungen ist jedoch auch eine gemeinsame Strategie beider Positionen erkennbar: ein spezifischer Rationalitätsanspruch von Wissenschaft und Technologie wird als ethisch wertvoll angesehen, gesellschaftlich privilegiert. Dies geschieht durch Ausgrenzung und Distanzierung von allem "Fremdbestimmten" bzw. seinen Anwälten Metaphysik, Dogmatik, Naturalismus, Relativismus, traditionelle Auslegungskunst/ Hermeneutik. Diese Selbstüberhebung von Wissenschaft und Technik steht im Dienste der Ermöglichung von Freiheit als Selbstbestimmung. Daher resultieren die wechselseitigen Vorwürfe. Der Kritische Rationalismus hält der Kritischen Theorie vor, diese mache sich durch Kritik an der Machtverteilung und durch ihren Einfluß auf Wissenschaft und Technik zum Anwalt einer Gesamtgesellschaft, der die Freiheit individueller Selbstbestimmung relativiere. Für diese müsse das Feld des Umgangs mit wissenschaftlichen Problemlösungen im Verfahren politischer Entscheidungsfindung offen gehalten werden (Poppers und Helmut Schmidts 'Offene Gesellschaft'). Im Gegenzug moniert die Kritische Theorie am Kritischen Rationalismus, dieser täusche sich über diejenigen gesellschaftlichen Determinanten, in deren Dienst die Wissenschaft stehe, für die sie Wissen produziere, das keineswegs neutral sei, sondern von seinem Typus her eine Welt verfügbarer Objekte einschließlich der Menschen konstituiere für ein ebenso anonymes Subjekt,nämlich das der jeweiligen Macht. Erst die Aufhebung jener Anonymität gewährleiste Freiheit.

Wissenschaft und Technik also unbewußt im Dienste anonymer Subjekte (Gesamtgesellschaft/ Macht)? Das – Widerspruch provozierende – Pathos dieser Formulierungen täuscht über ihren wahren Kern hinweg.

Zwei Hauptdefizite der Kontroverse sind ersichtlich: Auf welcher Basis werden die leitenden Werte der Wissenschaft begründet? (Der Kritische Rationalismus anerkennt nur etablierte Normen des Wissenschaftsbetriebs, die Kritische Theorie kritisiert diese Normen.) Wer ist das Subjekt von Wissenschaft? (Für den Kritischen Rationalismus ist sie gewissermaßen subjektlos, für die Kritische Theorie ist es ein anonymes Subjekt "Gesamtgesellschaft".) Diese Lücke wurde Thema der sich anschließenden Kontroversen, in die nun auch explizit Naturwissenschaften und Technik mit einbezogen wurden (und nicht bloß implizit mitgedacht, wie im Positivismusstreit). Die Überlegungen um die Erkenntnisinteressen von Wissenschaft und Technik (2.2) leiten zur Wertfrage über. Die sich anschließende Kontroverse um die "Finalisierung der Wissenschaft" thematisiert Wissenschaft und Technik als Handeln von Subjekten, die konkrete Ziele verfolgen (2.3).

2.2 Erkenntnis und Interesse

Auf der Suche nach den leitenden Werten von Wissenschaft und Technik entfaltete und strukturierte Jürgen Habermas[7] das Problemfeld in zweifacher Hinsicht: Er ordnete verschiedenen Wissenschaftstypen die ihnen zugrundeliegenden Erkenntnisinteressen zu, und er thematisierte den Status dieser Interessen. Damit wurde die Begründungslücke ausgefüllt, die seitens des Kritischen Rationalismus durch die Grenzziehung zwischen Wissenschaftsnormen einerseits und dem außerwissenschaftlichen Bereich andererseits wegdefiniert wurde und die seitens der Kritischen Theorie durch kurzschlüssige Parallelisierung gesellschaftlicher Machtverhältnisse und Wissenschaft unhinterfragt blieb. In beiden Fällen fand ja eine Diagnose der Überbrückung, der Beziehungen zwischen beiden Bereichen nicht statt.

Der Typ der sogenannten empirisch-analytischen Wissenschaften (Naturwissenschaften) ist charakterisiert durch die Verfahren der Theoriebildung über kovarianten Größen. Kriterium der Wahrheit ist der Erfolg oder Mißerfolg der Operationen "an der Realität". Ziel ist die Gewinnung prognostischen Wissens als Information über "Wenn-dann-Beziehungen". Bewertet wird diese Information im Blick auf ihre technische Verwertbarkeit. Das zugrundeliegende Erkenntnisinteresse ist, auf dem Boden der industriellen Arbeitsverhältnisse, instrumentelles/technisches Verfügungswissen zu erhalten. Es wird als das *technische* Erkenntnisinteresse bezeichnet.

Der Typ der historisch-hermeneutischen Wissenschaften mit ihren Verfahren der Auslegung von Texten i.w.S. folgt als Wahrheitskriterium der erreichten Konsistenz des herausinterpretierten Sinnes. Ziel ist die "Applikation" eines traditionellen, zunächst fremden Sinnes auf den eigenen Sinnhorizont, die Integration des Fremden in die eigene Sinnstiftung. Seinen Wert hat dieses Vorgehen in der dadurch erreichten Herstellung und Erweiterung von Intersubjektivität. Das zugrundeliegende Erkenntnisinteresse ist dasjenige an Kommunikation überhaupt auf dem Boden der sprachlich und zeichenmäßig tradierten Wirkungsgeschichte von Sinnstiftungen. Es wird als das *praktische* Erkenntnisinteresse bezeichnet.

Unter dem Typus der Sozial- und Handlungswissenschaften findet die Suche nach Theorien über Handlungsgesetzmäßigkeiten statt. Kriterium des Erfolges ist die gelungene Typenbildung unter der Zielsetzung, Wissen über die eigenen Determinanten des Handelns zu erlangen. Seinen Wert hat dieses Vorgehen in der dadurch ermöglichten Differenzierung zwischen Ideen, die unser Handeln leiten und Ideologien, denen das Handeln unbewußt verhaftet ist. Das zugrundeliegende Interesse ist dasjenige an *Emanzipation* von den verborgenen Zwängen unseres Handelns.

Auf der Basis dieser groben Skizze können nun entscheidende weiterführende Fragen gestellt werden: Abgesehen von Problemen der Vollständigkeit und Adäquatheit dieser Typisierung der Wissenschaften, auf die ich später zurückkommen werde, interessiert zunächst der Status der Erkenntnisinteressen. In welcher Weise leiten sie die Erkenntnis? In welcher Weise sind sie grundlegend? Habermas erachtete sie als konstitutiv für die einzelnen Wissenschaftstypen, als notwendige Be-

---

[7]J. Habermas, Technik und Wissenschaft als 'Ideologie', Frankfurt/M. 1968, S. 146-168.

dingungen ihrer Möglichkeit, also von quasi "transzendentalem" Status ("transzendental" bedeutet "Bedingung der Möglichkeit"). Ohne das Interesse an technischer Verwertbarkeit qua Kenntnis der Regelmäßigkeiten der Natur, ohne das Interesse an Kommunikation als Konsequenz der Interpretation, ohne das Interesse an Emanzipation qua Kenntnis der Handlungsdeterminanten seien diese Typen von Wissenschaft nicht denkbar. Eine solche Einstufung der Erkenntnisinteressen führt zwangsläufig zur Privilegierung des Typus der Sozialwissenschaften: Denn während die empirisch-analytischen und die historisch-hermeneutischen Wissenschaften auf den notwendigen Interessen des Lebensvollzugs basieren (Arbeit und Kommunikation), verweisen die Sozialwissenschaften auf eine zugrundeliegende Instanz, die diesen Vollzug erst als spezifisch sittlichen, als auf Freiheit und ihrer Erhaltung basierenden ausmacht – das Programm der Aufklärung. Im Blick auf den Positivismusstreit verfolgt Habermas also weiter die Begründung, die zu einer Privilegierung der Sozialwissenschaften führt, sieht diese jedoch nun nicht mehr konträr, sondern als *komplementär* zu den Wissenschaftsidealen der Natur- und Geisteswissenschaften an, deren Rationalismus ansonsten "halbiert" bliebe.

Die Notwendigkeit der Komplementarität wird gerechtfertigt unter der Prämisse des Doppelcharakters unseres Menschseins: Die Naturgeschichte der Menschengattung weist die Notwendigkeit der Anpassung an die Umwelterfordernisse in Form von Arbeit und Kommunikation (als Folge der Arbeitsteilung) auf. Damit erscheinen das technische und das praktische Erkenntnisinteresse durch einen faktischen Sachzwang legitimiert. Die Kulturgeschichte hebt an mit dem Austritt aus dem Mythos, dem Verlust der Natur und dem dadurch implizierten Zwang zur Freiheit, der nun seinerseits das emanzipatorische Erkenntnisinteresse legitimiert. Analog ist die oberste Prämisse der Selbsterhaltung des Menschen zu denken: Erkennen ist zum einen *Instrument* der Selbsterhaltung, dient der Arbeit und Kommunikation; zum anderen *transzendiert* es diesen Zwang, indem es unsere Freiheit zur Selbstbestimmung zu befördern vermag; dem kommt die unter dem emanzipatorischen Erkenntnisinteresse betriebene Wissenschaft nach.

Diese globale Charakterisierung der leitenden Interessen von Wissenschaft provozierte in verschiedener Hinsicht Kritik, die uns zu Kernproblemen der Technik- und Wissenschaftsethik weiterführt:

Die erste Problematisierungsstrategie richtet sich auf den Status von Interessen: Sind diese wirklich transzendental, d. h. notwendige Bedingungen der Wissenschaft – der Wissenschaft als Ideal oder des realen Wissenschaftsbetriebs? Stehen wir, wie Nikolaus Lobkowicz einwendet,[8] nicht eher vor der Alternative, sie entweder als wissenschafts*externe* Interessen zu betrachten, über deren Einfluß auf den Wissenschaftsbetrieb man allererst streiten müßte, oder sie als bloß transzendentale Postulate, grundlegende Forderungen zur Verfaßtheit der Wissenschaft zu erachten, Postulate, die ihrerseits rechtfertigungsbedürftig wären? Was den ersten Fall betrifft, gesteht Lobkowicz zu, daß die Bewertung der Resultate durch einzelne Wissenschaftler oder ihre Institutionen sicherlich unter Interessen stattfinden. Daß sie zur Beurteilung von Theorien eine Grundlage abgeben könnten, streitet er hingegen ab. Dabei wird aber eine dritte Dimension, wie nämlich Methodenstandards, Forschungsstrategien und die Gegenstandsmodellierung der Wissenschaften von

---

[8]N. Lobkowicz, Erkenntnisleitende Interessen, in: K. Hübner et al. (Hrsg.), Die politische Herausforderung der Wissenschaft, a. a. O., S. 55-65.

solchen Interessen geprägt sind – also diejenige Dimension des Forschens, die jenseits und vor jeder Falsifikationsmöglichkeit liegt – , nicht diskutiert.

Desweiteren wird moniert, daß jene Postulate instrumentell verengt sind, d. h. derjenigen Charakteristik der Wissenschaft, als Selbstzweck der "Theoria", dem Anschauen des Kosmos selbst zu dienen, zuwider laufen. Sie dürften daher transzendentalen Anspruch nicht erheben, somit die Begründungsfunktion für eine normative Ausrichtung der Wissenschaft nicht beanspruchen. Dagegen ist jedoch in Erinnerung zu rufen, daß bereits in ihrer ursprünglichen Fassung bei Aristoteles "Theoria" die höchste Form einer sich selbst genügenden Praxis ist,[9] und daß eine solche Praxis dann Selbstzweck ist, wenn das Ziel ihre eigene Beförderung, also diejenige des sich-selbst genügenden Handelns überhaupt ist, jenseits des konkreten instrumentellen Handelns als "Herstellen". Die erkenntnisleitenden Interessen befördern aber diesen obersten Zweck. Allerdings ist nun an dieser Stelle die Problematisierung zuzuspitzen und zu verschärfen: "Dienen dem Zweck" des Menschseins in welcher Hinsicht von Menschsein? Meines Erachtens täuschen die Etikettierungen, die Habermas vornimmt, über eine Binnenproblematik hinweg, die innerhalb einer jeden der drei Erkenntnisinteressen angesiedelt ist, und so erst wissenschaftlich virulent wird: Wir müssen nämlich unterscheiden, inwiefern von technischem, praktischem und emanzipatorischem Interesse geleitete Wissenschaften den Menschen des Ist-Zustands faktisch dienen, ad hoc nützlich sind, oder inwiefern sie eine Garantiebedingung des Menschseins überhaupt darstellen. Beides fällt keineswegs zusammen. Damit wird auch der allzu einfach gekennzeichnete Status der Erkenntnisinteressen kritisierbar.

Auf dem Gebiet der technischen Verwertung kollidiert interessegeleitete, auf faktische Verwertbarkeit gerichtete Wissenschaft von direktem Nutzen mit solcher, die im Interesse einer Aufrechterhaltung der Naturfunktion in the long run und der Vermeidung entsprechender Risiken faktische Nutzenserwägungen und Anwendungsgratifikationen zurückstellt, bestimmte Methodenstandards kritisiert und eine alternative Ausrichtungen des Wissenschaftsbetriebs verlangt, also im Interesse als Bedingung der Möglichkeit – transzendentalem Interesse – die Beförderung der Bedingungen der Wirklichkeit eines konkreten Nutzens – instrumentelle Interessen – hintanstellt (Beispiel Gentechnologie).

Umgekehrt könnte auf dem Gebiet der Herstellung von Kommunikation zugunsten der Erhaltung der Fähigkeit zur Sinnkonstitution, d. h. der Möglichkeit lebenspraktischer Verständigung durchaus konkretes kommunikatives Handeln einzuschränken sein (Daten- und Bildkommunikation, Einsatz von Expertensystemen und bestimmten Medien beim Spielen und Lernen). Auch hier liegt ein Konflikt (dabei kann es durchaus Situationen geben, in denen aus pragmatischen Gründen, z. B. dem der Erziehung oder dem des gemeinsamen Krisenmanagements bestimmte Standards idealer Verständigung aufgegeben werden müssen). Schließlich ist ein ähnlicher Konflikt für die Ebene emanzipatorischer Erkenntnisinteressen als deren Binnenproblematik festzustellen: Das Interesse an Emanzipation, gefaßt als Interesse am Frei-Handeln-Können impliziert jenseits dieser transzendentalen Fassung ein Interesse an Ideologie, Zwang und Herrschaft – worauf Lobkowicz hinweist – in Form des Bedürfnisses nach Institutionalisierung und Organisierung des

---

[9]Vergl. Th. Ebert, Praxis und Poiesis. Zu einer handlungstheoretischen Unterscheidung des Aristoteles, in: ZfphF 30/31, S. 12-30.

gesellschaftlichen Handelns, z. B. im Modus der zwangsweisen Koordinierung (bis hin zu Fahrplänen). Erst aus einer solchen konkreten Entfremdung entspringt (Entscheidungs-) Freiheit (Arnold Gehlen)[10], da erst durch solcherlei Entfremdung der einzelne von der Überkomplexität der Entscheidungssituationen entlastet wird und ihm Entscheidungen möglich werden, also konkrete Kandidaten seiner Wahl ihm allererst vorgestellt werden. Wir bedürfen auch der Orientierung, nicht bloß der Freiheit, und zwischen beiden ist ebenfalls ein Spannungsfeld, in dem die Sozialwissenschaften stehen. Diese Binnenkonflikte werden wir bei der Diskussion um die Technikbewertung wieder antreffen.

Wenn nun für alle drei Wissenschaftstypen in analoger Weise ein Spannungsverhältnis zwischen faktischen und transzendentalen erkenntnisleitenden Interessen besteht, entfällt auch die transzendentale Privilegierung der Sozialwissenschaften als oberster Instanz und Richterin der anderen Disziplinen. Die Frage nach den Erkenntnisinteressen als Brückenprinzipien der Rechtfertigung von Wissenschaft auf dem Boden der Gesellschaft verweist also auf ein neues Problemfeld und benennt einen neuen Konflikt: Wie können faktische Interessen an der Wissenschaft vermittelt werden mit möglicherweise fundamentalen Interessen des Menschseins, die die gesamte Gattung als Natur und in der Naturgeschichte charakterisieren?

Über dieses Desiderat hinaus stellt sich die Frage, ob jene Typisierung adäquat und vollständig ist. Im Blick auf Disziplinen wie Wirtschaftswissenschaften, Psychologie, Medizin, Informatik, Umwelttechnik, Biokybernetik, Genetik etc. fragt man sich zu Recht, wo diese in jener Charakterisierung vorkommen. Ein Verweis darauf, daß hier mit Typen gearbeitet wird, nicht mit Oberbegriffen (Gattungsbegriffen), vermag zwar diesen Einwand zu relativieren, da bestimmte Disziplinen als unter verschiedenen Typen stehend gekennzeichnet werden können. (So enthalten die Psychologie oder die Wirtschaftswissenschaften Elemente empirisch-analytischer, sozialwissenschaftlicher und geisteswissenschaftlicher Methodologie.) Entkräften läßt sich aber dieser Hinweis nicht, weil an dieser Stelle die Frage auftritt, ob nicht das disziplinen*interne* Spannungsverhältnis zwischen solchen Methodenstandards unter ethischen Gesichtspunkten zu entscheiden ist, wenn man nicht der oft praktizierten Verengung einer gesamten Disziplin auf einen der jeweiligen Typen mit der entsprechenden Schulenbildung das Wort reden will. Die Kommunikationsunfähigkeit der Vertreter entsprechender konkurrierender Schulen auf ihren Fachkongressen läßt sich eben nicht im Blick auf den *Gegenstand* abbauen, sondern nur im Blick auf die *normativen Voraussetzungen* der jeweiligen Disziplin.

Die Frage nach der Vollständigkeit der Typisierung führt aber auch weiter zu dem Punkt, ob nicht ein Themenkreis, der ebenfalls weit in die Disziplinen und in die Technik hineinwirkt, bisher ausgeklammert wurde, nämlich die wissenschaftliche Beschäftigung mit menschlichen Artefakten, insbesondere der Kunst, welche über die bloß geistes- und sozialwissenschaftlichen Interessen hinausreicht.

Unter dem Typus der Kunstwissenschaften i. w. S., innerhalb derer Methoden des Bildens von Kunstwerken unter den Kriterien gelingender Herstellung oder der Analyse des Gelingens von solcherlei Herstellung (über den dadurch ausgedrückten Sinn hinaus), mit dem Ziel der Überschreitung der gegebenen Realität

---

[10]A. Gehlen, Über die Geburt der Freiheit aus der Entfremdung, in: ders., Studien zur Anthropologie und Soziologie, Neuwied/Berlin 1963, S. 232-246.

(Kunstwerke als Utopien) erarbeitet werden, ist ein Zweck der Wissenschaften formiert, der dem ästhetischen Interesse nachkommt. Ihren Wert haben diese Disziplinen durch die erreichte Sensibilisierung und Kreativitätsförderung des Menschen sowohl als Schöpfer als auch als Rezipient. Und auch hier treffen wir den Binnenkonflikt der anderen Erkenntnisinteressen wieder an: Dem faktischen ästhetischen Interesse genügen die Disziplinen durch ihre Leistung, im Spiel, d. h. dem Erlernen der Regeln künstlerischer Produktion und Rezeption, den Umgang mit Normen in erzieherischer Absicht zu gewährleisten und zu sichern. Dem transzendentalen Interesse genügen diese Disziplinen, indem sie das Terrain entwerfen und bearbeiten, auf dem sich menschliche Freiheit oder ihr Verlust in ihrer ganzen Emphase dokumentieren.[11] Wir haben also hier auch einen Konflikt zu konstatieren zwischen normenerlernenden und normenstabilisierenden Handeln auf der einen Seite und einem normenkonstituierenden, aus eigener Freiheit normensetzenden Handeln, das erlernbar wird andererseits. Damit ist auch hier der Konflikt vorprogrammiert, wie er sich etwa in der Kritik der eher bildungsorientierten Kunstwissenschaften an den l'art pour l'art Modellen bzw. umgekehrt aus der Sicht der Hüterin reiner selbstzweckhafter Kreativität an der Rechtfertigung der Vergesellschaftung der Kunst artikuliert. Wir werden im Rahmen der Diskussion um die Ethik der Geisteswissenschaften, aber auch bestimmter Hochtechnologien wie der Künstlichen Intelligenz dieser Problematik wieder begegnen.

Schließlich ist ein letzter Kritikpunkt zu nennen. Er bezieht sich auf die in der Habermasschen Kategorisierung enthaltenen Auffassung, Technik als Anwendung oder Gratifikation wissenschaftlich-theoretischer Erträge zu begreifen, was sehr deutlich wird unter dem ersten Typ der empirisch-analytischen Wissenschaften, aber auch als kommunikativer Effekt der Geisteswissenschaften oder als Ertrag der Sozialwissenschaften für die Sozialtechnologien erhofft wird. Die Ingenieurwissenschaften haben aber die Ebene bloßer Anwendung von Theorie inzwischen zugunsten der Erarbeitung von Theorien der Anwendung weit hinter sich gelassen. Es gibt inzwischen Typen spezifisch technischer Theoriebildung, deren Strukturen in dem Habermasschen Modell nicht erfaßt sind. Von dieser Frage wird eine dritte Kontroverse, diejenige um eine Zweckausrichtung (Finalisierung) der Disziplinen getragen.

---

[11]Vergl. Chr. Hubig, Kunst als Anwalt heuristischer Vernunft. Über die Möglichkeit der Kunst und die Kunst des Möglichen, in: F. Koppe (Hrsg.), Perspektiven der Kunstphilosophie, Frankfurt/M. 1991, S. 139-146, sowie ders., Handlung – Identität – Verstehen, a. a. O., Kap. 3.

2.3 Finalisierung der Forschung

Unter diesem Titel (der Zweckausrichtung von Wissenschaft) wurde eine hochpolitisierte Kontroverse geführt, in der sich die Fragestellungen

— Inwieweit sind Wissenschaften (bereits) zweckausgerichtet?
— Sollen Wissenschaften überhaupt zweckausgerichtet werden?
— Sind Wissenschaften überhaupt als nicht-zweckausgerichtet zu denken?

überlagerten.

Damit wurde die Fragestellung von einer nach der Rechtfertigung der Anwendung von Theorien zu derjenigen nach einer Rechtfertigung von Theorien der oder für die Anwendung transformiert und zugleich so weit gefaßt, daß die Wissenschaften selbst in den Definitionsbereich jener Frage hineingezogen wurden. Eine "Arbeitsteilung" zwischen Wissenschaft und Politik bezüglich der Anwendungsfrage führt ja zu den extremen Modellierungen, daß ein Primat von Wissenschaft über die Politik zur Technokratie, ein Primat der Politik über die Wissenschaft zur Entscheidungs"willkür", zum Dezisionismus führt, je nachdem, wer als Anwalt der Rechtfertigung auftritt. Den Rechtfertigungsdiskurs aber auf beide auszudehnen, setzt voraus, daß eine normative Verflechtung beider nachweisbar oder modellierbar ist. Die Verfechter einer "Finalisierung der Wissenschaft" (u.a. Gernot Böhme, Wolfgang van den Daele und Wolfgang Krohn)[12] versuchten dies sowohl in historischer als auch in systematischer Absicht.

War gegenüber dem antiken/ mittelalterlichen Ideal von Wissenschaft als an der Ordnung des Kosmos orientierten, anschauenden Bemühen um Systematik die neuzeitliche Wissenschaft einerseits mit Francis Bacon an der Aufklärung des Individuums, der Beherrschung der Natur, der Realisierung von technischem Fortschritt zugunsten des öffentlichen Wohls interessiert, so wurde andererseits die Institutionalisierung dieses Ziels in der Londoner Royal Society 1662 sowie der Pariser Académie des Sciences 1666 durch die einseitige Beschränkung auf die Kenntnis der "natürlichen Dinge, nützlichen Künste, Produktionsweisen und mechanischen Praktiken, Maschinen" erkauft (Robert Hooke). Theologie, Metaphysik, Moral, Politik, Grammatik, Rhetorik, Logik (Dialektik) wurden also ausgeklammert im Zuge einer Begrenzung von neutraler Wissenschaft auf den "Körper des Menschen, die Künste der Hände, die Werke der Natur" (Thomas Spraat 1667)[13]. Vor dieser Reduktion hat Comenius bereits 1668 gewarnt: Ein umgekehrter Turmbau zu Babel würde hier projektiert, der nicht (mehr) zum Himmel strebe, sondern sich umgekehrt in die Erde grabe. (Eine solchermaßen "neutrale" experimentelle Wissenschaft ist also wesentlich konstituiert durch die Abgrenzung von den an den Phänomenen orientierten, als Ideologien der Naturinterpretation erachteten Zugangsweisen, wie sie etwa in der antiken Wissenschaft, der

---

[12]G. Böhme et al., Alternativen in der Wissenschaft, in: Zs.f.Soz. 1 (1972), S. 302-316; sowie: Starnberger Studien 1, Die gesellschaftliche Orientierung des wissenschaftlichen Fortschritts, Frankfurt/M. 1971.

[13]W. v. d. Daele, Die soziale Konstruktion der Wissenschaft, in: G. Böhme et al., Experimentelle Philosophie. Ursprünge autonomer Wissenschaftsentwicklung, Frankfurt/M. 1977, S. 129-182.

chinesischen Naturphilosophie, der Alchemie und Mystik oder dem Goetheschen Spinozismus gegeben sind.)

Die Stoßrichtung der Kritik an diesem Ideal neuzeitlicher Wissenschaft stützt sich auf die enttäuschten Erwartungen bezüglich der emanzipatorischen Effekte dieser Wissenschaft angesichts der modernen krisenhaften Entwicklungen. Sie behauptet, daß diese "Neutralität" selbst Ideologie sei, weil gerade experimentelle Wissenschaft in der Abkehr von den Phänomenen sich in Abhängigkeit bringe von denjenigen normativen Voraussetzungen, die zu ihrer eigenen Konstitution in concreto nötig sind. Die Praxis jener neuzeitlichen Naturwissenschaften sei nämlich jeweils geprägt durch

— eine Konstitutionsphase, in der a) die Werkzeuge des Erkennens zu objektiven Instrumenten der Datenproduktion geadelt werden, in der b) die *Phänomene* durch ihre instrumentell kontrollierte Hervorbringung zu *Effekten* werden und in der die Vorstellungen im Rahmen der jeweiligen Kategoriensysteme der Disziplinen zu wissenschaftlichen Begriffen stilisiert werden,

— eine theoriedynamische Phase, in welcher die Defizite (inneren Widersprüche) der soweit konstituierten Theorien ausgeräumt und die Defizienzen ("weiße Felder" auf der "Landkarte" des Definitionsbereichs der Theorien) erschlossen werden, und schließlich

— eine Finalisierungsphase, in der nicht etwa die Theorien zur Anwendung gelangen, sondern auf der Basis der Theorien anwendungsbezogene Forschung betrieben wird, die einen neuen Typ von Begriffen unterschiedlichster Operationalisierung jeweils hervorbringt etwa qua Näherungsverfahren, Zusammenfassung empirischer Effekte zu neuen Komplexen (Bündelungen) unter Gesichtspunkten der Praxis (auch durch Vernachlässigung bestimmter Effekte), oder Bildung von Begriffen höherer Komplexität und Interdisziplinarität, die in die verschiedenen Theorien eingehen.

Die Rolle der Konstitutionsphase in ihrer instrumentellen und begrifflichen Bestimmungsleistung der Effekte, deren formale Eigenschaften jeweils durch die Zugangsweise bestimmt werden, läßt sich exemplarisch verdeutlichen am Unterschied der Goetheschen zur Newtonschen Farbenlehre, die jeweils verschiedenen Wissenschaftstypen angehören, oder am Streit zwischen Titchener und Baldwin um die Messung von Reaktionszeiten, die Titchener unter Laborbedingungen an eigens für diesen Zweck trainierten Versuchspersonen, Baldwin aber auf der ganzen empirischen Breite des Durchschnittsverhaltens unterschiedlichster Subjekte untersuchten[14]. Die Goethesche und die Newtonsche Zugangsweise konstituieren einen jeweils völlig unterschiedlichen Grundbegriff von "Farbe", der seinerseits auf völlig unterschiedlichen Idealen von Natur bzw. Ordnungskriterien im Blick auf die Effekte der Natur basiert. Oder – so das andere Beispiel – ein Phänomen der sensuellmuskulären Differenz erscheint, jeweils bestimmt durch die Zugangsweise, einmal als purifizierter physiologischer Effekt, ein anderes Mal als psychischer Effekt unterschiedlich typisierbarer Subjekte. Vergleichbare Konstitutionsleistungen erbringen die Grundbegriffe der Physik (z. B. der Feldbegriff) und der Medizin (z.

---

[14]Dargestellt in: G. Böhme, Alternativen der Wissenschaft, Frankfurt/M. 1980, S. 154-169.

B. der Krankheitsbegriff), die konventionierten Meßverfahren oder der Einsatz von Rechnern zur Simulation eines Gegenstandes in den Naturwissenschaften.

Ein charakteristisches Beispiel für die Phase 2 (theoriedynamische Phase) ist die Vervollkommnung des Periodensystems der Elemente in der klassischen Chemie.

Der Einstieg in die Finalisierungsphase soll dann erfolgen können, wenn eine Theorie "vollständig und abgeschlossen" ist und ihre erfolgreiche Anwendung mit der Erwartung weiterer Anwendungen verknüpft wird: So habe die 1850 grosso modo abgeschlossene klassische Hydrodynamik (Ludwig Prantls Forschungen zu Grenzschichteffekten) ihre Finalisierung ermöglicht im Blick auf Tragflügelkonstruktion, Propellerentwicklung, Theorien der Schmierung, Aeroakustik und physiologische Strömungstheorien. Auch die Agrikulturchemie oder die Kernfusionsforschung stellen nicht bloß Strategien der Verwertung von Wissen, sondern Strategien der Produktion von neuem Wissen dar, die oft interdisziplinär erfolgt (Beispiel Lärmtheorie)[15]. Damit wird deutlich, daß gerade die Phasen 1 und 3 in besonderem Maße rechtfertigungsbedürftig und ethisch sensitiv sind.

Die Gegner jener Auffassung versuchen, dieses 3-Phasen-Schema zu destruieren und zugleich das Ideal des neutralen Erkenntnisfortschritts für die Phasen 1 und 2 zu bestärken. Für die zweckausgerichtete anwendungsbezogene Forschung wird durchaus deren Abhängigkeit von politisch motivierten Zielvorgaben konzediert, nicht jedoch eine externe Bestimmtheit ihrer jeweiligen binnentechnischen Verfaßtheit durch soziale oder politische Faktoren. Dabei wird deutlich, daß sowohl die kritisierte Position als auch die Kritik daran zu undifferenziert sind.

Sicherlich ist (insbesondere auf der Basis der Überlegungen von Gerard Radnitzky/Gunnar Andersson)[16] einzuräumen, daß das 3-Phasen-Schema zu relativieren ist im Blick auf

— die oft gegebene wechselseitige Unabhängigkeit von grundlagen- und anwendungsbezogener Forschung, die durchaus für sich autonom zu realisieren sind, man denke z. B. an das Manhattan-Projekt zur Entwicklung der Atombombe als durchaus grundlagendefizitäres Unternehmen auf der Suche nach technischen Verfahren der Trennung von Uranisotopen etc. oder an die Strategien der pharmazeutischen Forschung bei der Herstellung und Evaluierung von Arzneimitteln,
— die Tatsache, daß konkrete Interessen lediglich die Problemwahl bestimmen und zur Lösung auf den Kanon der etablierten Disziplinen verwiesen sind,
— die Konstitution oft genug von den internen Problemen der Theoriegeschichte, nicht von konkreten Interessen bestimmt ist, und
— der Objektivismus der Phase 2 selber oft genug erschüttert wird durch neue Entdeckungen und Irregularitäten beim Versuch der Anwendung, die unter ganz anderen Vorgaben erfolgt.

Die Kritik kulminiert also in der Betonung einerseits der disziplinären Unabhängigkeit von Grundlagen- und Anwendungsforschung, zwischen denen jedoch

---

[15] G. Böhme, Autonomisierung und Finalisierung, in: Starnberger Studien 1, a. a. O., S. 69-130.
[16] G. Andersson, Praxisbezug und Erkenntnisfortschritt, in: Chr. Hubig/W. v. Rahden (Hrsg.), Konsequenzen kritischer Wissenschaftstheorie, a. a. O., S. 58-80.

andererseits durchaus Beziehungen in beide Richtungen ohne Primat einer irgend-wie gearteten Konstitutionsleistung und damit auch ohne Primat einer Abhängigkeit von entsprechenden ethischen Direktiven bestehen können. Eine selbst unter normativen Gesichtspunkten noch so gut gerechtfertigte Konstitutionsleistung kann durch Mißerfolge bei der Finalisierung, die unter anderen normativen Direktiven erfolgt, erschüttert werden, und eine noch so gut gerechtfertigte Finalisierung unter normativen Prinzipien kann scheitern, wenn bestimmte Defizite in der Grundlagenforschung hierfür maßgeblich sind, einer Grundlagenforschung, die per se überhaupt nicht im Zusammenhang mit bestimmten Finalisierungsstrategien hätte entworfen werden müssen (Beispiele für Grundlagenforschungsdefizite bietet die automatische Übersetzung, die Entwicklung des Fusionsreaktors u. a.). Man wird unschwer erkennen, daß auch hier eher komplementäre als kontroverse Fragen angeschnitten werden. Abgesehen von zahlreichen nötigen Binnendifferenzierungen innerhalb der vorgetragenen Positionen wird deutlich, daß die Hauptunklarheiten darin bestehen,

— welchem Typus die Möglichkeiten von Resultaten angehören, die durch eine Konstitutionsleistung bewirkt werden,
— wer das Subjekt der "Interessen" sei, die die "Konstitution", "Theoriendynamik" und "Finalisierung" steuern oder beeinflussen.

Eine genauere Betrachtung wird zeigen, daß die beiden Fragen nicht unabhängig voneinander zu behandeln sind: Die Konstitutionstheorie läßt sich auffangen in dem feingewobenen Netz der verschiedenen Theorien des sogenannten Operationalismus, welcher an die alten Maximen des Pragmatismus anknüpft. Diese besagen, daß die Bedeutung der theoretischen Begriffe jeder Disziplin durch die Verfahren der instrumentellen Realisierung der Daten bestimmt sei, welche ihrerseits unter "Nützlichkeitskriterien" stehen. Aber in welcher Hinsicht "nützlich"? Die Brisanz dieser Frage variiert mit dem Status und der Rolle, die die Verfahren für die Datenproduktion einnehmen. Dies reicht vom radikalen Fall, daß erst die Messung die Qualität des Gegenstands konstituiert über die Sachlage, daß die Subtilität und Differenziertheit einer Vorgehensweise die reale Möglichkeit des Effektes qua Ausschluß nicht erfaßter Komponenten determiniert (so wie man mit einem grobmaschigen Netz nur große Fische fängt – Problematik der Nachweisgrenzen), über Modelle, die die Strategien zur Identifikation zunächst bloß theoretisch möglicher Effekte vorstellen, zu deren Erfassung aber noch die technischen Mittel fehlen, bis hin zu denjenigen Maßnahmen, durch die sich Wissenschaft und Technik überhaupt die Artefakte schaffen (Künstliche Intelligenz, Gentechnologie), die sie dann erforschen. So weit reicht das Spektrum der "Konstitution".
Ähnliches gilt für die leitende Rolle, die die Problemstellungen selbst übernehmen. Sie können aus gesellschaftlichen Notlagen, theorie-internen Kontexten, unbeabsichtigt hervorgebrachten Effekten herrühren, die zunächst ganz anderen Zwecken dienen sollten und nun von "Störungen", "Nebeneffekten" oder "Fehlern" zu neuen Gegenständen und Zentren anderer Untersuchungen transformiert werden. Dabei spielt die Interpretation, die man dem Einsatz von Instrumenten oder der Zulassung von Problemstellungen widmet, eine wiederum originäre Rolle. Ob man diese Instanzen relativiert unter dem Ideal eines in the long run erstrebten und erhofften, in Form einer semantisch konsistenten Theorie vorliegenden und Adäquation beanspruchenden Zugang zur Natur überhaupt, oder

ob sie als bewußte einzelentscheidungsabhängige Reduktionsstrategien unter anerkannten Zwecken begriffen werden, oder als Elemente einer skeptizistisch-selbstbescheidenden Stückwerktheorie und -technologie zur Lösung von jeweils konkreten Fragestellungen, die selbst in ihrem Sinn zur Disposition gestellt werden können – dies alles verändert jeweils die Rolle der "Konstitution" und ihrer Rechtfertigungsbedürftigkeit ganz erheblich.

So ist von äußerster Tragweite, ob man die "evidential interpretation rules" ihrerseits als Funktionen von "referential interpretation rules" auffaßt, wie es Mario Bunge fordert, also z. B. die Operationalisierung eines Begriffs (z. B. Temperatur) auf Skala-Einheits-Systeme ihrerseits nochmals auf ein theoretisches System der Natur bezieht oder nicht,[17] oder ob man z. B. die Operationalisierung sozialwissenschaftlicher Grundbegriffe (z. B. Angst oder Streß auf Skala-Einheits-Systeme - zur Messung von Kompetenz und Aversion) vornimmt oder diese Operationalisierung selbst der Interpretation der betroffenen Subjekte anheimstellt.[18]

Die Binnendifferenziertheit dieses Spektrums der Konstitutionsproblematik überträgt sich auf die Frage nach dem Subjekt. Für die Ansprüche der Wissenschaft überhaupt, gefaßt ihren Idealen, steht als Anwalt jenseits des faktischen Betriebs, der auch seine Verfallszeiten kennt, so etwas wie die ideale "scientific community" als real immer nur unvollkommen repräsentierte Instanz der Aufbewahrung, Korrektur und Rehabilitierung von produziertem Wissen, die uns als Problemgeschichte und Lösungstradition begleitet. Naturgemäß erscheint uns diese Orientierungsinstanz nicht als Subjekt, das als Subjekt einer Ethik auftreten könnte. Dies gilt jedoch nicht für die neben und unter dieser Tradition stehenden konkreten Institutionen der Wissenschaft, repräsentiert durch die Regeln des Wissenschaftsbetriebs, der Anerkennung und Verwerfung von Wissen, der Gesetze des Wissenserwerbs und seiner Beschränkung, sowohl was die wissenschaftsintern konstituierten Schiedsrichtergremien (z. B. der Zeitschrift 'Nature') als auch z. B. die Vorgaben des Gesetzgebers angeht. Komplementär hierzu finden sich aber auch und gerade die konkreten scientific communities als Problemgemeinschaften, die als Schulen, Strömungen etc. bestimmte Problemstellungen und Lösungswege favorisieren und sozusagen ausreizen, repräsentiert durch Forscherautoritäten und Forschungsmethoden mit paradigmatischer Gültigkeit.

Darüber hinaus tritt Wissenschaft in Form konkreter Organisationen auf, abhängig von der Planung und Finanzierung etwa der Großforschungseinrichtungen, von Personal- und Weisungsstrukturen, Abhängigkeiten in der Weisungshierarchie etc. und schließlich in Gestalt der individuellen Wissenschaftler und Techniker mit ihren Biographien, die ihr Denken befördern oder begrenzen, ihren Fähigkeiten etc., wobei diese Individuen unter der institutionellen und organisatorischen Verfaßtheit von Wissenschaft und Technik deren noch genauer zu präzisierenden Subjektcharakter als Träger von Interessen weniger bestimmen als beeinflußen können. Dies, indem sie die Wirkungsweise dieser institutionellen Subjekte affirmieren und fortschreiben, dulden qua unterlassener Kritik, torpedieren durch

---

[17]Vergl. Chr. Hubig, Das Defizit der Finalisierungsdebatte und eine pragmatische Alternative, in: Chr. Hubig/W. v. Rahden (Hrsg.), Konsequenzen kritischer Wissenschaftstheorie, a. a. O., S. 111-138.

[18]Vergl. Chr. Hubig, Handlung – Identität – Verstehen, a. a. O., S. 91, sowie ders., Rationalitätskriterien qualitativer Analyse, a. a. O., S. 344ff.

Abweichung und Destruktion oder hinter sich lassen, wobei der Effekt solcher Handlungen eher durch den historischen Kontext der Problemgeschichte als etwa durch die Absichten selber bestimmt wird. Wir werden diese Fragestellung in den nächsten Kapiteln weiterverfolgen.

Jedenfalls versperrt sich jenes komplexe Feld einer Schematisierung und verlangt eine Herangehensweise, die der Komplexität der Sachlage überhaupt gerecht wird. Die dargestellte Kontroverse provoziert uns also, wie ihre Vorgänger, zu weitergehenden Differenzierungen. Diese sollen nun vorgenommen werden unter der Frage, wo überhaupt im Prozeß wissenschaftlicher und technologischer Innovation Entscheidungen getroffen werden, um von dort aus die ethisch sensitiven Brennpunkte der Entscheidung ausfindig zu machen.

3 Der Umgang mit Wissen und Technik

3.1 Entscheidungsprozesse – idealtypisch – in der wissenschaftlichen Erkenntnisgewinnung

Wenn eine Ethik im strikten Sinne für Wissenschaft und Technik gefordert werden soll, dann müssen jenseits der bis hierher aufgezeigten Pauschalierungen diejenigen Handlungen konkret benannt werden, die auf Entscheidungen basieren, die rechtfertigungsbedürftig sind. Handlungen bestehen im bewußten Einsatz bestimmter Mittel zur Realisierung von Zwecken unter Werten, die sowohl die Mittel als auch die Zwecke qualifizieren. Sowohl die Anerkennung der entsprechenden Werte und der zu ihnen gehörenden Rechtfertigungsstrategien, als auch die Auswahl der entsprechenden Mittel (Modelle, Instrumente etc.) als auch schließlich die Auswahl der zu realisierenden Zwecke (Erkenntniszwecke etc.) basieren auf Entscheidungen.

Handeln, (einschließlich des Unterlassens und Zulassens) ist somit definiert als *intentionales* Verhalten. Dementsprechend lassen sich vier Komponenten des Handelns unterscheiden:

1. Mittel, Zwecke und Mittel-Zweck-Verknüpfungen müssen *gekannt* sein (vorliegen, sprachlich identifizierbar sein, vorstellbar sein)
   — *kognitive Voraussetzungen* —
2. Mittel, Zwecke und Mittel-Zweck-Verknüpfungen müssen *gewollt* sein
   — *voluntative Voraussetzungen* —
3. Mittel, Zwecke und Mittel-Zweck-Verknüpfungen müssen *als gut bewertet* sein
   — *evaluative Voraussetzungen* —
4. Es dürfen keine Randbedingungen vorliegen, die eine
   — *Kontinenz des Handelns*[1] —
   stören, da sonst die Verantwortlichkeit eingeschränkt wird.

---

[1] C. Mitcham, Information Technology and the Problem of Incontinence, in: ders./A. Huning (Hrsg.), Philosophy and Technology II, Doordrecht/Boston 1986, S. 123-150. Vergl. hierzu Kap. 4.1.

3.1.1 Paradigmen

Jede wissenschaftliche Erkenntnisgewinnung ist geleitet durch Werte, die den Idealen der jeweiligen wissenschaftlichen Disziplin verpflichtet sind, sowie durch konkrete Problemstellungen, unter denen eine bestimmte Aufgabe für den Forschungsprozeß formuliert wird. Beides ist bestimmt durch die sogenannten *Paradigmen*[2] einer wissenschaftlichen Disziplin, d. h. die vorbildhaften Vorstellungen, unter denen sich die Wissenschaftler einer Disziplin zusammenfinden. Solche Paradigmen haben Regelcharakter, d. h. sie bestimmen, was als Verfahren innerhalb der Wissenschaft anerkannt oder was als außerwissenschaftliche Vorgehensweise aus der Disziplin ausgeschlossen wird. Thomas S. Kuhn unterschied im wesentlichen drei Typen von Paradigmen, die auf unterschiedlichen Ebenen wirksam werden:

Die weltanschaulichen Paradigmen. Sie enthalten die grundlegenden Vorstellungen über die Natur des Gegenstandsbereichs, beispielsweise über die Natur von Raum, Zeit und Kausalität im Rahmen etwa der Newtonschen oder einer anderen Physik, über die Natur des menschlichen Organismus in der Medizin, über die Natur unserer handlungsleitenden Faktoren in den Sozialwissenschaften oder die Gültigkeit bestimmter Logiken im Bereich der Mathematik und Informatik. Auf der Basis solcher weltanschaulicher Paradigmen wird im wesentlichen die *Adäquatheit* der eingesetzten Methoden beurteilt, d. h. die Frage diskutiert, ob der Einsatz bestimmter Methoden überhaupt gerechtfertigt ist. Unter Adäquatheit versteht man die Wahrheits*fähigkeit* bestimmter Resultate, die einer Beurteilung unterzogen werden sollen. Befunde, die jenseits des Wirkungsbereichs anerkannter Methoden behauptet werden, werden deshalb überhaupt nicht erst als Kandidaten einer möglichen Beurteilung angesehen.

Die theoretischen Paradigmen. Unter theoretischen Paradigmen versteht man diejenigen Modelle, auf deren Basis bestimmte *Defizite* von Theorien behauptet werden, z. B. innere Widersprüche, die ausgeräumt werden müssen, und/oder auf deren Basis bestimmte *Defizienzen* festgestellt werden können, sozusagen weiße Felder auf der Landkarte des Geltungsbereichs bestimmter Methoden. So machte das Periodensystem der Elemente für die Chemie ein theoretisches Paradigma aus, in dessen Lichte bestimmte Elemente vermutet werden konnten, nach denen dann gezielt gesucht wurde, weil sie im Spektrum der Auflistung der Elemente noch fehlten.

Die instrumentellen Paradigmen. Sie kennzeichnen den Bereich derjenigen technischen Neuerungen, die die Weiterführung bestimmter Wissenschaften überhaupt erst ermöglichten. So konnte auf der Basis der neu entwickelten Gaswiegetechnik allererst die Phlogiston-Theorie widerlegt werden (also diejenige Theorie, die behauptet, daß beim Verbrennungsvorgang eine Substanz, eben das Phlogiston, entweiche) oder durch die Entwicklung der Technik der In-Vitro-Fertilisation konnten bestimmte Resultate im Bereich der Genforschung allererst gewonnen bzw. überprüft werden. Die instrumentellen Paradigmen sind eine Gelenkstelle

---

[2]Hierzu grundlegend: Th. S. Kuhn, Die Struktur wissenschaftlicher Revolutionen, Frankfurt/M. 1967, sowie ders., Die Entstehung des Neuen, Frankfurt/M. 1977.

zwischen Technik und Wissenschaft. Im Blick auf die instrumentellen Paradigmen wird der wissenschaftskonstitutive Charakter der Technik besonders augenfällig. Aufgrund der Ablehnung bestimmter Techniken in der Wissenschaftsgeschichte (z. B. der Beobachtung der Gestirne durch Ferngläser, des Nachweises bestimmter physikalischer Effekte durch Röntgentechnik oder Oszillographen etc.) konnten bestimmte wissenschaftliche Resultate zeitweilig zurückgewiesen oder eine Weiterentwicklung verhindert werden. Umgekehrt führte die Anerkennung bestimmter Techniken bzw. des Einsatzes bestimmter Techniken in den Wissenschaften oft zu revolutionären Neuerungen.

Da die jeweiligen Paradigmen dem Forschungsprozeß vorausliegen, sind sie nicht durch den Forschungsprozeß zu überprüfen, sondern machen allererst die Bedingungen des Forschens aus. Sie sind in einer anderen als der "wissenschaftlichen" Weise rechtfertigungsbedürftig. Man kann sie anerkennen oder ihr die Anerkennung entziehen. Der Akt der Anerkennung macht sich meistens durch den Eintritt in eine bestimmte wissenschaftliche Disziplin augenfällig. Wenn man sich die Abhängigkeiten von Paradigmen bewußt macht, wird man auf ihre Rechtfertigungsbedürftigkeit aufmerksam. So werden gegenwärtig bestimmte Ordnungs-Paradigmen der linearen Naturauffassung einer Kritik unterzogen oder bestimmte instrumentelle Paradigmen beim Umgang mit Menschen kritisch überdacht. Umgekehrt setzen sich neue Paradigmen, wie sie beispielsweise die Chaos-Forschung leiten, erst langsam durch. Im Rahmen der Chaos-Forschung beschäftigt man sich mit nicht-linearen, nicht-deterministisch ablaufenden Vorgängen. Aus der Sicht klassischer Paradigmen sind solche Vorgänge, die nicht einmal statistisch erfaßbar sind, jenseits des Forschungsbereichs der Wissenschaften. Gerade aber im Umgang mit komplexen Systemen, wie sie die modernen Technologien ausmachen, stehen wir immer mehr vor der Notwendigkeit, unkontrollierbares und nicht-prognostizierbares Systemverhalten in unseren Gedankenhorizont mit einzubeziehen. Insofern wird die Chaos-Forschung inzwischen bereits für bestimmte Probleme der Technikfolgenabschätzung als durchaus relevantes Paradigma betrachtet (mehr dazu unten).

Im Lichte der Paradigmen erscheinen also allererst bestimmte wissenschaftliche Problemstellungen als solche. Durch die Anerkennung/Beförderung/Monopolisierung einer bestimmten wissenschaftlichen Disziplin werden deren paradigmatische Voraussetzungen sowohl auf weltanschaulicher Ebene im Blick auf die Strukturen der von ihr zu erfassenden Realität, auf theoretischer Ebene im Blick auf die Aufgaben, die theorieintern vorgegeben sind und schließlich auf instrumenteller Ebene durch die Übernahme der Verfahrensweisen der entsprechenden Disziplin stabilisiert. Infolgedessen wird durch die Identifikation mit einem Problem- und Erwartungshorizont ein bestimmter Gegenstandsbereich aus- bzw. eingegrenzt, der erforscht werden soll. Der entsprechende Erkenntnisprozeß insgesamt soll somit als Mittel zu einer Problemlösung als seinem Zweck eingesetzt werden. Dadurch werden die realen und hypothetischen Möglichkeiten der Lösung überhaupt festgelegt, indem für sie ein bestimmter Definitionsbereich konstituiert wird. Die qualitative Charakterisierung dieses Definitionsbereichs ist im wesentlichen durch die Auswahl der jeweiligen wissenschaftlichen Sprachsysteme bestimmt: Diese Sprachsysteme (kategorialen Apparate) sollen dabei als Mittel eingesetzt werden, um adäquate, d. h. wahrheitsfähige Aussagen, Hypothesen, Modelle, Prognosen zu generieren. Hierbei werden die (hypothetischen) Möglichkeiten der Wahrheit oder Falschheit konstituiert. Eine weitere Entscheidungsebene ist durch die Auswahl von Methoden gegeben: Ein entsprechendes Instrumentarium soll als Mittel eingesetzt werden, um eine Zugangsweise zu bestimmten Ereignissen zu gewinnen, die als Effekt in Protokollsätzen gefaßt werden. Diese beschreiben die Erfahrungserlebnisse der entsprechenden Wissenschaftler, und deren (reale) Möglichkeit wird durch jene Methodenwahl bestimmt.

Nach der Festlegung auf ein bestimmtes Darstellungssystem und einen Gegenstandsbereich kann nun der Forscher, geleitet durch seine Problemstellungen, bestimmte Hypothesen formulieren, allgemeine Erwartungen über das Verhalten bestimmter Elemente seines Gegenstandsbereichs. Solche Hypothesen sind in ihrer Allgemeinheit nicht zu verifizieren. Vielmehr müssen konkrete Prognosen abgeleitet werden aus solchen Hypothesen, da nur individuelle, konkrete Prognosen überprüfbar sind.[3] Um eine Prognose überprüfbar zu machen, muß man ihre Begriffe auf bestimmte Indikatoren beziehen, d. h. bestimmte Effekte, die im Zuge der Laborpraxis und des Experimentierens entstehen, als signifikant für die Erfüllung eines Begriffs oder seine Nichterfüllung betrachten. Die Frage der Anerkennung solcher Indikatoren ist im höchsten Maße rechtfertigungsbedürftig. So können durchaus die unterschiedlichsten Begriffe auf dieselben Faktoren bezogen werden, oder es können unterschiedliche Indikatoren als Zeugnis des Zutreffens oder Erfülltseins ein und desselben Begriffs aufgefaßt werden.

Dies spiegelt sich im breiten Spektrum der Nachweismethoden, die durchaus umstritten sein können, sowohl was die Interpretation der einzelnen "Nachweise" angeht, als auch im Blick auf die Adäquatheit des Nachweisverfahrens überhaupt, z. B. wenn in der Arbeitswissenschaft der Begriff Angst oder Streß unter den Indikatoren des Hautwiderstands, der Nackenmuskelverspannung, der Transpiration, des Blutdrucks, des Augenverhaltens etc. indiziert wird oder unter anderen Indikatoren aus dem Bereich der Verhaltensforschung, der Soziologie oder der Psychologie. Um eine Prognose zu überprüfen, genügt es nicht, nach bestätigenden Indikatoren Ausschau zu halten. Denn deren Auftreten könnte zufällig oder durch ganz andere Gesetzmäßigkeiten bedingt sein. Vielmehr muß in einem sogenannten Experimentum Crucis eine konkurrierende Prognose, die unter denselben Voraussetzungen formulierbar ist, überprüft werden, des Inhalts, daß der erwartete Effekt nicht aufgetreten wäre, wenn die Ausgangsbedingungen nicht vorgelegen hätten. Festzuhalten ist, daß wir es im Rahmen eines wissenschaftlichen Forschungskonzepts nicht mit bloßen *Phänomenen* zu tun haben, d. h. allgemein der Wahrnehmung zugänglichen und deshalb einer unvoreingenommenen und allgemeinen Diskussion unterziehbaren Gegenständen, sondern bestimmten Hervorhebungen, die ihren Sinn nur im Rahmen einer bestimmten Laborpraxis, einer Meßstrategie, einer Erhebungsstrategie, eines Feldversuchs etc. haben und deren Anerkennung abhängt von der Anerkennung des gesamten Verfahrens, also *Effekten.*

Auch sind eine ganze Reihe von weiteren Entscheidungen notwendig, bis überhaupt ein bestimmter Effekt zum Indikator für die Bestätigung oder Widerlegung einer Prognose geadelt wird: Der einzelne Forscher hat bestimmte Wahrnehmungen, die er in Protokollsätzen formulieren kann. Erst die Anerkennung seiner Pro-

---

[3]Hierzu grundlegend: K. R. Popper, Logik der Forschung, Tübingen 1969 (3), sowie E. Ströker, Einführung in die Wissenschaftstheorie, Darmstadt 1973.

tokollsätze führt zu sogenannten Basissätzen, d. h. solchen Sätzen, die eine Schiedsrichterfunktion im Blick auf die Gültigkeit einer Einzelprognose erheben können. Aber selbst wenn eine Schiedsrichterfunktion gegeben ist, bietet sich eine Fülle neuer Entscheidungsmöglichkeiten an.

3.1.2   Falsifikationismus als Garant der Objektivität?

Die Vorlage eines falsifizierenden Befunds führt nicht gleichsam automatisch zur Verwerfung der Prognose, also der singulären Hypothese über den zu erwartenden Befund oder der überprüften Theorie. Dies gilt sowohl im Blick auf die Modellierung des Wissenschaftsprozesses überhaupt, der wesentlich komplexer verläuft, als auch für den normativen Anspruch, der sich hinter einer solchen Forderung verbirgt, so mit falsifizierenden Befunden umzugehen, wenn die "Rationalität" der Wissenschaft erhalten bleiben soll. Vielmehr finden sich neben dem Verwerfen der Hypothese drei weitere Entscheidungsmöglichkeiten, die jeweils für sich Rationalität beanspruchen können[4]:

— Die *Regionalisierung* der Hypothese, d. h. ihre Eingrenzung auf einen bestimmten raum-zeitlichen Zusammenhang, wodurch die Hypothese immunisiert wird gegenüber dem falsifizierenden Befund, weil dieser als außerhalb ihres neuen Definitionsbereichs liegend erachtet werden kann. Solche Regionalisierungen finden sowohl im Bereich der Naturwissenschaften und der Technik statt, wenn die ursprünglich unterstellte Gültigkeit einer Hypothese nur noch für die Bereiche behauptet wird, zu denen der jeweils falsifizierende Befund nicht mehr gehört als auch im Bereich der Geistes- und Sozialwissenschaften, wenn zunächst unterstellte allgemeine "Gesetzmäßigkeiten" auf konkrete historische Situationen relativiert werden und ihre typisierende Funktion somit eingeschränkt wird.

— Die grundlegende *Uminterpretation* der Hypothese, in der Art, daß der behauptete Sachverhalt als analytische Erläuterung, als Definition des Satz-Subjekts begriffen wird, so daß die Möglichkeit entsteht, den falsifizierenden Befund als etwas zu interpretieren, was durch die Begriffe der Hypothese gar nicht mehr erreicht oder "gemeint" war. So wurden bestimmte theoretische Begriffe im Laufe der Wissenschaftsentwicklung radikal uminterpretiert, z. B. der Begriff der Masse, der Begriff des Elements, der Begriff der Kraft, aber auch im Bereich der Sozialwissenschaften oder der Medizin Begriffe wie Intelligenz, Streß, Gesundheit, im Bereich der Geisteswissenschaften Begriffe wie Revolution, Krise etc., oder im Bereich der angewandten Forschung Begriffe wie Lärm o. ä., von solch grundsätzlichen Uminterpretationen, wie sie die Begriffe des Lebens, der Vererbung, des Gens oder andere theoretische Konzepte betrifft, ganz zu schweigen. "Falsifizierende" Befunde können dann als bestätigt anerkannt werden, ohne daß entsprechende Hypothesen verworfen werden, weil man

---

[4]Vergl. hierzu den analogen Ansatz v. H. Albert, enger auf die Sozialwissenschaften bezogen: Theorie und Prognose in den Sozialwissenschaften, in: E. Topitsch (Hrsg.), Logik der Sozialwissenschaften, Köln/Berlin 1971, S. 126-143.

dem Befund die falsifizierende Kraft im Blick auf die *umdefinierte* Hypothese nicht mehr zubilligt.

— Die *Exhaustion* der Hypothese[5]: Schließlich besteht die Möglichkeit, den falsifizierenden Befund dadurch in seiner Kraft zu relativieren, daß man ihn z. B. auf Meßfehler, unkorrekte Laborbedingungen oder Versuchsanordnungen, die unkontrolliertes Wirksamwerden bestimmter Parameter nicht ausschließen u. ä. zurückführt – die Strategie, vermittels derer bestimmte falsifizierende Befunde durch störende Ursachen erklärt werden. Unter dieser Strategie wurden bereits viele Effekte zur Kenntnis genommen, bevor sie überhaupt so respektiert wurden, daß man ihnen theoretische Relevanz zusprach. Vielmehr wurden sie als Meßfehler oder als Erscheinung von Störgrößen interpretiert, z. B. die Röntgenstrahlung, deren Nachweis auf den Fotoplatten wesentlich vor ihrer Anerkennung als neuer wissenschaftlicher Befund lag.[6]

Solcherlei Falsifikation oder Relativierung (sei sie nun regionalisierend oder uminterpretierend oder exhaustiv) wird als Mittel zur Modifikation, Stützung oder Verwerfung eines bestimmten Erkenntnisstands eingesetzt, der nicht mehr zweckmäßig erscheint, z. B. weil er zu komplex, zu fragil, in zu geringem Maße Prognosen generierend erscheint. Durch solche Entscheidungen wird also die Verwirklichung von "Wissen" ins Werk gesetzt.

Die Entscheidung für eine dieser drei Relativierungsstrategien, die die strikte Falsifizierung umgehen, hat weitreichende Folgen für den weiteren Umgang mit den Hypothesen, beispielsweise im Blick auf deren Leitfunktion für technische Anwendungen und Weiterentwicklungen als Ausdifferenzierungen zugrundeliegender Theorien. Denn das Ignorieren bzw. Nicht-für-Relevant-Halten bestimmter Effekte birgt ein Potential von Risiken und Nutzen, die erst in der späteren Anwendung deutlich werden. Insbesondere die Regionalisierung von Hypothesen transportiert die Gefahr weiter, daß bei einer späteren Anwendung der ursprünglich eingegrenzte Bereich wieder überschritten wird, und man mit Verwunderung feststellt, daß bestimmte als sicher geltende Gesetze offenbar nicht mehr die Prozesse steuern (dieser Effekt ergab sich beispielsweise bei der Turbinenkonstruktion beim Übergang zur Gasturbine – bei einer ganzen Reihe von unter Zuhilfenahme von Expertensystemen korrekt konstruierten Turbinen konnten deren Havarien nicht erklärt werden, bis man auf den Gedanken kam, daß hier ein weiterer Definitionsbereich unterstellt wurde, als er für die ursprünglichen Hypothesen hätte angenommen werden können).

Der Blick auf diese Entscheidungsprozesse beim wissenschaftlichen Vorgehen zeigt die Anerkennungsbedürftigkeit der einzelnen Schritte und verweist uns auf die Notwendigkeit, Kriterien der entsprechenden Anerkennbarkeit zu diskutieren. Dies gilt sowohl für die Investition bestimmter Methoden und Techniken zur Gewinnung wissenschaftlicher Resultate, als auch für die Reaktion im weiteren Vorgehen auf der Basis falsifizierender Befunde. Sowohl die technischen Vorgaben als auch die jeweiligen interpretativen Vorannahmen gehören nicht zum wissenschaftlichen Prozeß, sondern ermöglichen ihn allererst sozusagen von außen. Insofern hängt die Objektivitätsbehauptung im Blick auf Wissenschaft davon ab, wie die

---

[5]K. Holzkamp, Wissenschaft als Handlung, Berlin 1981.
[6]Th. S. Kuhn, Die Struktur..., a. a. O., S. 86ff.

Gültigkeit jener "*externen*" Determinanten[7] auf eine sichere Basis gestellt werden kann. Da diese Gültigkeit auf paradigmatischen Regeln beruht, also nicht auf Gesetzen etwa der Rationalität, bedarf die Befolgung der entsprechenden Regeln bzw. ihre Verwerfung einer gesonderten Rechtfertigung. Im Überblick stellt sich das idealtypisierte Vorgehen des Wissenschaftlers wie im Flußdiagramm Abb. 2 (S.. 50) dar.

3.2 Entscheidungsprozesse – idealtypisch – in der technischen Entwicklung

Die verbreitete Auffassung über die technische Umsetzung wissenschaftlichen Wissens läuft darauf hinaus, den Ingenieur als "Anwender" dieses Wissens zu begreifen, unter extern gesetzten Zwecken, über die er nicht verfügt. Er ist – als "Technokrat" – Herr über die Mittel und gewinnt diese, indem er Gesetzeszusammenhänge durch die jeweilige Realisierung der Ausgangs- und Randbedingungen wirksam werden läßt, so daß der gewünschte Effekt zustandekommt bzw. ausgelöst wird. Sein Vorgehen ist *nomologisch* (an den Gesetzen orientiert) und *deduktiv* (die Konkretisation ist aus den Gesetzen abgeleitet und wird unter diesen erklärt). Das begründet auch die Testfunktion technischer Anwendung für das vorausgesetzte Wissen. Sie ist sozusagen spiegelbildlich zur *induktiven* Laborpraxis der Wissenschaften, die diese Gesetzeszusammenhänge zu gewinnen sucht.

Abgesehen von der unzureichenden Charakterisierung wissenschaftlicher Erkenntnisgewinnung, die diesem allzu einfachen Modell induktiven und deduktiven Vorgehens zugrunde liegt (vergl. den vorhergehenden Abschn.) ist auch die Modellierung technischen Handelns als Anwendung von Wissen verfehlt. Das technische Experimentieren und die Suche nach technischen Lösungen sind als *Eingriffe* in die Randbedingungen und Ausgangsbedingungen zur Erreichung des gewünschten Effekts, als Suche nach möglichen Auslösefaktoren bei der Regulierung der erreichten Resultate unter Einsatz von Näherungslösungen, Vernachlässigung und Isolierung von Faktoren zu begreifen. Ein solches Vorgehen ist weder induktiv noch deduktiv, sondern *abduktiv*: Das Wissen um einen Komplex von Regularitäten wird als Hintergrundwissen – oft implizit oder virtuell – in Anschlag gebracht, wobei der Schwerpunkt der Tätigkeit im Hin und Her zwischen Ausgangs-/Randbedingungen und gewünschten Effekten liegt. Dies betrifft sowohl Optimierungsvorgänge und Variantenkonstruktion als auch Neuentwicklungen, die oft auch ohne ein hinreichendes Gesetzeswissen naturwissenschaftlicher Provenienz versucht werden (wie z. B. in der Pharmazie, der Brennkammertechnologie/Verwirbelung etc.).

Auf diesem Wege werden aber die Definitionbereiche der Gesetze selbst verändert (was auch den Impuls der Technik für neue Forschungen erklärt). Sie werden

---

[7]Vergl. G. Böhme, Alternativen in der Wissenschaft – Alternativen zur Wissenschaft, in: Chr. Hubig/W. v. Rahden (Hrsg.), Konsequenzen..., a. a. O., S. 40-57.

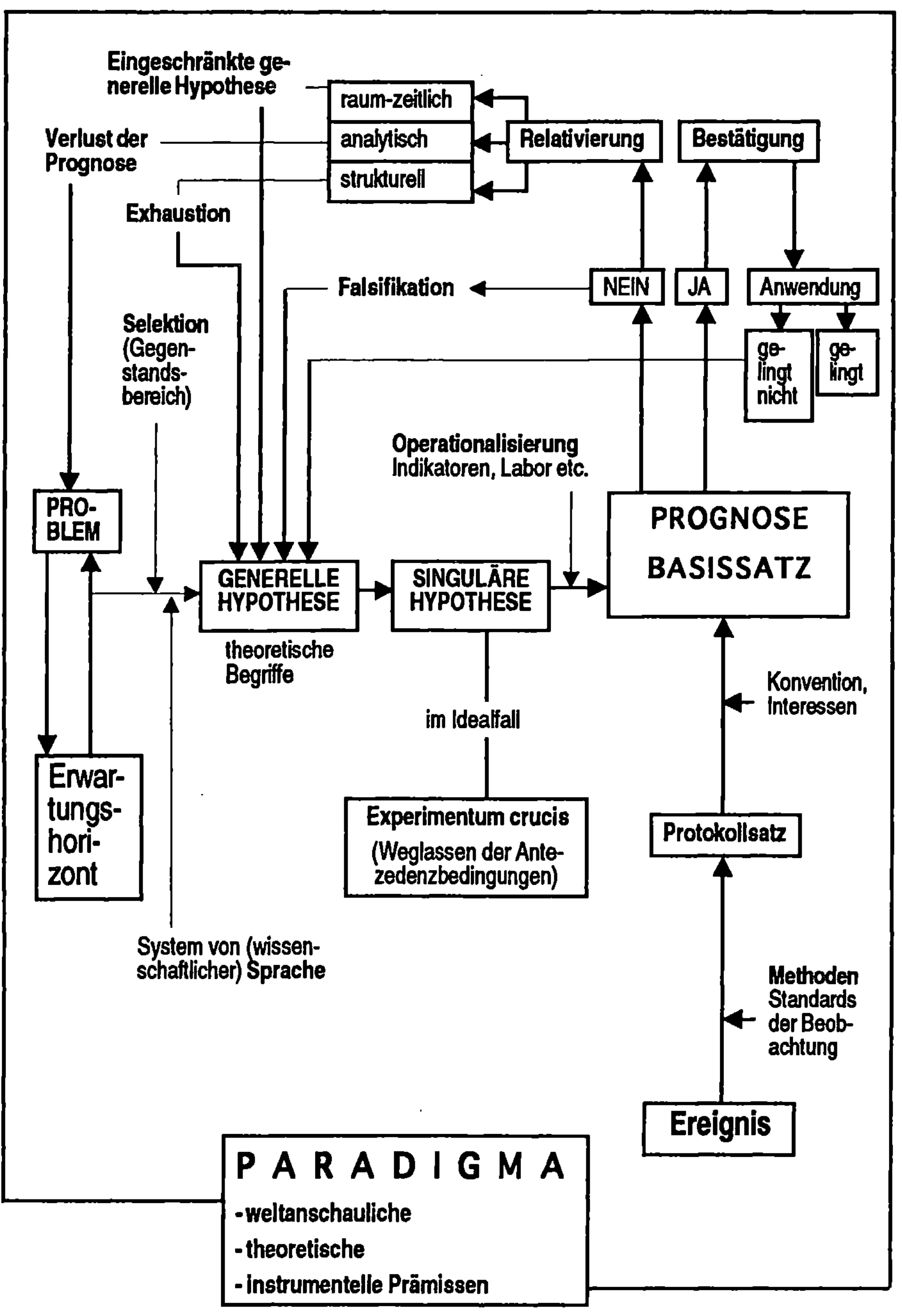

Abb. 2. Entscheidungssituationen im Forschungsablauf

eingeschränkt oder erweitert; grundlegend neue Möglichkeiten werden realisiert, was wir (im übernächsten Kapitel) als Umgang mit sogenannten Metamöglichkeiten rekonstruieren werden, d. h. solchen Möglichkeitsspielräumen, über denen dann allererst reale oder hypothetische Möglichkeiten wieder zum Gegenstand der Forschung und des technischen Umgangs werden können. Auf diesen Ebenen der Entscheidung tritt im wesentlichen nicht der Wissenschaftler oder Ingenieur als Entscheidungssubjekt auf, sondern er realisiert Entscheidungsstrategien der (scientific) community als Institution und/oder Organisation. Der einzelne Wissenschaftler kann sich zwar jenen Entscheidungsstrategien verweigern, er muß aber immer damit rechnen, daß ein anderer seine Stelle einnimmt. Dies relativiert m. E. eine rein folgenbezogene verantwortungsethische Betrachtungsweise für diese Entscheidungen. Dennoch soll dieser Betrachtungsweise zunächst weiter gefolgt werden.

Insgesamt stellt sich (im Vergleich zur Wissenschaft) der *technische* Entwicklungsprozeß in viel offenkundigerer Weise als eine Kette von Entscheidungen dar. Auch scheinen auf den ersten Blick die Parameter, die die entsprechenden Entscheidungen steuern, präziser erfaßbar und von höherer determinierender Kraft als im Wissenschaftsprozeß. Somit wird sich die Frage, ob überhaupt fortgeschritten werden sollte von einer jeweiligen Stufe zu einer anderen im technischen Innovationsprozeß, als im höheren Maße verantwortungsbehaftet und ethisch sensitiv erweisen als im Wissenschaftsprozeß. Dies betrifft insbesondere die Schwelle des Übergangs von einem Prototyp oder einer unter experimentellen (Labor-)Bedingungen realisierten Fassung zum Feldversuch oder zum Test in einem Kontext, dessen charakterisierende Parameter nicht mehr vollständig übersehen werden können. Auch gilt dies für die mannigfachen Verwerfungen, die im Zuge der Produktion, Distribution und Nutzung technisch hergestellter Gebilde entstehen können, weil im Gegensatz zu dem Subjekt des Wissenschaftsprozesses, das als institutionalisiertes Subjekt (z. B. eine Laborgemeinschaft) noch ein gewisses definiertes und geschlossenes Selbstbewußtsein mit sich führt, hier sich die Entscheidungen auf eine Vielzahl von Subjekten verlagern. Auch ist zu berücksichtigen, daß eine ganze Reihe von Bestimmungsfaktoren erst über wissensbasierte Systeme und Expertensysteme wirksam werden. Diese Systeme verbergen dem Anwender ihre innere Struktur, ihre Präferenzkriterien und die Grundsatzentscheidungen über die erfaßten und berücksichtigten Bereiche, was das Problem der Verantwortungsübernahme verschärft (Siehe Abb. 3, S. 52).

Die einzelnen Kästen des Flußdiagramms sind wohl nicht weiter erläuterungsbedürftig. Jedoch ist die sehr viel höhere Vernetzung und die sehr viel höhere Anzahl von Schleifen und Rückkoppelungen zu beachten. In diesem Gewirr von Verzweigungen und Alternativen ist weniger mit einer Ja-Nein-Entscheidung, sondern mehr mit Schwerpunktsetzungen umzugehen, wobei die Hierarchisierung der Prioritäten den eigentlichen Rechtfertigungsbedarf abgibt. Ähnlich wie im Flußdiagramm des Wissenschaftsprozesses die technischen Prämissen eher implizit waren, so erscheinen hier die wissenschaftlichen Vorannahmen nicht explizit, sondern eher dokumentiert in Form der aus ihnen abgeleiteten Resultate, vom Beratungs-Know-How bis zu den Sicherheitsvorschriften. Insbesondere die Verwiesenheit auf die paradigmatischen Voraussetzungen – im wesentlichen durch die Einschränkung der Gegenstandsbereiche, die berücksichtigt werden –, weiterhin die Vorstellung

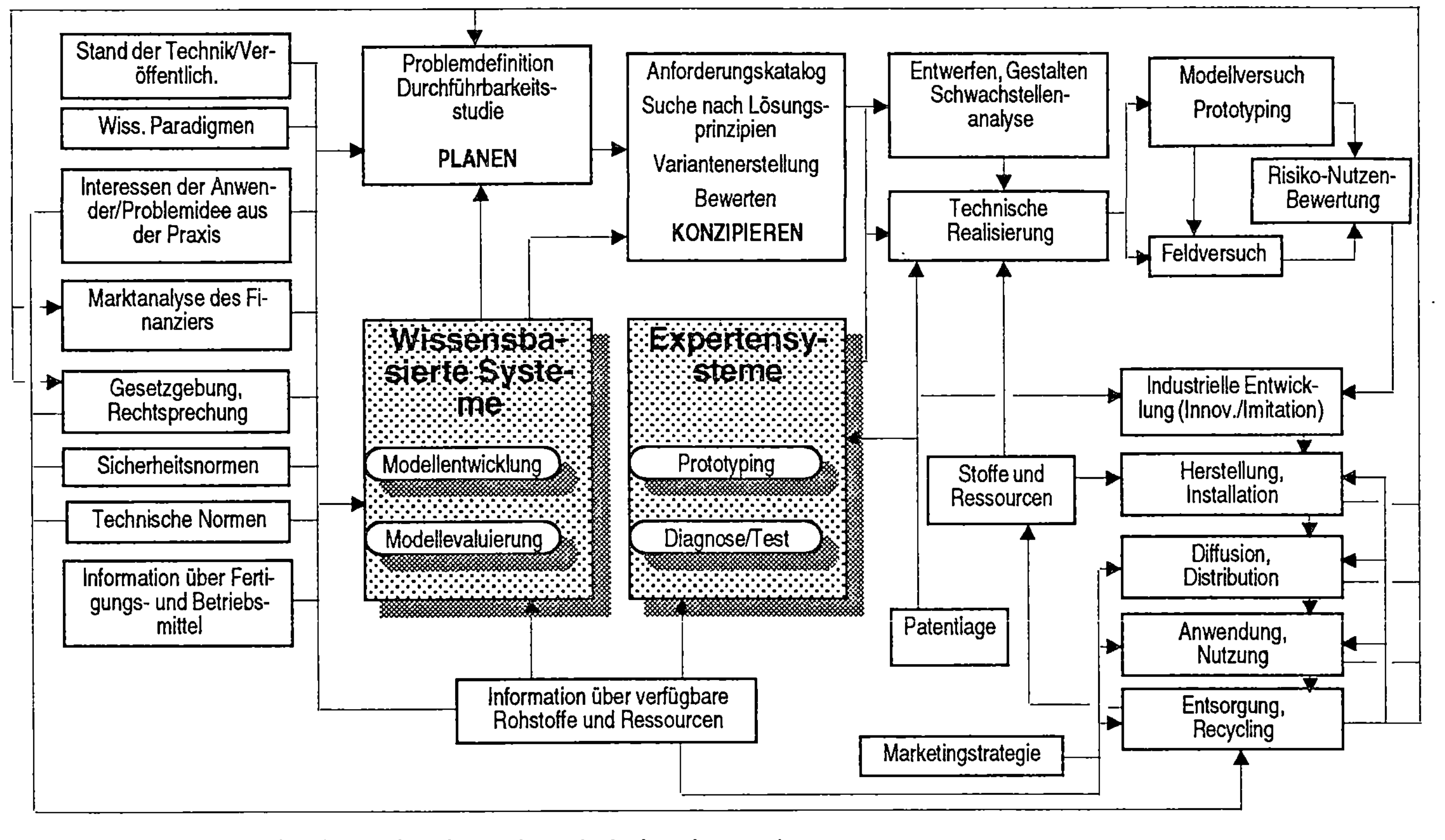

Entscheidungssituationen in technischen Innovationsprozessen

Abb. 3

bestimmter Alternativen zuungunsten anderer, die Vorgabe bestimmter Perspektiven sowie die Architektur der Entscheidungsknoten lassen sich auf bestimmte Modelle und Ideen über das Ablaufen technischer Innovationen zurückverfolgen, die eng mit dem Rationalitäts- und Wissenschaftsbild der Moderne verbunden sind.

Auch im Blick auf den idealisierten Prozeß von Entscheidungen bei technischen Innovationen ergibt sich also, daß diese als Umgang mit den verschiedenen realen und/oder hypothetischen Möglichkeiten der Realisierung eines Produkts rekonstruiert werden müssen, wobei der einzelne Ingenieur im Geflecht der institutionellen und organisatorischen Abhängigkeitsbeziehungen zwar bestimmte Mittel zur Zweckrealisierung einsetzt, auf das Zustandekommen der Vorgaben, Präferenzen, Werte, die diese Entscheidungen leiten und denen er sich allenfalls verweigern oder sie in geringfügigem Maße modifizieren kann, nur in den wenigsten Fällen Einblick oder gar Beeinflußungskompetenz beanspruchen kann. Die hohe Komplexität des wissenschaftlichen und technologischen Innovationsprozesses bedingt eine Arbeitsteiligkeit dergestalt, daß auf den in den Schaubildern mit Pfeilen angedeuteten Entscheidungsbahnen jeweils unterschiedliche individuelle Subjekte aktiv sind, denen die Tragweite ihrer Entscheidungen für den Gesamtprozeß oft erst im Nachhinein und nach einer entsprechenden Realisierung, oft in Form einer Systemkrise, bewußt wird.

Es ist unbedingt zu berücksichtigen, daß die beiden vorgestellten Flußdiagramme auf äußerst groben Vereinfachungen beruhen und lediglich in der Absicht vorgestellt sind, eine Anschauung der vielfältigen Entscheidungen und Entscheidungsprozesse zu vermitteln, die dem jeweiligen Ergebnis zugrundeliegen. Für jede einzelne Fachwissenschaft sowie für jeden Technologiezweig wären die Flußdiagramme eigens zu differenzieren. Jener Differenzierungsaufgabe stellen sich die nachfolgenden Kapitel, ohne daß für jeden Einzelfall ein anderes Flußdiagramm vorgestellt würde.

Wir werden uns zunächst die Handlungs- und Entscheidungstypen, die in den skizzierten Prozessen zum Tragen kommen, genauer vergegenwärtigen (Kap. 3.3). Will man dann aber dieses Entscheidungsfeld im wissenschaftlichen und im technologischen Innovationsprozeß auf seine ethische Sensitivität überprüfen, so sind die verschiedenen Typen der durch die Entscheidung beeinflußten Möglichkeiten sowie die verschiedenen Typen der an den Entscheidungen beteiligten Subjektivität genauer zu rekonstruieren und auf eine ihnen adäquate Rechtfertigungsbasis zu beziehen (Kap. 5, 6).

3.3 Handlungstypen in Technik und Wissenschaft

3.3.1 Werkzeugeinsatz und Operationen

Innerhalb der Prozesse der Technik- und Wissenschaftsentwicklung läßt sich eine parallel angelegte Struktur beobachten (vergl. Abb. 4, S. 54), die eine Schwerpunktverlagerung sowohl bezüglich des Handelnden, also des Subjekts dieser Prozesse, als auch bezüglich der Handlungstypik bedingt. Noch für die

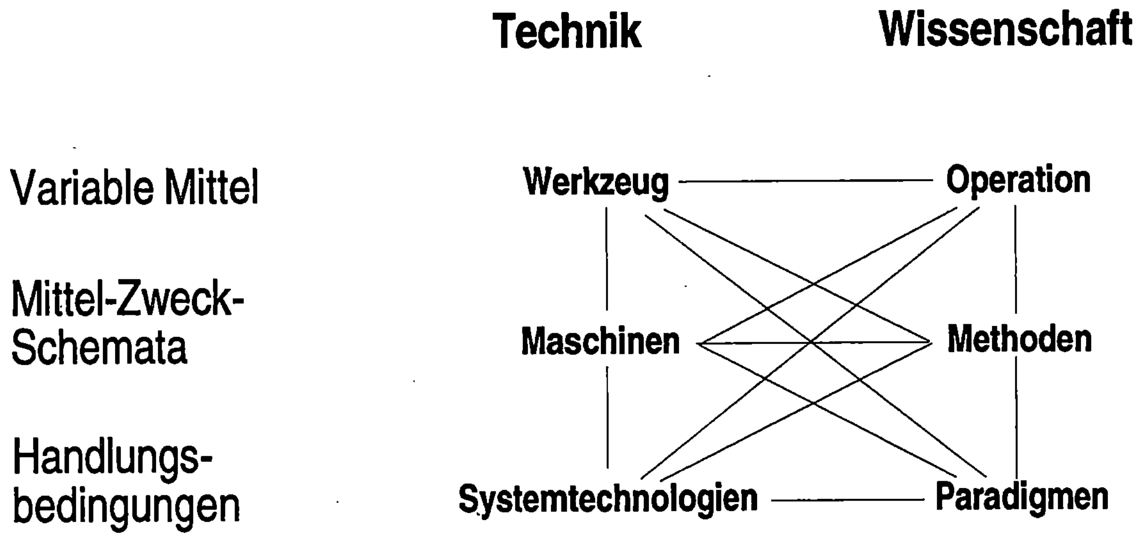

Abb. 4. Parallele Strukturen in Technik und Wissenschaft

Entwicklung, die Herstellung und den Gebrauch von Werkzeugen wie auch für die Realisierung einer einzelnen Entdeckung, die Entwicklung und Überprüfung einer Hypothese, das Abwägen eines "Einfalls", die Durchführung einer Messung, die Entscheidung für eine Interpretation etc. gilt, daß all dies noch in den klassischen Bereich individuellen Handelns fällt. Dort werden neutrale Mittel unter Berücksichtigung der Nebenfolgen ihres Einsatzes zur Realisierung der unterschiedlichsten Zwecke eingesetzt, und die Eignung der Mittel, diese Zwecke zu erreichen, als auch die Fähigkeit desjenigen, der die Mittel einsetzt, können während des Handlungsprozesses kontrolliert und korrigiert werden. So sind ein Hammer oder ein Thermometer oder ein Höhenmesser (zur Orientierung des Kapitäns oder zur Zündung einer Bombe) als neutrale Werkzeuge für die verschiedensten guten und schlechten Zwecke einsetzbar, genauso wie eine gedankliche Operation als Werkzeug unseres Denkens in verschiedenster Hinsicht fungibel ist. Die Erlernung ihres Gebrauchs, die Fähigkeit ihres Einsatzes bzw. diejenigen Situationen, in denen ihr Einsatz unangebracht wäre, sind transparent. Auch sind z. B. der Einsatz bestimmter Materialien beim Experimentieren, die Investition einer Formel zur Beschreibung einer Kurve, der Vorschlag einer Definition oder einer Interpretationshypothese kontrollierbare Mittel, deren Zielerreichung oder Zweckrealisierung demjenigen, der sie einsetzt, vor Augen stehen. Im Vordergrund der Handlungskalkulation stehen also die realen Folgen, die die Handlung als Act-Token, d. h. als Handlungsereignis, zeitigt.

3.3.2 Maschinen und Methoden

Dies gilt bereits dann nicht mehr, wenn der technische Umgang sich auf Maschineneinsatz bezieht und das wissenschaftliche Vorgehen sich auf komplexe Methoden oder Experimentieranordnungen stützt, welche oft gar nicht in der eigenen Disziplin entwickelt worden sind. Im Gegensatz zur Benutzung von Werkzeugen werden Maschinen "bedient", oder man "bedient" sich bestimmter Methoden: Ein Benutzer löst lediglich noch einen Prozeß aus, sowohl bei der Erstellung von wissenschaftlichen Resultaten und derjenigen von technischen Produkten als auch bei der Realisierung einer Dienstleistung. In Maschinen und Methoden sind Handlungs*schemata* objektiviert – der Gang der Handlung ist vorgegeben, die Mittel-Zweck-Verbindung kann vom Anwender nicht mehr wesentlich beeinflußt werden. Sie folgt bestimmten mathematischen, logischen, physikalischen und/oder chemischen Gesetzmäßigkeiten resp. traditionell etablierten Verfahren, deren Schematismus zugleich den Schematismus der Mittel-Zweck-Verbindung ausmacht. Dem Subjekt bleibt die Entscheidung für oder gegen bestimmte Zwecke, nicht mehr aber die Entscheidung, wie das Mittel sich konkret auf den Zweck bezieht, z. B. im technischen Bereich bei der Bedienung einer Waschmaschine die Wahl des Zweckes 'Waschen', nicht aber mehr der Einfluß darauf, unter welchen Kriterien, die mehr oder weniger technisch effizient bzw. ökologisch schädlich sind, dieser Zweck realisiert wird. Während ein Höhenmesser wertneutral ist im Blick darauf, daß er sowohl zur Orientierung eines Flugkapitäns als auch zur Zündung einer Fliegerbombe eingesetzt werden kann, steht die feste Mittel-Zweck-Verknüpfung von Maschinen unter denjenigen Werten, die die Qualität dieser Verknüpfung bestimmen.

Analog hierzu finden sich im wissenschaftlichen Bereich die Entscheidungen für den Einsatz einer bestimmten Methode (z. B. der Statistik, der Simulation oder einer bestimmten Laboranordnung, etwa des Lügendetektors alternativ zur Führung eines qualitativen Interviews, oder der Investition eines bestimmten naturwissenschaftlichen oder philologischen Verfahrens zur Quellenidentifizierung etc.). Derjenige, der eine Maschine, sei es eine Arbeits- oder Kraftmaschine entwickelt, oder derjenige, der eine neue Methode modelliert, stellt den potentiellen Anwendern ein Handlungsschema zur Verfügung. Die Herstellung einer Waschmaschine *ermöglicht* den Vorgang des Waschens in einer bestimmten Weise, und die Entwicklung einer bestimmten Methode der Faktorenanalyse ermöglicht ihre Anwendung bei der Analyse sozialer Prozesse. Erst durch die Aktualisierung und Konkretisierung werden diese Handlungsschemata zu Handlungen, und jede Aktualisierung enthält ein "Mehr" als das Schema bereitstellt. Die Möglichkeiten, die die Schemata ausmachen, zeitigen Nebenfolgen gerade erst im Modus ihrer Anwendung. Umgekehrt durchschaut der Anwender oder Benutzer oft nicht die Schemata, die er zu aktualisieren vermeint, insbesondere nicht ihre impliziten Voraussetzungen oder die Restriktionen, denen diese Schemata unterliegen. Insofern können diese Schemata Folgen zeitigen, deren Realität weder aus der Sicht der Entwickler noch der Anwender absehbar war, und die im Möglichkeitsspielraum der Schemata, die ja Handlungsmöglichkeiten sind, enthalten und unter Umständen verborgen waren.

Ein typisches Beispiel hierfür ist die Entwicklung des Katalysators. Von seinen Initiatoren sicherlich als "umweltentlastende Maschine" konstruiert, erfährt diese durch den Modus ihrer Anwendung, innerhalb derer wieder mit gutem Gewissen Hochleistungsmotoren mit hoher Drehzahl und hohem Benzinverbrauch genutzt werden und außerdem die intendierten Ausgangsbedingungen, z. B. durch Ignoranz der Betriebstemperatur und Hochgeschwindigkeitsfahrten nicht berücksichtigt werden, Folgen, die zu einer Erhöhung der Umweltbelastung führen. Aber auch Fernwirkungen auf den CO_2-Haushalt wurden gezeitigt, etwa durch die Umstellung einer ganzen Strategie der Automobilproduktion, die das Magermotor-Konzept verlassen hat zugunsten der Katalysatorfunktionen. Die Auswirkungen auf den Makrobereich unserer Verkehrssysteme und Ökosysteme sind als mögliche, nicht als reale Folgen charakteristisch für diesen Handlungstyp des Bereitstellens solcher Maschinen. Real werden sie erst durch die Art der Nutzung. Technikfolgenabschätzung hat den Möglichkeitscharakter dieser Folgen beim Umgang mit schematischen Handlungen eigens zu thematisieren. Maschinen und Methoden sind Act-Types, die erst durch zusätzliche Operationen in Act-Tokens überführt werden. Damit geraten wir in den Bereich des Operierens unter unsicheren Prämissen und fraglichen Folgeabschätzungsresultaten, einem Hauptproblem der Technik- und Wissenschaftsethik.

3.3.3 Systeme und Paradigmen

Wenn also beim Umgang mit Maschinen und Methoden noch ein begrenzter Dispositionsspielraum für die Zweckwahl und zumindest die Wahl des Typus des jeweils eingesetzten Mittels besteht, so gilt dies nicht mehr im Blick auf die wissenschaftlichen und technischen Systeme, in die wir eingebunden sind. Solche Systeme werden weder bloß genutzt, noch bloß bedient oder ausgelöst, sondern wir leben in diesen Systemen, was man insbesondere daran erkennt, daß auch die Gegner solcher Systeme auf die Leistungen, die diese erbringen, angewiesen sind: Verkehrssysteme, Systeme der Energiegewinnung, Systeme der Datenkommunikation, Informationssysteme (Expertensysteme, Datenbanken), Systeme der Kulturindustrie, der Militärtechnologie, der Medizintechnik, der Agrarproduktion erbringen Leistungen, die die *Bedingungen der Möglichkeit* unseres Handelns ausmachen, ebenso wie unser Eingebunden-Sein in die weltanschaulichen, theoretischen und instrumentellen Paradigmen die *Bedingung der Möglichkeit* unserer Wissenschaft und unserer Disziplinen internen Forschungsprozesse allererst ausmacht.

Diese Systeme repräsentieren also nicht bloß Handlungsschemata, sondern stellen die Bedingungen der Möglichkeit selbst des Entwurfs und der Realisierung von Handlungsschemata bereit, so besonders augenfällig am Beispiel der Konstruktion von Maschinen unter dem Einsatz wissensbasierten CADs, also rechnergestützten Entwerfens unter dem Einsatz von Expertensystemen. Diese Systeme sind für die Konstruktion, die Produktion und die Anwendung technischer Artefakte als auch für die methodische Gewinnung und Auswertung des Wissens selbst maßgeblich (etwa bei der rechnergestützten Modellsimulation fiktiver Situationen und zukünftiger Kontexte). Wissenschaftlich-technische Systeme legen allererst fest, welche Handlungen als individuelle oder schematische Handlungen überhaupt noch möglich sind, bzw. sie grenzen bestimmte Handlungsalternativen aus. Dabei sind erstens die Entwickler und Planer dieser Systeme, zweitens die Produzenten und Politiker, die an ihrer Realisierung beteiligt sind und schließlich diejenigen, die in diesen Systemen konkrete Anwendung realisieren, soweit voneinander entfernt und in unterschiedlicher Abhängigkeit von diesen Systemen situiert, daß gar nicht mehr von einem einzigen konsistenten Handlungszusammenhang gesprochen werden kann, und somit auch nicht mehr eine zentrale Kontrollfunktion über Voraussetzungen, Aufwand und Realisierungseffizienz im Blick auf bestimmte Zwecke unterstellt werden kann.

Wo ist dann der Adressat für die Rechtfertigungsproblematik überhaupt zu finden? Und verhält es sich nicht mit dieser Unsicherheit geradezu prekär im Blick auf die vom Werkzeug über die Maschine zum System hin sich verstärkende und potenzierende Problematik im Blick auf Unsicherheit und Überschaubarkeit langfristiger Folgen? Denn die Systeme schreiben Trends vor, die oft in nicht kompensierbarer und nichtrevidierbarer Weise unsere zukünftigen Handlungsmöglichkeiten prägen, ohne daß noch ein verantwortliches Subjekt für diese Trendbildung als Adressat einer Ethik ausfindig zu machen wäre.

Wir haben also ein "Gefälle" von der Wirklichkeit des Handelns zum Umgang mit vorgegebenen Möglichkeiten des Handelns für unser Problemfeld festzustellen: Individuelles Handeln unter dem Paradigma des Werkzeugeinsatzes verknüpft wirkliche Mittel mit realen, von Individuen gesetzten Zwecken und konstituiert damit die Handlung. Der Umgang mit Maschinen oder Methoden, die Schemata möglicher Handlungen enthalten, stellt durch Anerkennung der vorgefundenen Mittel-Zweck-Verknüpfung bloß noch die Aktualisierung, Auslösung eines selbst nicht mehr beeinflußbaren Handlungsschemas dar, im Zuge einer realen Handlung zwar, die aber für die Entwickler nur als mögliche mehr erscheint. Der Umgang mit Systemen, in die die Handelnden eingebunden sind, betrifft hingegen nicht mehr die Handlungsmöglichkeiten der Subjekte, sondern die Bedingungen der Möglichkeit

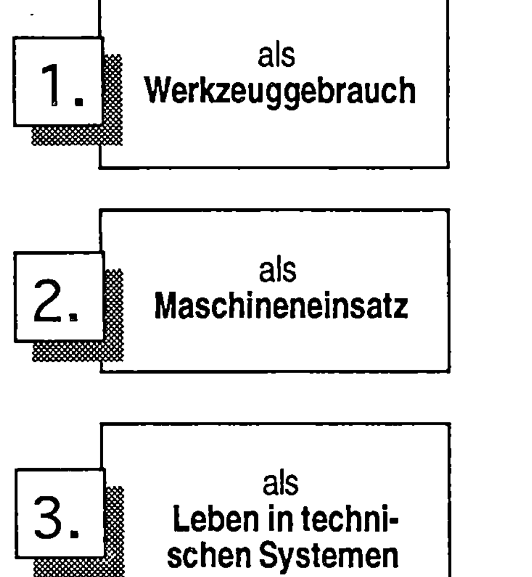

Abb. 5. Umgang mit Technik und Wissen

ihres Handelns, d. h. den Spielraum, in dem ihnen überhaupt etwas als möglich erscheint (Wissenschaft) oder als Möglichkeit des Handlungsvollzugs zur Disposition gestellt wird (Technik) und dann erst aktualisiert, verwirklicht werden kann (vergl. Abb. 5).

Parallel zu dem erwähnten Gefälle Wirklichkeit – Möglichkeit – Bedingung der Möglichkeit als den bevorzugten Feldern der Handlungen der Subjekte steigt nun die bereits oben angesprochene Verschränkung von Wissenschaft und Technik: Technik, die längst nicht mehr als Anwendung von Wissenschaft verstanden werden kann, oder Wissenschaft, die längst nicht mehr als Dienerin einer Technik zu begreifen ist, lassen sich bloß auf der Ebene des individuellen Handelns oder des Werkzeuggebrauchs so trennen, daß die Technik den Bereich der zur Verfügung stehenden Mittel dominiert und die Wissenschaft den Bereich rationaler Mittel-Zweck-Verknüpfungen erfaßt, also die theoretisch begriffenen und systematisch erschlossenen Mittel-Zweck-Relationen als "Wissen". Die Abhängigkeit der Gewinnung des Wissens durch Maschinen im weitesten Sinne von technischen Konstrukten als Außenseite der Methoden (z. B. der Messung) verweist uns bereits auf die vorgelagerte Dominanz der Technik, der "instrumentellen Paradigmen" (Thomas S. Kuhn), die bestimmte wissenschaftliche Innovationen erst ermöglichen. Dies wird dadurch erreicht, daß bei der Operationalisierung der theoretischen Begriffe, also deren Rückführung auf bestimmte Indikatoren, die Technik allererst die Möglichkeit der "Übersetzung" bereitstellt und auch dadurch, daß bei der Fehlersuche und schließlich der technischen Anwendung die Technologien oft über das Schicksal der Theorien zu entscheiden scheinen.

Wenn aber das So-Sein der Technik im wesentlichen systemisch bedingt ist, und die Systeme nicht mehr im Dispositionsbereich individueller Subjekte stehen, weil diese z. B. auf die Informationsleistungen der Expertensysteme und Rechner angewiesen sind, ist Technik keineswegs mehr das Resultat eines Ableitungsverhältnisses aus Theorien, sondern über die Anreicherung der Wissensbasis durch die Erfahrung qua Applikation auf neue Problemfelder auch eine Instanz, die die Grenzen der Tragfähigkeit von Theorien bestimmt und somit diesen vorausgeht. Was schließlich die Systeme der großen Technologien betrifft, so läßt sich zwischen der verwissenschaftlichten Technik und der hochtechnisierten Wissenschaft kaum mehr eine Grenzlinie zwischen Grundlagen- und Anwendungsforschung ziehen. Diese Grenze spielt ein wichtige Rolle bei der Diskussion um die Wertfreiheit oder die wissenschaftspolitische Verantwortbarkeit von Wissenschaft und Technik. Die wissenschaftlich-technischen Erträge sind Resultate eines komplexen Netzes von Determinanten, dessen Entwirrung nicht mehr zu einem eindeutigen Befund, einer Kennzeichnung als theoretisch oder technisch bestimmt mehr führt, von einigen Ausnahmen historischer (Manhattan-Projekt zur Entwicklung der Atombombe als Technologie mit Theoriedefizit) oder aktueller Art (Wirkungsforschung in der Medizin bezüglich bestimmter Substanzen, für deren Effekt erklärende Theorien fehlen) abgesehen. Immer stärker ist es so, daß bestimmte technische Realisierungen entscheidende Impulse für die Grundlagenforschung liefern, sei es im Bereich der Genetik die Möglichkeit der künstlichen Fertilisation oder im Bereich der Informatik die Simulation von gedanklichen Operationen der natürlichen Intelligenz, über welche eben diese natürliche Intelligenz allererst ihr Selbstverständnis erhält.

4 Die praktischen Probleme einer Technik- und Wissenschaftsethik

4.1 Verlust des Subjekts

Im Lichte der dargestellten Problematik erscheint die Frage nach dem Subjekt der Ethik – zunächst als Adressat ethischer Ansprüche – als schwieriges Anfangsproblem. Im Zuge der Entwicklung vom Werkzeug über die Maschinen zu den Systemen scheint das Subjekt zunächst als Handlungssubjekt verloren zu gehen. Denn mit dieser Entwicklung nimmt die Arbeitsteilung in einem solchen Maße zu, daß der einzelne nur noch einen geringen Dispositionsspielraum seiner Tätigkeit überblickt und in seiner Kompetenz zur Gestaltung, in seiner Macht zur Veränderung und in seiner Fähigkeit zum Veto und zum Innehalten auf einen zunehmend verengten Arbeitsbereich beschränkt ist. Da in solchen Systemen durch kumulative synergetische Effekte der Einzelhandlungen Folgen entstehen, die niemand wollte und auf seine Handlung zurückführen kann, entsteht somit das bereits erwähnte Inkontinenz-Problem.[1] Es besagt, daß das Handeln der Wissenschaftler und Ingenieure prinzipiell in seinen Folgen nicht überschaubar und insbesondere auch die Bewertung bestimmter Mittel-Zweck-Zuordnungen für den einzelnen Ingenieur nicht möglich sei: Genausowenig, wie jemand, der während eines Erdbebens versuche, einen Nagel in die Wand zu schlagen, kontrollieren könne, ob seine Fehlleistungen in seiner Unfähigkeit des Mitteleinsatzes oder in den Bedingungen seiner Umgebung begründet sind, genausowenig könne der Wissenschaftler oder Ingenieur analoge Feststellungen vornehmen oder begründen. Ihm obliege daher keinerlei Verantwortung gegenüber den sich selbst organisierenden Mechanismen der Wissenschafts- und Technikentwicklung.

Gegen dieses Argument läßt sich einwenden, daß es zwar den Ist-Zustand durchaus zutreffend beschreibt, daß es aber kein für die Technikentwicklung strukturell notwendiges und unabdingbares Wesensmerkmal der Technik erfaßt und deshalb auch kein systematisch-prinzipielles Argument gegen eine ethische Verantwortungszuweisung abgeben kann. Denn zum einen sind jene strukturellen Schwierigkeiten zu unterlaufen, indem kleinere Einheiten des Ingenieurhandelns organisatorisch und institutionell so gebündelt werden, daß sie für die in ihnen Engagierten leichter zu überschauen sind; zweitens könnte durch eine organisierte

---

[1] C. Mitcham, Information Technology and the Problem of Incontinence, in: ders./A. Hunig (Hrsg.), Philosophy and Technology II, Dordrecht/Boston 1986, S. 123-150.

Verlangsamung des Innovationsrhythmusses erreicht werden, daß bestimmte Folgen ihren Ursachen leichter zugeordnet werden könnten, als es im Moment der Fall ist, wo sie durch immer neue Innovationen und deren Folgen überlagert werden bzw. der Grad der Überlagerung und Beeinflußung nicht mehr ersichtlich wird; drittens könnte qua stärkerer Vernetzung der kleineren Einheiten dadurch ein Sicherheitspotential geschaffen werden, daß bestimmte Risiken nicht kalkulierbarer Art, d. h. also in nicht überschauten Definitionsbereichen, minimiert werden können nach dem Prinzip des nun durch die Verkleinerung der Einheiten möglich gewordenen Stellvertreterprinzips, d. h. des kompensatorischen Einsatzes einer Einheit für eine problematische andere. Dem Inkontinenz-Argument kann also trotz seiner durchaus zutreffenden Beschreibungskraft keine normative oder Normativität einschränkende Kraft zugesprochen werden.

Häufiger als Wissenschaftler sind Ingenieure abhängig beschäftigt und im wesentlichen weisungsgebunden (75%). Diese Weisungsgebundenheit, die mit rechtlichen Sanktionen versehen ist, schränkt den Handlungsspielraum des einzelnen, selbst wenn er guten Willens ist, auf einen so engen Bereich ein, daß ihm allenfalls die Möglichkeit zur symbolischen Aktion bleibt und – so zynisch es klingt – selbst eine Verweigerung der Erfüllung einer auferlegten Aufgabe eher symbolische Funktion bekommt, da ein Ersatzmann leicht zu finden ist. Aber auch im Blick auf die wissensmäßigen Schwierigkeiten scheint das Subjekt verloren zu gehen. Zum Verantworten-Können von Handlungen gehört das Wissen um ihre Folgen. Die zunehmende Langfristigkeit des Wirksam-Werdens bestimmter Effekte sowie die zunehmende Überlagerung (Synergie) von Folgequalitäten, also die Entstehung neuer Qualitäten über die Akkumulation hinaus, scheint jenseits des Wissenshorizonts der disponierenden Subjekte zu liegen, denen aufgrund ihrer fachlichen Qualifikation diesbezüglich eine Einsicht nicht zugemutet oder abverlangt werden kann, geschweige denn, daß unter den schlichten Bedingungen der Arbeitsökonomie die Beschäftigung mit nicht nur zeitlich, sondern auch fachfernen Handlungsfolgen gefordert werden könnte. Damit wird das Problem von einem Experten zum anderen geschoben, Experten, die sich jeweils nur für ein Detail zuständig fühlen, und das Subjekt für eine Gesamtverantwortung scheint sich auch in kognitiver Hinsicht zu verflüchtigen. Solange diese Probleme

— Verlust des Subjekts als handlungsmächtiges Subjekt,
— Verlust des Subjekts als um die möglichen Folgen seines Tuns wissendes Subjekt

nicht sorgfältig behandelt werden, verfehlt jede Technik- und Wissenschaftsethik ihren Gegenstandsbereich.

An dieser Stelle ist der Hinweis angebracht, daß es sich mit der Problematik des "Subjektverlustes" in den Bereichen der sozial- und verwaltungswissenschaftlichen Studiengänge, aber auch im Bereich der Wirtschaft und des Managements analog verhält. Auch hier sind die Beteiligten mit ihrer Weisungsabhängigkeit konfrontiert, und auch in diesen Bereichen entsteht das Problem, wie eine Kenntnis und ein Überblick über die weitreichenden Folgen des Tuns zu erlangen wäre. Im Bereich der Wirtschaft kann man immer wieder eine Asymmetrie feststellen zwischen dem bekundeten Willen zu einer verantwortungsvollen Technikbewertung und den Sachzwängen des Markts: den Problemen, die aufgrund fehlender Ressourcen an Kapital, Zeit und Know-How für die Durchführung einer Technikfolgenabschätzung bestehen. Im Bereich der Sozialwissenschaften besteht darüber hinaus eine verbreitete Unkenntnis über die Tragfähigkeit und Verantwortbarkeit der eingesetzten Methoden und Bewertungsstandards. Wissenschaftsethik hätte auch dort mit der Reflexion auf die zugrundeliegenden Paradigmen zu beginnen. Im Verwaltungsbereich wird in ähnlicher Weise auf fremdes Wissen zurückgegriffen: Die Abhängigkeit von den Verwaltungsvorschriften sowie externem Expertenwissen scheint die Position des verantwortlichen Subjekts erheblich zu relativieren. Wenn also nachfolgend schwerpunktmäßig im Blick auf Technik und Naturwissenschaften argumentiert wird, so ist doch immer mit zu bedenken, daß die Probleme sich in anderen Studiengängen und Tätigkeitsbereichen analog gestalten.

4.1.1 Ingenieure und Wissenschaftler als Helden

Eine erste Problemvermeidungs- und Ablenkungsstrategie scheint mir darin zu liegen, angesichts der oben skizzierten Problemsituation sozusagen in trotziger Auflehnung dennoch vom Wissenschaftler oder Ingenieur zu fordern, daß er als "moralischer Held" auftreten müsse.[2] Seine durch Fachwissen und Herstellungskompetenz gekennzeichnete Sonderrolle in der Gesellschaft verpflichte ihn, unter Hintanstellung persönlicher Interessen für das Gemeinwohl einzutreten bis hin zur Riskierung seines individuellen Wohls und der Aufgabe der sozialen Sicherungen seiner Existenz. Diese Forderung erscheint auch dann nicht weniger radikal, wenn sie unter Hinweis auf bestimmte materielle Sondergratifikationen, die mit dem Berufsstand insbesondere leitender Wissenschaftler und Ingenieure verbunden sind, gerechtfertigt wird. Die *naive* Variante jener Forderung, die sich auch implizit in manchen Technikkodizes niederschlägt, ist zu kritisieren durch den Hinweis auf ihre faktische Wirkungslosigkeit in vielen Fällen sowie ihre Widersprüchlichkeit zu bestimmten Prinzipien der Individualethik. Im Blick auf den hohen Stand der Arbeitsteilung im Ingenieurwesen und die prinzipielle Ersetzbarkeit jedes einzelnen Technikers erscheint unter verantwortungsethischen Gesichtspunkten die Forderung nach einer individuellen Verweigerung als realitätsfremd, weil ein anderer in die Handlungszusammenhänge eintreten kann. Auch zeigen die bekannten Skandale um technische Risiken und ihre Mißachtung, daß die Stimme eines einzelnen, selbst wenn ihre Artikulation zu entscheidenden Nachteilen für ihn führte, im Gesamtzusammenhang wirkungslos blieb. Auch die Appelle einzelner Ingenieure an übergeordnete Instanzen und Institutionen bleiben wirkungslos, wenn in diesen Institutionen ihre Gegner bzw. Vorgesetzten selbst repräsentiert sind und maßgeblichen Einfluß ausüben, und zeitigen außer persönlichen Nachteilen für den einzelnen, der zu seiner Verantwortung steht, oft erst dann Folgen, wenn ein so großer öffentlicher Schaden entstanden ist, daß die Öffentlichkeit selbst in einer später zu

---

[2]So K. D. Alpern, Ingenieure als moralische Helden, in: H. Lenk/G. Ropohl (Hrsg.), Technik und Ethik, Stuttgart 1987, S. 177-193.

diskutierenden Form in diesen Handlungszusammenhang eingreift, so geschehen im oft zitierten BART-Skandal.[3]

Darüber hinaus ist einzuwenden, daß ein einzelnes Individuum, das seine Sicherheit und seinen Nutzen unter Umständen gefährdet sieht durch bestimmte technische Innovationen, daraus noch nicht die Forderung ableiten kann, daß ein anderes, in diese Innovationen mehr oder weniger stark eingebundenes Individuum die Minimalbedingungen seiner Existenz, zum Beispiel seiner materiellen Sicherheit, riskiert, um einem möglichen Schaden vorzubeugen, der vielleicht auf andere und gesellschaftlich wirkungsvollere Weise verhindert werden kann. Ich habe nicht grundsätzlich das Recht, unter Hinweis auf meine Wohlfahrt und meine hedonistischen Ziele einem anderen Individuum zuzumuten, ebensolche Ziele für sein Leben zurückzustellen, nur damit für mich keine Einschränkung und kein Risiko entsteht.

4.1.2 Verantwortungsgefühl versus Haftbarkeit

Gegenüber dieser naiven Variante der Redeweise vom Techniker als moralischem Helden erscheint eine andere als *sentimentalisch* oder reflektiert: Es ist diejenige, die darauf verweist, daß in der gegenwärtigen Problemlage eine Trennung zwischen dem Handlungssubjekt und dem Verantwortungssubjekt angenommen werden müsse.[4] Das *institutionelle* Handlungssubjekt (Firma, Behörde), das nicht mit dem individuell handelnden Techniker identisch sei, sei dasjenige, das im engeren Sinne verantwortlich i. S. von haftbar sei. Der Techniker selbst aber als einziger Adressat für den Status eines moralischen Verantwortungssubjekts sei derjenige, der sich verantwortlich *fühlen* müsse, der das Verantwortlichsein des Handlungssubjekts subjektiv reflektieren müsse, der also die Haftbarkeit, für die das Handlungssubjekt einstehe, mit einer moralischen Dimension ausfüllen müsse, dergestalt, daß sich der individuelle Techniker auch als für das verantwortlich zu begreifen habe, was er nicht eigentlich ausgelöst habe. Ein solches Verantwortungsgefühl als subjektives Korrelat zum Verantwortlichsein im Sinne einer objektiven Haftbarkeit scheint mir allerdings das Problem der Ethik auf die Dimension dessen einzugrenzen, was Hegel als "schöne Seele" bezeichnet hat. Ich sehe nicht, wie von einer Moralität als innerem Zustand individueller Subjekte eine Brücke geschlagen werden kann zum jeweiligen Rechtszustand als Regelung von Verantwortlichsein im Sinne von Haftbarkeit, insbesondere, wenn man sich vor Augen hält, daß Haftungsfragen in ihrer Realisierung und Konkretisierung abhängen von der Quantifizierbarkeit des Nutzens oder des Schadens. Wie einige Skandale gezeigt haben (Ford-Pinto-Skandal und McDonald-Douglas-Skandal), führt eine Quantifizierung des potentiellen Schadens und der zu leistenden Haftung dazu, daß mögliche und zu fordernde Innovationen zur Verminderung von Risiken in dem Moment mit "gutem" Recht und "guten" Gründen unterbleiben, wo der Aufwand

---

[3]G. D. Friedlander, The case of the Three Ingeneers vs. BART (Bay Area Rapid Transit), in: IEEE Spektrum, Oktober 1974; vergl. hierzu auch die Darstellungen in: H. Lenk/G. Ropohl (Hrsg.), a. a. O., S. 200 f. und 230 f.

[4]Vergl. W. Ch. Zimmerli, Wandelt sich die Verantwortung mit dem technischen Wandel?, in: Lenk/Ropohl (Hrsg.) a. a. O., S. 92-111.

für die Haftung geringer einzuschätzen ist als der Aufwand für die entsprechende korrigierende Innovation.[5]
Dem ist entgegenzuhalten, daß die Qualität von Menschenleben prinzipiell nicht quantifizierbar ist und unter moralischen Gesichtspunkten dementsprechend auch in Haftungsüberlegungen – obwohl dies versicherungsrechtlich immer wieder geschieht – prinzipiell nicht einbeziehbar ist, es sei denn, jeder einzelne stimmte einer solchen Regelung zu. Dies gilt erst recht für solche Risiken, die künftige Generationen betreffen könnten. Schließlich entfällt eine Grundlage jeglicher Überlegungen zur Haftung in dem Moment, in dem bestimmte Risiken sich aus strukturellen Gründen jeglicher Quantifizierbarkeit entziehen, wenn beispielsweise bei noch so kleiner Auftrittswahrscheinlichkeit der Schaden so unermeßlich groß wird, daß das Risiko (als Produkt von Auftrittswahrscheinlichkeit und Schadenshöhe) die Grenzen der Quantifizierbarkeit übersteigt. Wenn ein solcher Risikofall eintritt, wäre es völlig irrelevant, welche Wahrscheinlichkeit seines Auftretens vorher zugrunde gelegt worden ist. Im Blick auf jene drei Argumente erscheint mir die Reduktion einer ethischen Verantwortungsproblematik auf Fragen des Haftungrechts unangemessen und unbegründbar.

4.2 Verlust der Prinzipien: Begründungsprobleme angewandter Ethik

Ethische Prinzipien lassen sich nicht in dem Sinne anwenden, wie Naturgesetze, die – wenn überhaupt – durch Realisierung der Antezedenzbedingungen des von ihnen beschriebenen Wirkungsmechanismus so praktisch umgesetzt werden können, daß der gewünschte Effekt realisiert wird. Die Hauptargumente gegen eine direkte Anwendung ethischer Prinzipien verdanken wir Aristoteles, der sie im Kontext seiner Kritik an der platonischen Ideenlehre, somit auch in seiner Kritik an dem sokratischen Satz "Wer das Gute kennt, der tut es auch." formuliert hat. Aus der Fülle der subtilen Einwände sind für uns insbesondere drei Argumentationsstrategien relevant:

4.2.1 Das "Dritter-Mensch-Argument":

Aristoteles verweist darauf, daß selbst bei einer präzisen Definition des Menschen etwa der Art: "Der Mensch ist ein vernunftbegabtes Lebewesen", diese Idee noch nicht hinreichend zur Identifizierung der unter sie fallenden Anwendungskandidaten sei. Man stelle sich eine Diskussion zwischen verschiedenen Ideologen, Anthropologen, Rassisten etc. vor, die sich in der Anerkennung dieses Prinzips einig sind. Differieren werden sie in der Frage, ob Sklaven, Schwarze, Menschenaffen, Frau-

---

[5]M. Dowie, Pinto Madness, in: R. J. Baum (Ed.), Ethical Problems in Engeneering, Vol. 2, Cases. New York 1980, S. 167-174. Entsprechende Kostenrechnungen sind nur dann gerechtfertigt, wenn die von ihnen Betroffenen ihnen bei freiem Vertragsabschluß explizit zustimmen, z. B. bei der Schadensquantifizierung im Versicherungsgeschäft.

en, Kinder, Embryos, Schwachsinnige, dauernd Bewußtlose etc. durch dieses Prinzip hinreichend identifiziert werden, im Blick darauf, ob ihre *Ähnlichkeit* zu diesem Ideal hinreichend groß sei – die Kulturgeschichte liefert eindrucksvolle Beispiele solcher Diskussionen. Es bedarf daher, so Aristoteles, eines dritten Prinzips, in diesem Falle des Prinzips der *Menschenähnlichkeit* ("3. Mensch-Idee"), das als Regulativ zwischen der Idee des Menschen (1) und den realen Menschen (2) allererst den Zusammenhang stiftet.[6] Dieses Argument i. e. S. trifft alle Abwägungsprozesse im Bezug auf die "Würde des Menschen".

Eine derartige Konstellation läßt sich direkt auf allgemeinere Fragen einer Anwendung ethischer Prinzipien übertragen. Je nach Beurteilung der Ähnlichkeit zum Prinzip lassen sich unter ein und demselben Prinzip bestimmte Handlungen sowie ihr genaues Gegenteil rechtfertigen. So kann unter dem Prinzip "Rassismus soll bekämpft werden" sowohl die Handlung eines Wirtschaftsboykotts, dem sich beispielsweise die Firma Coca Cola angeschlossen hat, gerechtfertigt werden, als auch die Unterlassung eines Boykotts[7] und die Aufrechterhaltung von Wirtschaftsbeziehungen mit dem Zweck, durch die Situierung von Mitbestimmungsmodellen und betriebsinterne Aufhebung der Apartheid eine effektivere Rassismusbekämpfung vorzunehmen (Beispiel Mercedes-Benz in Südafrika). Oder es läßt sich unter dem Prinzip, daß Energie ressourcenschonend bereitgestellt werden soll, sowohl die Erhebung einer CO_2-Abgabe rechtfertigen, womit der sparsame Einsatz fossiler Brennstoffe begünstigt wird, oder unter demselben Prinzip gegen die Erhebung einer CO_2-Abgabe argumentieren, weil diese diejenigen Kraftwerke besonders betrifft, die, wie die Blockheizkraftwerke, durch Kraft-Wärme-Kopplung den höchsten Wirkungsgrad erzielen und auf die Verwendung fossiler Brennstoffe angewiesen sind, weil die Kerntechnik aufgrund des zu hohen Wärmeanfalls in Gebieten, die fernab von Ballungsräumen liegen, für die Kraft-Wärme-Kopplung nicht geeignet ist. Oder es läßt sich im Blick auf die Vorbildfunktion der Natur als Organisation von Kreisläufen der Einsatz phosphathaltigen Düngers oder phosphathaltiger Waschmittel rechtfertigen im Blick auf die Entphosphatierungsmöglichkeit mittels Kalkmilch-Fällung (Phosphatkreislauf), oder aber ablehnen im Blick auf die artifizielle Realisierung von Kreisläufen überhaupt, die die Natur nicht vorsehe – hier spielen unterschiedliche Ideen von Natur*ähnlichkeit* die entscheidende Rolle.

4.2.2 Das Interpretationsproblem der Prinzipien

Sehr allgemein formulierte Prinzipien enthalten Begriffe, die ihrerseits interpretationsbedürftig sind und somit auf höhere Ideen zurückgeführt werden müssen. Diese höheren Ideen sind aber ihrerseits interpretationsbedürftig, so daß ein Interpretationsregreß entsteht. Eine gewisse Plausibilität und Einigkeit im Blick auf

---

[6] Aristoteles, Metaphysik, 990b 17, 1079b 1, u. v. a. (übers. v. H. Bonitz), München 1966.

[7] J. H. Barnett, W. D. Willsted, Strategic Management, Boston 1988, dazu: U. Steger, Läßt sich "ethische" Unternehmensführung verwirklichen? – Vom guten Vorsatz zur täglichen Praxis, in: M. Dierkes/K. Zimmermann (Hrsg.), Ethik und Geschäft, Frankfurt/M. 1991, S. 194.

solche Prinzipien zerbricht spätestens in dem Falle, in dem die in ihnen angeführten Grundbegriffe in Frage gestellt werden.[8] So läßt sich das genethische Prinzip: "Gentechnologische Manipulationen sind nur erlaubt zur Verringerung von Leid bei Wahrung der Integrität der Person", unterschiedlich interpretieren, je nachdem, wie man "Leid" und "Integrität der Person" ihrerseits interpretiert. Ist Kurzwüchsigkeit oder Debilität ein Leid? Gehört es zur Integrität der Person, sich mit ihrem vorgefundenen Leiden auseinanderzusetzen und unter Umständen in dieser Auseinandersetzung ihre Identität zu finden? Welche Leiden dürfen wegmanipuliert werden, welche identitätskonstitutiven Eigenschaften (Erinnerungsvermögen) dürfen gesteigert werden?

Insbesondere trifft diese Problematik auf alle Versuche zu, eine Technik- und Wissenschaftsethik unter Rekurs auf Prinzipien der ökologischen Ethik zu rechtfertigen. Die Verlagerung des Begründungsproblems drückt sich dabei dadurch aus, daß der Begriff der Natur, auf den sich die ökologischen Prinzipien beziehen, unterschiedlich interpretiert werden kann. Für die obersten Prinzipien einer Wirtschaftsethik, wie etwa das Subsidiaritätsprinzip, gilt ebenfalls dieses Interpretationsproblem. Während sich also das Argument 1 eher auf die Unsicherheit in der Abschätzung bestimmter Folgen bezieht, und somit eher die sogenannte teleologische (d. h. zielorientierte) Betrachtungsweise tangiert, trifft das Argument 2 die oberste Perspektive , von der aus ein bestimmtes Prinzip als verbindlich behauptet wird, und ihre Interpretationsunsicherheit, womit die sogenannten deontologischen, d. h. die pflichtbegründenden Ansätze zu problematisieren sind, die vom Standpunkt der "Natur" oder "Freiheit" argumentieren.

4.2.3 Das Problem konfligierender Prinzipien:

In den seltensten Fällen finden wir uns vor einer Situation, in der eine Hierarchisierung konfligierender Prinzipien durch Rekurs auf höhere, regulative Prinzipien möglich ist. Vielmehr ist gerade die Rechtfertigungsunsicherheit im Bereich der Ethik oft dadurch geprägt, daß bestimmte, gut begründete Prinzipien untereinander konfligieren, und die Entscheidungsunsicherheit durch die Unlösbarkeit dieses Konflikts bedingt ist.[9] So läßt sich etwa das Prinzip, daß bestimmte Ressourcen zur Energiebereitstellung nur genutzt werden können, wenn künftige Generationen nicht mit unzumutbaren Folgelasten in ihren Freiheitsspielräumen eingeschränkt werden (Endlagerungsproblem) in Konflikt bringen mit dem ebenso gut begründeten Prinzip, daß angesichts der Sicherheitsrisiken bestehender Kernkraftwerke im Osten zunächst der unmittelbaren Herstellung von Sicherheit (Wohlfahrtsargument) der Vorrang gegeben werden müsse, was bedinge, daß ein Ausstieg aus der Kernkraft noch verschoben werden müsse. (Vergl. hierzu Kap. 8.3)

Immanuel Kant hat dieses Problem, nicht aber den ihm innewohnenden Konflikt, gesehen, wenn er darauf hinweist, daß es neben den aus Prinzipien begründe-

---

[8]Aristoteles, Nikomachische Ethik, 1096a 22-34 (übers. v. O. Gigon), München 1972.
[9]Aristoteles, Metaphysik 991a 25, 1039b 1-9.

ten Pflichten noch die "Pflicht zur Glückseligkeit"[10] gäbe, in dem Sinne, daß wir dafür Sorge tragen müssen, durch hinreichende Wohlfahrt eine Situation zu gestalten, die uns allererst erlaube, moralisch zu sein, da die Zwänge unmittelbarer Bedürfnisbefriedigung und Trieberfüllung relativiert wären. Bert Brecht hat dies lapidarer ausgedrückt in dem Satz: "Zuerst kommt das Fressen, dann kommt die Moral." Durch dieses Argument wird formuliert, daß es sich hier nicht nur um ein Bedingungsverhältnis handelt, sondern daß viele unserer Konflikte im Umgang mit technischen und wissenschaftlichen Innovationen gerade durch die Spannung zwischen der notwendigen Sicherstellung der Bedingungen, die moralisches Handeln allererst ermöglichen, und den Prinzipien dieses moralischen Handelns selbst gegeben sind, also den Konflikt zwischen "kategorischen" und "pragmatischen" Prinzipien.

Zwei weitere wichtige Argumente gegen eine vorschnelle Anwendung ethischer Prinzipien wurden von G. W. Hegel (in seiner Kritik am kategorischen Imperativ Kants) formuliert.[11]

4.2.4 Das Argument kultureller Relativität

Allgemeine Prinzipien, wie sie aus der Sicht des Kategorischen Imperativs zur Erhaltung unserer Freiheit des Handelns, also der Erhaltung der grundlegenden Bedingungen des guten Willens formuliert sind, wie etwa das Prinzip der Erfaltung unserer Fähigkeiten, der wechselseitigen Hilfeleistung, der Wahrhaftigkeit etc. bestimmen die Möglichkeit, ob eine individuelle, subjektive Maxime des Handelns als objektiv, d. h. als mit Gesetzescharakter versehen, betrachtet werden kann. Die Maxime, die der Handlung des Stehlens zugrunde liegt, kann unter dem Rechtszustand einer durch Eigentum geprägten Gesellschaftsform nicht diesen Anspruch erheben, sehr wohl jedoch in – von ihrem Anspruch her – eigentumslosen Gesellschaften, z. B. des Frühchristentums. Der kulturell relative Rechtszustand, der den Möglichkeitsspielraum des Handelns und somit eine konkrete Freiheit formuliert, bestimmt insofern die Frage der Verträglichkeit bestimmter Handlungsmaximen mit dem Prinzip von Freiheit. Von Rechtszuständen geht eine objektive Ordnungsleistung aus, die an sich bereits wertvoll ist, weil in einer rechtlosen Gesellschaft Handeln überhaupt nicht möglich wäre. In Rechtszuständen manifestiert sich aber bereits eine objektive Anerkennung bestimmter ethischer Prinzipien durch die entsprechende Gesellschaft. Sie können zwar einer ethischen Kritik unterzogen werden, doch fällt diese Kritik als subjektive Kritik hinter der Objektivität des Rechtszustands zurück. So werden in unserer Gesellschaft Kritikstrategien, die nicht im Rahmen des Grundgesetzes als Garant einer freiheitlichen, sprich demokratischen Grundordnung formuliert werden, zwar theoretisch, nicht aber praktisch als zulässig erachtet ("Ökodiktatur"). Die praktische Anwendung

---

[10] I. Kant, Grundlegung zur Metaphysik der Sitten (hrsg. v. K. Vorländer) Hamburg 1963, S. 16f.

[11] Über die wissenschaftlichen Behandlungsarten des Naturrechts, seine Stelle in der praktischen Philosophie und sein Verhältnis zu den positiven Rechtswissenschaften (1802), in: Ges. Werke IV (hrsg.von H. Buchner und O. Pöggeler), Hamburg 1968, S. 417-485; vergl. dazu ausführlicher Kap. 7.4.1.

ethischer Prinzipien ist also durch die jeweiligen Rechtszustände relativiert, mit Ausnahme derjenigen Rechtszustände, die hinter einen allgemein anerkannten Stand an Menschenrechten zurückfallen. Die Ausprägung der Anerkennung von Menschenrechten und ihre jeweilige Fassung sind aber selbst kulturell und historisch relativ.

4.2.5 Die Dialektik der Freiheit:

Im Hinblick auf den emphatischen Anspruch ethischer Prinzipien, in ihrer Letztbegründbarkeit auf die Erhaltung von Freiheit überhaupt in unterschiedlichster Weise zu rekurrieren, wird oft Kritik an wissenschaftlichen und technischen Innovationen geübt, weil diese in irreversibler Weise den Handlungsspielraum der Subjekte einzuschränken drohen. Hegel verwies darauf, daß jedwede Handlung im Versuch, Freiheit zu realisieren, diese Freiheit negiert und mindert. Denn jede Handlung vernichtet die Möglichkeit ihres Anders-Sein-Könnens, also die ihr zugrunde liegende Freiheit und ist somit im strengen Sinne irreversibel. Wir setzen uns also durch alles, was wir tun, unter den Sachzwang und die Folgelasten des bereits Getanen. In seiner logischen Radikalität ist dieses Argument jedoch zu mildern im Verweis darauf, daß bestimmte Handlungen ihre Irreversibilität zumindest zu relativieren, zu kompensieren und partiell aufzuheben erlauben. Wir haben es dann mit der Notwendigkeit des Abwägens zwischen verschiedenen Arten von Sachzwängen zu tun, zwischen der Befriedigung verschiedener sogenannter abgeleiteter Bedürfnisse, die aus der Befriedigung vorangehender Bedürfnisse entstehen, wie es z. B. die Entsorgungsproblematik anschaulich macht. Wir müssen das Hegelsche Argument jedoch in Erinnerung behalten, wenn eine Situation entsteht, in der die Folgelasten offenbar den Nutzenseffekt so weit übersteigen, daß die zugrunde liegenden Prinzipien des Handeln-Könnens überhaupt bedroht werden. Das Hegelsche Argument kritisiert jedenfalls solcherlei Technik- und Wissenschaftskritik, die sich darauf sicher stützen zu können meint, daß die Erhaltung von Freiheit ein Gut sei, das niemals bedroht werden dürfe. Dieser Anspruch läßt sich durch Handeln nicht einlösen, er wird durch jegliches Handeln bedroht.

Die Dialektik oder der dialektische Widerspruch des Handelns besteht also darin, daß durch die Verfolgung eines Handlungsprinzips und durch die Realisierung eines Handlungsziels die ursprünglich intendierte Möglichkeit der Zweckrealisierung in jedem Falle eingeschränkt und in bestimmter weitergehender Weise geprägt wird, die der ursprünglichen Freiheit Abbruch tut. Durch jedes Handeln legt man sich fest (zusammenfassend Abb. 6, S. 70).

4.2.6 Verantwortungs- oder Gesinnungsethik?

Angesichts jener Schwierigkeiten des Subjektverlusts und der Begründung angewandter Ethik stellt sich die Frage, wie dem Wissenschaftler, dem Ingenieur und dem Manager überhaupt noch eine Verantwortungsübernahme zugemutet werden kann. Das düstere Szenario, das in den vorangehenden Punkten eröffnet worden ist, scheint auf den ersten Blick die verbreitete Forderung nach der Gestal-

Probleme
der Umsetzung
der Begründung
Verlust des Subjektes
als wissendes
als handlungs- mächtiges
a) 3. Mensch-Argument
b) Interpretationspluralismus
c) Prinzipienkonflikte
d) Rechtszustände als Güter
e) Dialektik der Freiheit

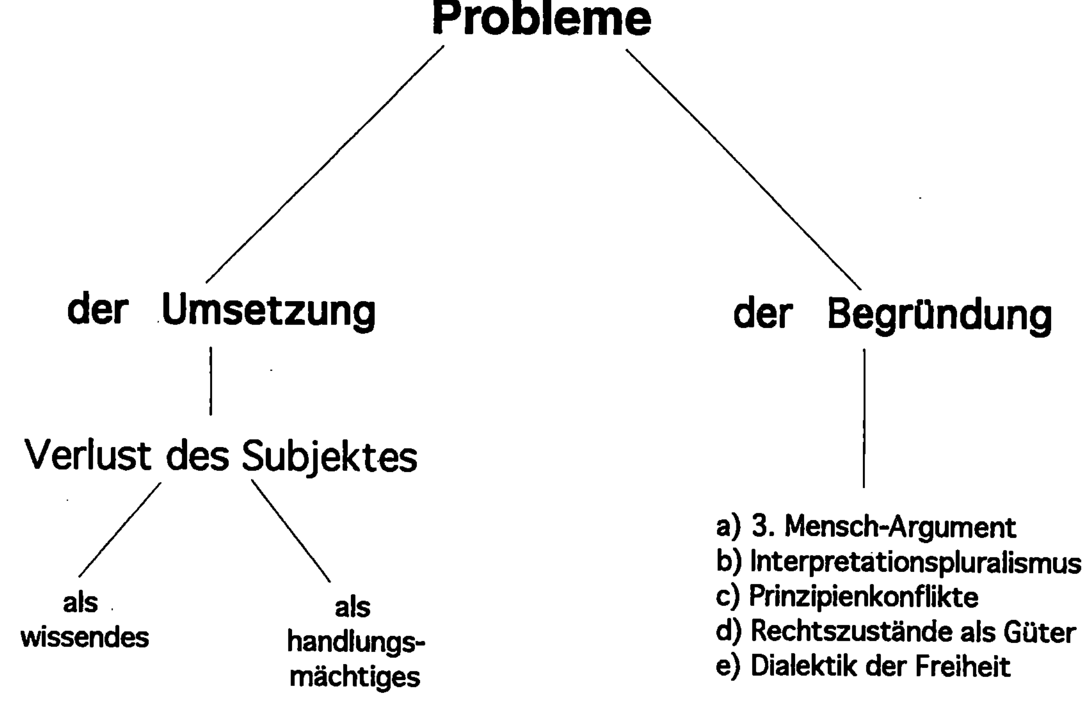

Abb. 6

tung einer Technik- und Wissenschaftsethik als Verantwortungsethik in erheblichem Maße in Frage zu stellen. Dennoch soll nachfolgend versucht werden, zunächst die Möglichkeiten einer Technik- und Wissenschaftsethik als Verantwortungsethik auszuloten. Dabei werden wir allerdings auf Punkte geführt werden, die die Ergänzungsbedürftigkeit einer Verantwortungsethik durch die sogenannte Gesinnungsethik deutlich werden lassen. Zum Ausgangspunkt nehmen gesinnungsethische Argumentationen die Einstellung eines Subjekts – unabhängig von seiner praktischen Kompetenz, bestimmte Handlungen zu realisieren, scheinbar losgelöst von seinen Fähigkeiten oder dem situativen Kontext und unabhängig davon, ob die Folgen des Handelns bestimmte Qualitäten aufweisen, die aus einer nicht gesinnungsethischen Perspektive abzulehnen wären (Verbot der Notlüge, der Tötung etc.). Dies hat die Gesinnungsethik in Verruf gebracht, weil sie ein radikales, idealistisches und unbedingtes Eintreten für bestimmte Haltungen fordert, unabhängig von den Auswirkungen der Handlungen, die durch diese Einstellung geleitet werden. In seiner radikalen Vereinseitigung ist ein gesinnungsethisch motiviertes Vorgehen sicherlich äußerst bedenklich. Dennoch werden uns bestimmte Begründungsschwierigkeiten der Verantwortungsübernahme veranlassen, an bestimmten Stellen aus der Not eine Tugend zu machen, wobei diese Stellen jedoch sorgfältig bestimmt werden müssen. Max Weber spitzt hingegen diese Alternative auf den Gegensatz zweckrationalen zu wertrationalem Handelns zu – eine Alternative, die durch die Rehabilitierung des Wertbegriffs unterlaufen werden kann (vergl. Kap. 8.2).

Verantwortungsethik steht für eine Strategie der Handlungsrechtfertigung, in der der Handelnde für die Qualität der Handlungsfolgen, die er auslöst, einsteht. Verantwortung übernehmen heißt, auf die Frage "Warum hast du dies getan?" antworten zu können, und zwar hinsichtlich der realen Folgen seines Tuns, nicht der zugrunde liegenden Handlungsabsicht. Verantwortungsübernahme setzt daher einen Akt der Selbstzuschreibung realer Handlungsfolgen an das Handlungssubjekt durch es selbst voraus. Zu sagen, man sei nicht verantwortlich für etwas, meint, daß bestimmte Handlungsfolgen durch andere als die handlungsbestimmenden Prinzipien in ihrem So-Sein bestimmt waren. Umgekehrt kann man sich durchaus als verantwortlich bezeichnen für nicht-intendierte oder unvorhergesehene Folgen, die den ursprünglichen Handlungsprinzipien zuwiderlaufen, wenn man sich als verantwortlich dafür erklärt, daß man es unterlassen habe, die Folgen sorgfältiger abzuschätzen, sich sachkundig zu machen, sich der eigenen Fähigkeiten zu vergewissern, aufmerksam zu sein etc..

Verantwortung ist also ein Zuschreibungskonzept und basiert auf einer bestimmten Interpretation.

In der handlungstheoretischen Diskussion – und der Ansatz unserer Technik- und Wissenschaftsethik ist ja ein handlungstheoretischer, weil Technik als Sammlung von Artefakten und Wissenschaft als System des Wissens für sich gesehen nicht ethisch sensitiv sind, sondern nur der Umgang mit ihnen – ist Verantwortung ein sogenannter mehrstelliger Begriff. Ich übernehme Verantwortung

— für etwas (Handlungsfolgen, Handlungen, Personen, Güter etc.)
— in meiner Eigenschaft/Funktion als (als bestimmtes Handlungssubjekt)
— vor jemandem (Instanz der Verantwortung: Personen, Natur, Gott, Gesellschaft, Staat)

— unter bestimmten Kriterien (Werten, Prinzipien, Maßstäben)
— im Blick auf (Schaden/Nutzen, Pflichterfüllung, Haftung etc.)

Die nachfolgende Problemvertiefung orientiert sich an der Auslotung dieser Dimensionen des Verantwortungsbegriffs unter Betonung der Handlungsfolgen (Gegenstand), Handlungssubjekte und Verantwortungskriterien. Die anderen Aspekte werden jeweils mitthematisiert.

Das neue Problemfeld einer Ethik der Wissenschaft und Technik erstreckt sich also von ihren handlungstheoretischen Grundlagen über die Erschließung der neuen Dimensionen der Folgen (Risiken und Gratifikationen) bis hin zu den Instanzen (Wirtschaft, Politik) als Organisationen und Institutionen, die in die neue komplexe Verantwortungsproblematik involviert sind, jenseits der alten Wertfreiheitsdiskussion und der alten Forderung nach der Verantwortung des Wissenschaftlers und Technikers als Individuum.

Die Schwierigkeiten der bisherigen Ansätze zu einer Ethik von Wissenschaft und Technik scheinen darin begründet, daß man versuchte, sie auf der Basis des Konzepts individuellen Handelns zu entwickeln. Ein alternatives Konzept für eine Ethik der Technik ist daher erforderlich. Ich möchte es in die These kleiden, daß die Normierung und Regulation von Folgen und Nebenfolgen insbesondere der modernen verwissenschaftlichten Technologien im Bereich der Verantwortung von Institutionen und Organisationen, also *kollektiven Subjekten* liegen müsse. Diese Lücke soll eine Institutionenethik ausfüllen.

Angesichts dieser Problemsituation stellen sich zunächst folgende Aufgaben: Ausgehend von dem Common sense, daß es sich hier um Probleme einer Verantwortungsethik handele, ist genauer zu analysieren, welcher Art die problematischen Folgen von Wissenschaft und Hochtechnologie überhaupt sind. Dabei ist zu fragen, inwiefern dies Folgen von Handlungen sind, inwiefern sie also von Entscheidungen abhängen. Danach muß untersucht werden, wer oder was das Subjekt dieser Handlungen ist, eine Frage, die sich im Zuge des Verantwortungsproblems als Problem der subjektiven und objektiven Selbstzuweisung von Handlungen ergibt, und auf dieser Basis wird der Common sense über Wissenschaftsethik als Verantwortungsethik in Frage gestellt werden. Schließlich ist nach den Bedingungen und Normen zu fragen, unter denen solcherlei Subjektivität steht, sowie nach den Bedingungen und Normen ihrer politischen und organisatorischen Repräsentation.

Die nachfolgende Übersicht zur Mehrdimensionalität der Verantwortung zeigt im übrigen, daß eine Orientierung am Verantwortungs*begriff* nicht zwangsläufig bedeutet, daß man sich auf eine verantwortungs*ethische* Betrachtungsweise beschränkt. Der Verantwortungsbegriff läßt auch eine gesinnungsethische bzw. deontologische (pflichtethische) Orientierung zu:[12]

---

[12]Vergl. hierzu auch: H. Lenk, Über Verantwortungsbegriffe und das Verantwortungsproblem in der Technik, in: ders./G. Ropohl (Hrsg.), Technik und Ethik, Stuttgart 1987, S. 112-148.

Verantwortung

1. *als*   (Subjekt der Verantwortung)

Mensch	—	moralische Verantwortung
Rollenträger	—	Berufsverantwortung
Experte	—	Sonder-, Fürsorgeverantwortung
Mitglied	—	Mitverantwortung
Institution	—	institutionelle Verantwortung

2. *für*   (Gegenstand der Verantwortung)

mich selbst	—	Selbstverantwortung
Personen	—	Fürsorgeverantwortung
Handeln	—	deontologische Verantwortung
(einschl. Unterlassen)		(Pflichtgemäßsein)
Handlungsfolgen	—	teleologische Verantwortung
(einschl. Nebenfolgen)		(Zielverantwortung)
Zustände, Gegenstände, Güter	—	Seinsverantwortung (Jonas)
Befehle, Veranlassungen	—	Rollenverantwortung

3. *im Blick auf*   (Bezug zu Ethik-Typ)

Schäden und Nutzen	—	teleologische Verantwortung
(Ist/Kann)		→ Verantwortungsethik
Rollenerfüllung, Pflichteinhalten	—	deontologische Verantwortung
		→ Gesinnungsethik
Haftung für Werte	—	rechtliche Verantwortung
		→ Legalismus

4. *unter Maßstäben*   (Bezug zu Ethik-Ebenen)

der Moral	—	subjektive Verantwortung
der Sittlichkeit	—	objektive Verantwortung
des Rechts/Rechtszustandes	—	rechtliche/gesetzliche Verantwortung

5. *gegenüber*   (Instanz der Verantwortung)

Sein, Menschheit	—	ethische Verantwortung
Gott, Natur	—	religiöse Verantwortung
Institutionen, Organisationen	—	Loyalitätsverantwortung
Staat, Gesellschaft	—	soziale Verantwortung

5 Der Gegenstand der Verantwortung

5.1 Die Möglichkeit der Folgen: Chancen und Risiken

Der Common sense fordert eine neue Besinnung auf die Verantwortlichkeit für jene neuen Folgen, die ins Blickfeld geraten sind. Entsprechend konzentrieren sich die Überlegungen auf die Verantwortungsethik, weil jene Folgen des Handelns problematisch sind. Solcherlei Folgen nun unterscheiden sich von antizipierten Folgen individuellen Handelns dadurch, daß nicht bloß dessen "Nebenfolgen" in verschiedener Hinsicht nicht gekannt, überblickt, abgeschätzt werden können, sondern der gesamte Komplex der Wirkungen aus epistemischen Gründen undurchsichtig ist. Die Folgen sind "möglich, wahrscheinlich, nicht auszuschließen"; entsprechend "zu befürchten, zu erhoffen, fatalistisch in Kauf zu nehmen" oder dadurch auszuschließen, daß man ein Stück Zukunft regelrecht verbietet.

Im Blick auf diese diffusen Möglichkeiten sind die problematischen Folgen genauer zu analysieren. Daß wir über zukünftiges Wissen nichts wissen können, wie Karl Raimund Popper bemerkte, entlastet uns nicht von dieser Aufgabe. Denn es geht nicht um Wissen über das, was der Fall ist oder sein wird, sondern um die Frage, ob ein Raum von abschätzbaren Möglichkeiten handlungsmäßig erschlossen, eingerichtet und bestimmt werden kann, also nicht um ein theoretisches, sondern um ein praktisches Problem.[1] Was aus einer Problemsicht, die im Sinne des frühen Wittgenstein Wissen als Abbildung des Wirklichen begreift, der Diskussion entzogen ist, reklamierte dessen Landsmann, ebenfalls ein Maschinenbauer etwa um dieselbe Zeit, emphatisch als neuen Diskussionsgegenstand: Unsere Zivilisation, so Robert Musil, sei nur zu retten durch die Ausbildung eines *Möglichkeitssinns*: "Heute (...) hat die Verantwortung ihren Schwerpunkt nicht im Menschen, sondern in den Sachzusammenhängen (...) Es ist eine Welt von Eigenschaften ohne Mann entstanden."

Diese pessimistische Diagnose aus der Sicht des "Wirklichkeitssinns" bedürfe der Ergänzung durch eine neue Heuristik, die, mit den Mitteln der Analogie und des Vergleichs arbeitend, eine "gleitende Logik" darstelle, derer man sich dem Be-

---

[1]Die Verwechslung von zukünftigen Wahrheiten mit Möglichkeiten, wie ihr noch Cicero in seiner Schrift "De fato" erlegen ist, beruht auf einer Verwechslung von realen Möglichkeiten und zukünftigen Wirklichkeiten, die möglicherweise als wahr erkannt werden, vermischt also epistemische und ontologische Modalitäten.

reich des Utopischen zuwenden solle: "Utopien bedeuten soviel wie Möglichkeiten; darin, daß eine Möglichkeit nicht Wirklichkeit wird, drückt sich nichts anderes aus, als daß die Umstände, mit denen sie gegenwärtig verflochten ist, sie daran hindern; denn andernfalls wäre sie ja eine Unmöglichkeit. Löst man sie nun aus ihrer Bindung und gewährt ihre Entwicklung, so entsteht die Utopie."[2] Dieses Aus-der-Bindung-Lösen kann sowohl auf praktische Bindungen der Realisierung dieser Möglichkeiten bezogen werden – analog natürlich auch auf deren Verhinderung –, als auch im Blick auf kognitive Bindungen, also die Beschränkung durch eine gegenwärtige faktische Wissensbasis oder einen gegenwärtigen faktischen Wissensbetrieb – analog im Blick auf dessen mögliche Einschränkung –, verstanden werden.

Bevor daher die Folgen jener problematischen Wissensgewinnung und ihrer Strategien betrachtet werden können, ist ein hinreichend differenziertes Instrumentarium zur Beschreibung solcher Möglichkeiten bereitzustellen. Neben den rein logischen Möglichkeiten, die hier außer Betracht bleiben, unterscheidet man traditionellerweise Möglichkeiten *de dicto*, die sich auf die Wahrheit von Aussagen beziehen, von Möglichkeiten *de re* oder realen Möglichkeiten, die sich auf das Bestehen von Sachverhalten beziehen. Die Wahrheit von Aussagen oder das Bestehen von Sachverhalten sind ihrerseits im Blick auf unsere Erkenntnismöglichkeiten zu relativieren. Dann sprechen wir von epistemischen Möglichkeiten de dicto oder epistemischen Möglichkeiten de re. Diese interessieren uns hier.

Bei Aussagen, die notwendig wahr sind, den Tautologien, ist es unerheblich, ob der Notwendigkeitsoperator vor der Gesamtaussage steht, also der Definitionsbereich insgesamt in die Bindung einbezogen wird, oder ob er vor der Eigenschaftszuweisung steht, der Eigenschaft, die als notwendig dem Operator zugesprochen wird. Wenn notwendigerweise gilt, daß alle x die Eigenschaft F haben, so gilt für alle x, daß sie notwendigerweise die Eigenschaft F haben $(N\Lambda xF(x) \equiv \Lambda xNF(x)$, so im Modalkalkül S 5 von Lewis und Langford). Dem ist jedoch nicht so bei Möglichkeitsaussagen: Denn es besteht ein Unterschied, ob in einem wirklichen Definitionsbereich ein Sachverhalt als bloß möglich behauptet wird, oder ob ein Sachverhalt in einem möglichen Definitionsbereich behauptet wird. Wenn möglicherweise gilt, daß alle x die Eigenschaft F haben, dann ist dies nicht äquivalent mit der Aussage, daß alle x möglicherweise die Eigenschaft F haben $(M\Lambda xF(x) \neq \Lambda xMF(x))$. Daher ist noch ein dritter Typ von einschlägigen Möglichkeiten zu unterscheiden, die sich auf das Bestehen bestimmter Definitionsbereiche mit bestimmten Eigenschaften beziehen, was im Zuge der Fähigkeit von Wissenschaft und Technik, Definitionsbereiche zu zerstören oder neue Definitionsbereiche zu eröffnen, einschlägig wird. Diese sollen hier als "Metamöglichkeiten" bezeichnet werden, weil im Blick auf diese neuen oder irreversibel zerstörten alten Definitionsbereiche dann ihrerseits Möglichkeiten de re oder de dicto behauptet werden können. Im Blick auf diese Alternativen wird vorab deutlich, daß der Chancen- und Risikobegriff in der allgemeinen Diskussion zu eng gefaßt wird. Er wird modelliert als Produkt aus Auftrittswahrscheinlichkeit und Nutzens- bzw. Schadenshöhe, betrifft also nur die realen Möglichkeiten.

---

[2] R. Musil, Der Mann ohne Eigenschaften, Reinbek 1970, S. 246.

Bevor die verschiedenen Strategien der Technik- und Wissenschaftsabschätzung im Blick auf mögliche Nutzens- oder Schadensrisiken betrachtet werden, sind die verschiedenen Typen von Möglichkeiten der Folgen, die auftreten können, genauer zu analysieren, damit diesen Möglichkeitstypen später die entsprechenden Technikfolgeabschätzungs-Strategien zugeordnet werden können. Neben den logischen Möglichkeiten, die lediglich durch die Widerspruchsfreiheit von Gedanken gegeben sind und uns hier nicht weiter interessieren, sind also insbesondere die folgenden Möglichkeitstypen zu unterscheiden[3] (vergl. hierzu Abb. 8, S. 79):

5.1.1 Reale Möglichkeiten/Möglichkeiten de re

Reale Möglichkeiten sind solche, die sich auf das Auftreten von Sachverhalten in *bekannten Definitionsbereichen* beziehen und die im Rahmen der faktischen Grenzen der Forschung erfaßt werden sollen. Sie beziehen sich erstens auf das Verhältnis bestimmter Ursachen zu bestimmten Wirkungen als Veränderungen. So werden z. B. bestimmte Effekte als mögliche Ursachen für das Waldsterben in Anschlag gebracht, andere als mögliche Ursachen für eine Havarie oder ein anderes Schadensereignis angesehen, oder bestimmten Stoffen wird eine mögliche Heilwirkung unterstellt.

Zweitens können die faktischen Möglichkeiten aber auch die Zuordnung bestimmter Eigenschaften zu ihren Trägern betreffen, z. B. den Sachverhalt, daß ein bestimmtes genmanipuliertes Wesen möglicherweise vom Typ so-und-so ist und die-und-die Eigenschaften aufweisen wird, oder daß ein Element oder Stoff im Langzeitversuch möglicherweise neue Eigenschaften der-und-der Art aufweisen kann (Bruchfestigkeit, Funktionsausfall etc.).

Reale Möglichkeiten werden im allgemeinen auf dem Wege der Wahrscheinlichkeitsrechnung erfaßt. Näheres dazu unten.

5.1.2 Hypothetische oder theoretische Möglichkeiten

Im Blick auf diese Möglichkeiten ist die Wahrheitszuweisung selbst problematisch, da die *Definitionsbereiche*, innerhalb derer diese Möglichkeiten auftreten können, *nicht vollständig bekannt* sind. Sie sind offen auf der Basis der entsprechenden theoretischen und praktischen Vorannahmen oder Unzulänglichkeiten der Forschung (Paradigmen). So kann eine Wahrheitszuweisung z. B. strittig sein, weil sie auf der Basis einer Modellsimulation begründet wird, deren Datenbasis und deren Abhängigkeit von einer möglicherweise unzureichenden Berücksichtigung der entsprechenden Parameter die Berechnungsgrundlage unsicher werden läßt. Oder die Wahrheitszuweisung ist deshalb strittig, weil das behauptete oder unterstellte Phänomen unter einer instrumentell gegebenen Nachweisgrenze liegt und nur aus

---

[3]Die nachfolgende Unterscheidung orientiert sich einerseits an Aristoteles, Metaphysik, 9. Buch, andererseits ist jedoch die epistemische Relativierung, d. h. der Bezug auf die zugrunde liegende Wissensbasis zu berücksichtigen, der für das ontologische Interesse des Aristoteles nicht einschlägig war.

diesem methodologischen Grund bestimmte Annahmen über das Nicht-Ursache-Sein für einen möglichen Schaden oder Nutzen (Homöopathie) begründet werden.

Darüber hinaus ergibt sich ein weiteres Feld der Unsicherheit der Wahrheitszuweisung dadurch, daß in bestimmten Fällen Operationalisierungen überhaupt noch nicht konzipiert sind, so etwa beim Übergang vom Laborexperiment zum Freilandversuch oder Feldversuch: Während das Laborexperiment durch den vollständigen Überblick über die maßgeblichen Parameter geradezu definiert ist, können beim Übergang zum Freilandversuch oder Feldversuch das Relevant-Werden bestimmter neuer Parameter oder das Auftreten synergetischer Effekte nicht ausgeschlossen werden. Weil deren Erfaßbarkeit noch nicht gegeben ist, fehlt die Möglichkeit, die strittige Hypothese konkret auf bestimmte Sachverhalte zu beziehen. Ein gleiches tritt auf, wenn wegen fehlender technischer Realisierungen bestimmte Annahmen, die im Gedankenexperiment erhärtet werden können, noch ihrer Realisierungsmöglichkeit harren, so z. B. im Bereich der Künstliche-Intelligenz-Forschung bei der Realisierung konnektionistischer – PDP – Systeme oder der Gentechnologie.

5.1.3 Metamöglichkeiten

Unter diesem Begriff sollen Möglichkeiten eines Typs von Folgen erfaßt werden, der seine Spezifik darin hat, daß ganze *Definitionsbereiche neu eröffnet* werden, z. B. indem man neue Organismen schafft oder neue Elemente synthetisiert, oder bestimmte Definitionsbereiche oder Teile von ihnen irreversibel liquidiert werden dadurch, daß man bestimmte Entwicklungslinien der natürlichen Evolution außer Kraft setzt. Diese Möglichkeit der Folgen macht deshalb einen neuen Typus aus, weil innerhalb der möglicherweise neu eröffneten oder eingeschränkten Definitionsbereiche ihrerseits dann reale Möglichkeiten auftreten können oder Hypothesen über das Auftreten bestimmter Möglichkeiten allererst ihren Bezug finden. Metamöglichkeiten sind also dann Bedingungen der realen und hypothetischen Möglichkeiten. In diesen Bereich fallen die Überlegungen zu sogenannten Makrorisiken der Menschheit, wie sie etwa Klimakatastrophen, Aufbrauchen von Energieressourcen, Auftreten genrekombinierter Organismen oder irreversible Strahlungsschäden ausmachen. Gemeint sind also Metamöglichkeiten nicht bloß im Sinne einer Erweiterung oder Begrenzung der Erkenntnismöglichkeiten von Realitäten, sondern auch im Sinne einer durch die realen Handlungen von Wissenschaft und Technik vorgenommenen Konstituierung neuer Entitäten und Effekte, die vorher in der realen Welt nicht vorhanden waren, oder durch die irreversible Zerstörung von Entitäten oder Regulationsmechanismen der ersten Natur.

In diesen Bereich gehört auch das Problem der Unterlassungen (z. B. aus Furcht vor unkalkulierbaren Risiken), die manchen Vertretern einer Wissenschafts- und Technikethik als Fluchtpunkt bei unsicheren Handlungsfolgen erscheinen, die jedoch unter bestimmten Bedingungen Folgen zeitigen können, die ganze Bereiche und Möglichkeiten des Handelns oder solche von Naturprozessen überhaupt zerstören können (z. B. bei Unterlassungen im Zuge der Erschließung neuer Möglichkeiten der Energieversorgung oder bei der risikobehafteten Bekämpfung von Krankheitserregern durch die Entwicklung neuer Organismen). Ein weiteres Feld dieser

Möglichkeiten
logische
reale
de dicto
Metamöglichkeiten
Bestehen von Sachverhalten in bekannten Definitionsbereichen
epistemisch relativiert qua faktische Grenzen der Forschung
hypothetisch/theoretische
(denkbare Wahrheitszuweisung in offenen Definitionsbereichen)
epistemisch relativiert qua historisch/methodologische Aprioris der Forschung (Paradigmen)
mögliche neue Bedingungen der Möglichkeit qua
Eröffnung, Erschließung neuer
Liquidierung, Verschließung alter
Definitionsbereiche
(z. B. Systeme natürlicher Evolution)
Ursache →
Veränderung
z. B.
x ist möglicherweise eine der Ursachen für das Waldsterben;
y ist möglicherweise Ursache einer Havarie
Stoff →
Eigenschaft
z. B.
Das genmanipulierte Wesen x ist möglicherweise vom Typ P;
y weist im Langzeitversuch die neue Eigenschaft P auf
Wahrheitszuweisung strittig
z. B.
x ist auf der Basis einer Modellsimulation eine Ursache für z;
x ist, weil unter Nachweisgrenze, nicht Ursache für z
Operationalisierung nicht konzipiert, z. B.
beim Übergang vom Laborexperiment zum Freilandversuch/Feldversuch
wegen synergetischer Effekte
wegen fehlender technischer Realisierung
mittels Schadenstatistik/Nutzenstatistik Schwachstellenanalyse, Ausfallanalyse, Fehlerbaumanalyse etc. kalkulierbar

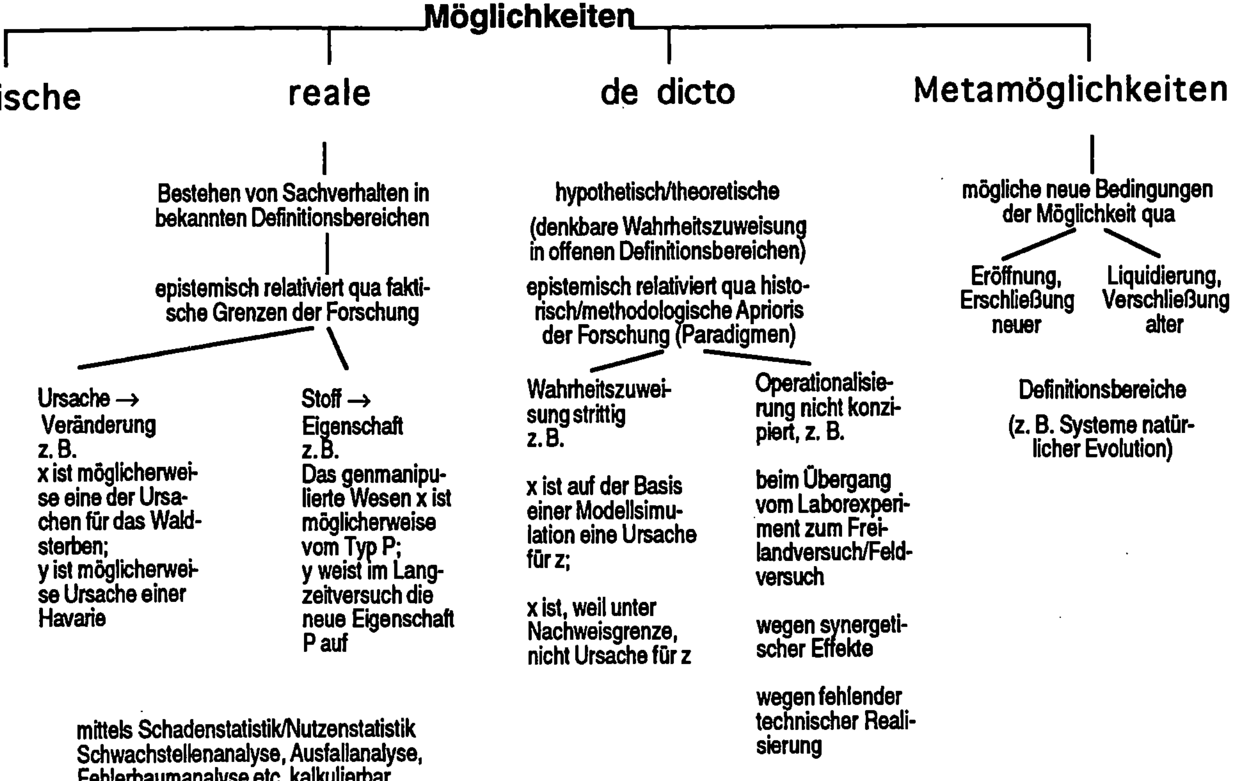

Abb. 8

Möglichkeiten wird durch die Informatik/K.I.-Forschung eröffnet: Hier bezieht sich die Folgendiskussion auf die Einrichtung von Definitionsbereichen, die Eigenschaften aufweisen, die den bisherigen Modellen unseres Erkennens und Kommunizierens zuwiderlaufen. Denn dort wird den klassischen Postulaten empirischen Denkens, wie sie von Kant (Kritik der reinen Vernunft A 221) formuliert wurden, faktisch der Boden entzogen: Kant hatte die materialen Bedingungen der Erkenntnis, also die Empfindungen, als Bedingungen der Wirklichkeit des Denkens, die formalen Bedingungen der Erkenntnis, also die Begriffe (Identifizierungsregeln), als Bedingungen der Möglichkeit des Denkens und beide als notwendige Voraussetzungen der Erkenntnis betrachtet. Letzteres wird nun nicht bloß theoretisch bestritten, sondern auf der Basis von neuen realisierten Artefakten (Netzwerken) der Selbstorganisation von Information qua Verstärkung und Abschwächung in bestimmten "Denk"maschinen, die einer anderen Erkenntnisarchitektur entsprechen, relativiert. Dabei könnte die Kompetenz des Menschen als selbstbestimmter Umgang mit Regeln relativiert oder zurückgedrängt werden.[4]

Diese Andeutungen ließen sich in vielfacher Hinsicht differenzieren und vertiefen. Sie sollen an dieser Stelle nur verdeutlichen, wie inhomogen das Feld der Möglichkeiten von Folgen ist, über das oft leichtfertig pauschal geredet wird.

Die "epistemische Relativierung" ist nun nicht etwas, was zu den realen oder theoretischen Möglichkeiten hinzutritt: "Real epistemisch relativiert" wird im Blick auf die faktische Beschränkung und die faktischen Grenzen der Forschung ausgesagt, "de dicto epistemisch relativiert" im Blick auf die Möglichkeiten von Wahrheitszuweisungen überhaupt – das Problem, das Kant behandelt hat und das inzwischen in der Diskussion um die historischen Apriori der Forschung (die weltanschaulichen, theoretischen und instrumentellen Paradigmen) weitergeführt wurde.

Den Zusammenhang zu den oben diskutierten handlungstheoretischen Grundlagen stellt die Übersicht Abb. 9 vor.

5.2 Die Erfassung der Möglichkeiten – Strategien der Technikfolgenabschätzung

5.2.1 Kalkulierungsstrategien

Dem unterschiedlichen Typus der Folgen entsprechend lassen sich unterschiedliche Ansätze innerhalb der Technikfolgenabschätzung unterscheiden. Im Bereich der realen, kalkulierbaren Möglichkeiten finden die Verfahren der *Schadens- und Nutzensstatistik* ihren Ansatzpunkt. Sie gründen sich auf das Gesetz der größten Zahl und setzen ihrerseits die Homogenität des Definitionsbereichs und seine vollständige Erschlossenheit voraus. Dasselbe gilt für die induktiven Verfahren der *Schwachstellen- und Ausfallanalyse*. Die statistisch erfaßten Wahrscheinlichkeiten

---

[4]Vergl. E. Jelden, Menschliche und elektronische Wissensverarbeitung in der Heuristik, Bericht des DFG-Projektes Konstruktionshandeln, TU Berlin 1990, vergl. auch dies., Technik und Weltkonstruktion, Frankfurt/M./Berlin/Bern 1994.

	Subjekt	Folgen (primär)
Werkzeugeinsatz Operation	Individuum	reale
Maschineneinsatz Methoden	Kooperationen Kollektive	real mögliche hypothetisch mögliche
Gestaltung von Systembedingungen	Institutionen (Zwecke) Organisationen (Mittel)	Metamöglichkeiten (Veränderungen des Definitionsbereiches)

Abb. 9. Übersicht handlungstheoretischer Grundlagen der Wissenschafts- und Technikethik

des Fehleranfalls werden zu einer Prognose über die Wahrscheinlichkeit des Gesamtschadensfalls zusammengeführt. Umgekehrt verfährt die *Fehlerbaumanalyse*: Unter der Annahme eines bestimmten Schadens werden die Sicherheits- und Risikopfade zu den möglichen Ursachen zurückverfolgt, wobei sich entsprechend den Verzweigungen eine Baumstruktur ergibt. Auch hier wird die Homogenität des Definitionsbereichs und seine vollständige Erschlossenheit vorausgesetzt.

Unter dem Ideal einer möglichen objektiven Messung von Risiko wird Technik unter das Ziel gestellt, ein möglichst kostengünstiges Erreichen des Maximums von Chancen zu Risiken zu gewährleisten. Im arbeitsteiligen Entwicklungsprozeß soll der Entwicklungsingenieur die Chancen als Produkt von Nutzen und Eintrittswahrscheinlichkeit, der Schadensingenieur die Risiken als Produkt des Schadens und der Eintrittswahrscheinlichkeit in ein vernünftiges Verhältnis bringen. Zur Quantifizierung des Chancen-/Risikoverhältnisses müssen beide Größen quantifiziert werden.

Hierzu versucht man die Größen Produktivität (Nutzen/Kosten), Verfügbarkeit/Ausfallwahrscheinlichkeit, Reparaturhäufigkeit, Umweltvorsorge-, Folgekosten, Lebensdauer, Sicherheit durch sogenannte Bewertungskennzahlen zu erfassen.

Nach der Beantwortung der Frage "Was sind die Systemfolgen eines Schadens/-Nutzensereignisses?" (induktive Risikoerfassung) sowie der Frage "Welche Ursachen kommen für eine Störung in Frage?" (deduktive Risikoerfassung) kann nach dem Gesetz der größten Zahl die Wahrscheinlichkeit W des Schadens (S)- oder Nutzensereignisses (N) festgelegt werden:

$$W = \frac{S/N}{n}$$

Unter dieser Perspektive werden die sogenannten subjektiven Risiken (auf die wir unten noch einzugehen haben) ausgeklammert. Ja, man findet häufig sogar den Hinweis, daß die subjektiven Risiken keinen sachlichen Bezug zur Wahrscheinlichkeit von Schadensereignissen haben, sondern lediglich durch eine Wahrnehmungsgewohnheit der Subjekte geprägt sind, die analog zur Wahrnehmung von Reizen nach der Gleichung des Psycho-Physikers Gustav Fechner gefaßt werden: So wie dieser nachgewiesen hat, daß wir Reize in Relation zu einer Differenzwahrnehmung im Blick auf die gegebene Reizbasis auffassen, so fände unsere Risikowahrnehmung (SR) statt als Differenz von Risikoänderungen zu einem Risikostandard bzw. akzeptierten Risiken einer Risikobasis (R), auszudrücken in folgender Gleichung:

$$\Delta SR = \frac{\Delta R}{R}$$

M. a. W.: Wenn die gewohnheitsmäßig ertragenen Risiken sehr groß sind, werden neue Risiken als geringfügig wahrgenommen, z. B. in Krisensituationen, während ein hoher Sicherheitsstandard (kleiner Nenner der Gleichung) geringfügige Risikosteigerungen als groß erscheinen läßt – der Prinzessin-auf-der-Erbse-Effekt. Über Methodik und Ablauf der Risikoanalyse in Industriebetrieben möge die Tabelle in Abb. 10 Auskunft geben:[5]

---

[5]E. Franck, Risikobewertung in der Technik, in: G. Hosemann (Hrsg.), Risiko in der Industriegesellschaft, Erlangen 1989, S. 76.

Ablauf \ Risiko-bereiche	Unternehmens-führung Beschaffung Verwaltung Produktion	Energie-, Wasserversorgung Vertrieb EDV Qualitätsprüfung	Transport Brandschutz Umweltschutz Montage Arbeitsschutz	Forschung Entwicklung Versicherung
Risikoerkennung	Wo liegen auslösende Risikofaktoren? Welche Ereignisse können auftreten? Wer ist betroffen? (Mensch, Maschine, Produktionsmittel)			
Risikoanalyse	Wie wahrscheinlich sind diese Ereignisse? Welche Konsequenzen für Mensch, Maschine, Produktionsmittel?			
Risikoinventar	Gibt es schon Schadenverhütungsmaßnahmen? Was ist über Versicherungen abgedeckt?			
Alternativen	Welche Sicherungs-Alternativen sind möglich? Welche Ereignisse sind zu erwarten? Was kosten diese?			
Ergebnisbewertung	Risikobereitschaft des Managements? Risikopolitische Ziele?			
Entscheidung	Welche Alternative bringt den größten Nutzen? Wie ist das Restrisiko zu gestalten?			
Einführung / Kontrolle	Wie wird das gewählte Sicherheitskonzept eingeführt? Wie und wann wird kontrolliert?			

Abb. 10

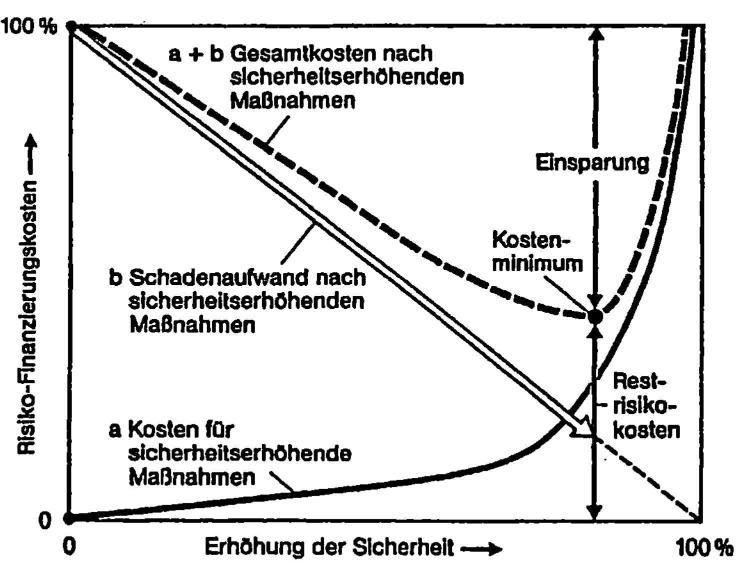

Abb. 11. Erfassung von Schadensrisiken

Unter ökonomischen Gesichtspunkten stellt sich die Erfassung von Schadensrisiken wie in Abb. 11 (S. 83) dar, wobei das Restrisiko durch die Restrisikokosten definiert wird – ein problematisches Modell, auf das wir noch kritisch einzugehen haben[6].

Für die Erfassung der Nutzensrisiken sind in letzter Zeit die Verfahren der Ökobilanzierung zum Brennpunkt der Technikfolgenabschätzungs-Diskussion geworden. Dabei werden Schwierigkeiten und Grenzen quantitativer Verfahren deutlich. Zur Erfassung der *nutzenspezifischen* Umweltbelastung ist die *produktspezifische* Umweltbelastung in ein Verhältnis zu setzen zur Summe der Funktionserfüllungen bzw. der Nutzungsdauer eines Produkts. Die produktspezifische Umweltbelastung setzt sich aus den Faktoren Rohstoff- und Energieinput, Abfallaufkommen und Emissionen zusammen, die nicht bloß mengenmäßig erfaßt, sondern auch ökologisch "gewichtet" werden müssen. Dabei gilt, daß wegen der Streubreite der Daten nicht die Mittelwerte, sondern Datenintervalle berücksichtigt werden müssen. Problematisch ist es ferner, klare Systemgrenzen zu ziehen. Der Ausgang von den Prozentsätzen der beteiligten Stoffe, selbst schon schwierig genug zu erfassen, führt sehr schnell in den Bereich der angeschlossenen mitzuberücksichtigenden Entsorgungstechnologien, die ja selbst einen Belastungsfaktor darstellen.

Das ökonomische Grenznutzenprinzip, das die Restrisikodiskussion prägt, hat sein Korrespondant im ökologischen Break-Even-Point, wie ihn additive Umweltschutzmaßnahmen mit sich führen. Jede Ökobilanz hat "lose Enden", und das Prinzip der Bilanzierungen, kalkulierungsfähige Größen zu gewinnen, kann nur in kleinen, abgrenzbaren Bereichen verwirklicht werden. Ein qualitativ orientiertes "Öko-Controlling" versucht, diesem Problem aus dem Wege zu gehen.

Die Schwierigkeiten der Nutzenkalkulation dürfen jedoch nicht zu der Einschätzung führen, derartige Verfahren seien überflüssig. Vielmehr dient ihre Unzulänglichkeit der Einsicht in die Notwendigkeit der Selbstbescheidung und der Versachlichung der Argumentation in den eingegrenzten Bereichen.

Die Verfahren der Produktlinienmatrixerstellung hingegen versuchen explizit, die Fragestellung über den Bereich der Ökobilanzierung hinaus auszudehnen. Die nachfolgend vorgelegte Tabelle zeigt,[7] wie stark im Blick auf die "Biographie" eines Produkts in der "Vertikalen" das Transportwesen ist, das nicht nur in den Punkten 2., 4. und 8., sondern implizit auch in 6. enthalten ist. Da hier eine Fülle von Alternativen offensteht, wuchert der "Baum" möglicher Produktlinien vielfach, und die Prüfung der einzelnen "Äste" wird zur Sisyphos-Arbeit (vergl. Abb. 12).

5.2.2 Simulationen

In Definitionsbereichen, die nicht vollständig bekannt oder erschlossen sind, müssen hingegen andere Verfahren greifen. In erster Linie sind dies die verschie-

---

[6]Ebd., S. 79.

[7]Projektgruppe ökolog. Wirtschaft (Hrsg.), Produktlinienanalyse, Köln 1987, S. 35.

Allgemeine Produktlinienmatrix

Vertikale (Horizontale):
1. Rohstofferschließung und -verarbeitung
2. Transport
3. Vorleistungsproduktion
4. Transport
5. Produktion
6. Handel/Vertrieb
7. Ge- und Verbrauch
8. Transport
9. Beseitigung

Code	Horizontale	Dimension
111	Energetischer Aufwand	Rohstoffe (11-19) — Dimension Natur (1-3)
121	Rohstoffverbrauch	Rohstoffe (11-19) — Dimension Natur (1-3)
131	Bodenverbrauch	Rohstoffe (11-19) — Dimension Natur (1-3)
141	Wasserverbrauch	Rohstoffe (11-19) — Dimension Natur (1-3)
142	Wasserqualität	Rohstoffe (11-19) — Dimension Natur (1-3)
151	Abfallaufkommen	Rohstoffe (11-19) — Dimension Natur (1-3)
211	Immissionssituation	Umweltmedien (21-29) — Dimension Natur (1-3)
2111	– Emission von festen und gasförmigen Schadstoffen	Umweltmedien (21-29) — Dimension Natur (1-3)
2112	– Sonstige Beeinflussung der Immissionssituation	Umweltmedien (21-29) — Dimension Natur (1-3)
221	Schadstoffeintrag in den Boden	Umweltmedien (21-29) — Dimension Natur (1-3)
231	Emission flüssiger Schadstoffe	Umweltmedien (21-29) — Dimension Natur (1-3)
241	Wirkung auf Temperatur, Strahlung und Wind	Umweltmedien (21-29) — Dimension Natur (1-3)
311	Flora	Mitwelt (31-39) — Dimension Natur (1-3)
321	Fauna	Mitwelt (31-39) — Dimension Natur (1-3)
331	Beeinflussung zusammenhängender Lebensräume	Mitwelt (31-39) — Dimension Natur (1-3)
411	Arbeitsqualität (i.e.S.)	Arbeitsqualität (41-49) — Dimension Gesellschaft (4-6)
421	Arbeitszufriedenheit	Arbeitsqualität (41-49) — Dimension Gesellschaft (4-6)
431	Arbeitsunfälle	Arbeitsqualität (41-49) — Dimension Gesellschaft (4-6)
441	Schadstoffbelastung am Arbeitsplatz	Arbeitsqualität (41-49) — Dimension Gesellschaft (4-6)
461	Zeitsouveränität	Arbeitsqualität (41-49) — Dimension Gesellschaft (4-6)
511	Individuelle Gestaltungsmöglichkeiten	Individuelle Freiheiten (51-59) — Dimension Gesellschaft (4-6)
521	Gesundheit/Wohlbefinden	Individuelle Freiheiten (51-59) — Dimension Gesellschaft (4-6)
531	Sicherheit	Individuelle Freiheiten (51-59) — Dimension Gesellschaft (4-6)
541	Förderung des Einzelnen in der Gemeinschaft	Individuelle Freiheiten (51-59) — Dimension Gesellschaft (4-6)
611	Flexibilität/Veränderbarkeit	Gesellschaftliche Aspekte (61-69) — Dimension Gesellschaft (4-6)
651	Internationale Beziehungen	Gesellschaftliche Aspekte (61-69) — Dimension Gesellschaft (4-6)
671	Kulturelle Pluralität	Gesellschaftliche Aspekte (61-69) — Dimension Gesellschaft (4-6)
711	Individuelle Kosten	Allokationsaspekte (71-89) — Dimension Wirtschaft (7-9)
721	Produktqualität	Allokationsaspekte (71-89) — Dimension Wirtschaft (7-9)
811	Arbeitsvolumen	Allokationsaspekte (71-89) — Dimension Wirtschaft (7-9)
8111	– formelles Arbeitsvolumen	Allokationsaspekte (71-89) — Dimension Wirtschaft (7-9)
8112	– informelles Arbeitsvolumen	Allokationsaspekte (71-89) — Dimension Wirtschaft (7-9)
821	Kapitalaufwand	Allokationsaspekte (71-89) — Dimension Wirtschaft (7-9)
823	Rendite	Allokationsaspekte (71-89) — Dimension Wirtschaft (7-9)
851	Internationale Arbeitsteilung	Allokationsaspekte (71-89) — Dimension Wirtschaft (7-9)
911	Einkommensverteilung	Verteilungswirkungen (91-99) — Dimension Wirtschaft (7-9)
921	Vermögensbildung	Verteilungswirkungen (91-99) — Dimension Wirtschaft (7-9)
931	Öffentliche Haushalte	Verteilungswirkungen (91-99) — Dimension Wirtschaft (7-9)

Abb. 12. Allgemeine Produktlinienmatrix

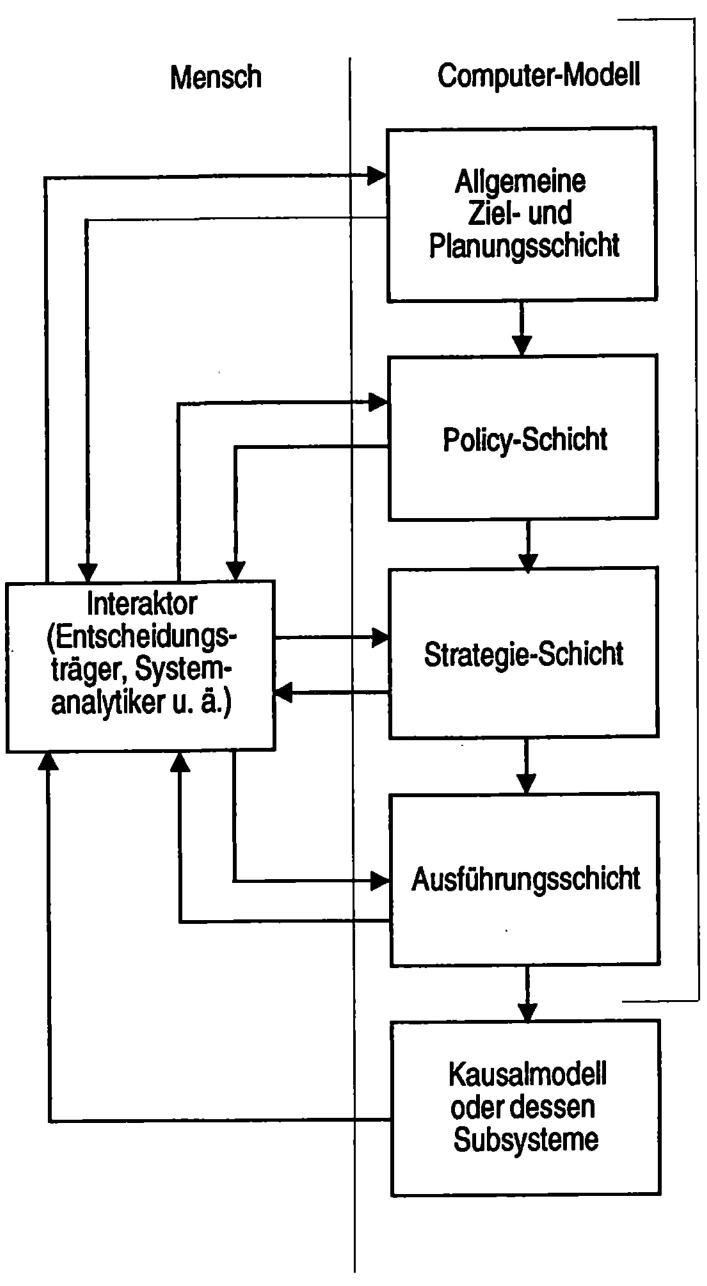

Abb. 13. Struktur von Simulationen nach Mesarović/Pestel

denen Strategien der *Simulation* und des *"Scenario-Writing"*. Simulationen beruhen auf einer komplexen Entscheidungsstruktur, die sich als Dialog zwischen den menschlichen Entscheidungsträgern und den Reaktionen des Computer-Modells darstellen läßt. Sie hängen im wesentlichen von der Berücksichtigung der entsprechenden Parameter und der zur Verfügung stehenden (oft auf Schätzungen beruhenden) Datenbasis ab. Im Rahmen der Studien des Club of Rome haben Mesarović und Pestel 1974 in allgemeinster Form die Struktur von Simulationen wie in Abb. 13 dargestellt[8].

Unter den allgemeinsten Parametern, die die sogenannte Lebensqualität definieren
— Nahrungsmittelangebot
— materieller Lebensstandard
— Bevölkerungsdichte/Ballungsgrad
— Verschmutzungsgrad

lassen sich im Computermodell verschiedene Ebenen der Parametrisierung unterscheiden:
— Auf der Ebene einer allgemeinen Ziel- und Planungsschicht müssen zukünftige Bedürfnisse und mögliche Ereignisse typisiert werden.
— Auf der Ebene der Policy-Schicht sind Intentionen und Wünsche der relevanten Entscheidungsträger zu typisieren.
— Auf der Ebene der Strategieschicht muß die Auswahl der zu quantifizierenden Datentypen erfaßt werden.
— Schließlich muß auf der Ebene der Ausführungsschicht festgelegt werden, welche Schwellenwerte überschritten werden müssen, damit entsprechende Ausgangsdaten zur Verfügung stehen.

Auf dieser Basis kann ein Kausalmodell mit den entsprechenden Subsystemen erstellt werden.

Am Beispiel der DDT-Verbreitungs-Simulation, wie sie Randers[9] vorgenommen hat, wird deutlich, daß gerade die letzte Schicht den größten Unsicherheitsfaktor birgt. Eine Fülle von Voraussetzungen muß gemacht werden, damit überhaupt eine Datenbasis geschaffen wird, so in diesem Falle die Voraussetzung der
— gleichmäßigen Verteilung von DDT,
— einer geschätzten Weltanwendungsrate als doppelter USA-Rate,
— eine Schätzung, daß 50% in der Luft verbleibt und entsprechend ein großzügig geschätzter Niederschlag von maximal 60% eintreten kann,
— daß die Halbwertszerfallzeit zwischen 2,5 und 35 Jahren variiert, was zu einem Mittelwert von 10,5 führt,
— daß die Ausscheidungshalbwertszeit bei Fischen 0,05 - 0,7 Jahre beträgt, was auf 0,3 gemittelt wird,
— daß die Konzentration in Fischen 10 - 100 mal höher sei als im Plankton entsprechend ihrer Plankton-Aufnahme.

Dies führt dazu, daß pessimistische Simulationen eine 33 000 mal höhere Konzentration in Fischen annehmen können als Simulationen, die auf optimistischen Annahmen beruhen.

---

[8]Mesarović, M./Pestel, E., Menschheit am Wendepunkt, Stuttgart 1974, S. 53.
[9]Referiert in: H. Lenk, Zur Sozialphilosophie der Technik, Frankfurt/M. 1982, S. 135-138.

Allgemein wird als Kriterium für die Wertung von Simulationen folgende Regel angewandt:

"Wenn veränderte Größen Einfluß auf das Modellverhalten haben, so bedeutet dies, daß die Simulationsergebnisse weitgehend verläßlich sind."

Dieses Minimalkriterium erlaubt jedoch nicht den Schluß, daß Simulationen insofern gerechtfertigt wären, als andere Größen für das Systemverhalten irrelevant wären. Es überrascht daher nicht, daß in der Alltagspraxis des Umgangs mit Simulationen fast zu jeder vorgelegten Simulation eine Gegensimulation existiert. Wie soll man sich im Expertenstreit dann verhalten?

Im Blick auf dieses Problem wird vielerorts das Verfahren der sogenannten Beweislastumkehrung praktiziert: Wenn gegenläufige Simulationen vorliegen, ist die Simulation mit der negativsten Prognose, also die Simulation, die auf den pessimistischsten Annahmen beruht, so lange zu favorisieren, bis nicht nachgewiesen ist, daß diese Simulation anders ausgefallen wäre, wenn sie die und die zusätzlichen Parameter berücksichtigt hätte oder das und das erweiterte Datenmaterial als Ausgangsbasis benutzt hätte. Es soll also nicht die (nicht praktikable) von Hans Jonas vorgeschlagene Regel gelten, grundsätzlich die negativste Prognose zu favorisieren. Vielmehr ist die negativste Prognosenarchitektur auf der Basis der entsprechenden Simulation zu favorisieren als Ausgangsbasis zur Investition zusätzlicher Parameter und zusätzlichen Datenmaterials, und diese gilt solange, bis nachgewiesen ist, daß sie unter weiteren Daten und Parametern anders ausgefallen wäre. Eine solche Beweislast-Umkehrungsstrategie wird z. B. praktiziert bei den Simulationen über die Zulässigkeit von Schadstoffeinleitungen in das Ökosystem des Nordsee, wie sie vom Deutschen Hydrographischen Institut vorgenommen werden.

Einer anderen Terminologie folgend werden Simulationen oft auch als "Umfeld-Szenarien" beschrieben. Bei gegebenem System werden mögliche Rahmenbedingungen dahingehend untersucht, wie sie die Systemgestalt beeinflussen. Die möglichen Zukünfte, wie sie in solcherlei Simulationen erfaßt werden, können in der Unsicherheit ihrer Abschätzung nur durch eine Orientierung auf kurzfristige Resultate und Zustände relativiert werden. Dabei sind diese Szenarien, wie verschiedentlich zu lesen ist, keineswegs "deskripitiv" in dem Sinne, daß sie ohne normative Festlegungen auskämen: Auswahl und Bewertung der Parameter sowie des Datenmaterials sind durch die Simulation selbst nicht zu korrigieren, sondern nur vorab zu rechtfertigen.

5.2.3 Szenario-Writing

Szenarien im engeren Sinne, sogenannte Systemszenarien, haben die Struktur des Untersuchungsbereichs selbst, des Systems, zum Gegenstand. Sie behandeln also nicht wie die Simulationen Veränderungen innerhalb des simulierten Definitionsbereichs unter hypothetisch variierten Randbedingungen, sondern die Veränderung des Definitionsbereichs selbst. Diese Veränderung, die das Feld der oben erwähnten Metamöglichkeiten ausmacht, hat eine "objektive" und eine "(inter-)subjektive" Seite. Die objektive Betrachtungsweise konzentriert sich auf die Beschreibung von Systementwicklungen (Pfadentwicklungen, Pfadbeschreibungen) alternativer Form unter bestimmten Zielvorstellungen. Die intersubjektive Betrachtungsweise erweitert die Betrachtungsweise auf den Einbezug veränderter Umgangsweisen der Subjekte mit und in einem solchermaßen veränderten Definitionsbereich. Gerade in dieser Hinsicht stoßen Simulationen – abgesehen von ihrer unsicheren Konstruktionsbasis – an ihre Grenzen: Sie können nur in geringem Maße diejenigen Ereignismöglichkeiten berücksichtigen, die durch den Umgang der Subjekte mit bestimmten Innovationen, also die neu entstehenden Handlungsgemengelagen, hervorgerufen werden.

Zur Erfassung solcher möglicher Kontexte dienen die Verfahren des "Szenario-Writing": Hier versucht man, in interdisziplinärer Zusammenarbeit unter Einschaltung von Sozial-, Wirtschafts- und Geisteswissenschaftlern, zukünftige Kontexte zu modellieren, die eine Fiktion der Auswirkungen zukünftiger Innovationen anschaulich werden lassen. Prominente Beispiele für eine solche Szenario-Erstellung sind die Szenarien, die im Zusammenhang mit einer möglichen Einführung der Plutonium-Wirtschaft in der Bundesrepublik in Auftrag gegeben wurden. Interessanterweise harmonierten die Befunde des "alternativen" Öko-Instituts mit denen der als "konservativ" geltenden KFA Jülich. Beide kamen zu dem Ergebnis, daß die Einführung der Plutonium-Wirtschaft mit den Standards der freiheitlich-demokratischen Grundordnung aufgrund der erhöhten Sicherheits- und Kontrollerfordernisse nicht vereinbar sei. Ein prominentes Beispiel für das Fehlen entsprechender Szenarien wird ersichtlich, wenn man Überlegungen über die umweltentlastende Wirkung der Einführung des Katalysators anstellt. Die objektiv schadstoffmindernde Wirkung des Katalysators wird – wie bereits erwähnt – kompensiert durch eine radikale Veränderung des Umgangs mit dem Automobil, so daß vorab festzustellen gewesen wäre, daß der Schadstoffausstoß nicht verringert, sondern sogar linear erhöht wird, weil die voranliegenden Spar- und Zurückhaltungsstrategien im Umgang mit dem Automobil nicht mehr gefragt sind. Die Entwicklung von Magermotoren und die Reduzierung des Einsatzes von Automobilen wurde zurückgestellt zugunsten einer Favorisierung starker Maschinen mit seit 1980 wieder konstant steigendem Kraftstoffverbrauch.

Szenarien spielen eine große Rolle bei Überlegungen über die Gestaltung zukünftiger technischer Systeme. So beschäftigt das japanische MITI, das Koordinationsministerium für die Industriepolitik, zu zwei Dritteln Sozial- und Geisteswissenschaftler zur Erfassung der Auswirkungen von Techniken, die allererst gestaltet werden sollen.

Strategien der Gestaltung zukunftsfähiger Technologien hängen in hohem Maße davon ab, mit welchem Bewußtsein und unter welchen Werten die Verbraucher mit ihnen umgehen. Auch aus dieser Perspektive ergibt sich die Notwendigkeit des Einbezugs einer sogenannten "subjektiven" Risiko- und Nutzenerfassung. Oftmals können auf den ersten Blick und kurzfristig wirkende Reparaturtechniken sich langfristig nachteiliger auswirken als ihre Unterlassung. Dies gilt zum Beispiel für kurzfristig gedachte Techniken zum Krisenmanagement der Müllproblematik, wie etwa die "Grüne-Punkt-Strategie", das duale System der Entsorgung. Im günstigsten Falle reduziert diese ab 1995 den Hausmüll-Anfall um 25%, verhindert jedoch, daß die Mehrwegverpackungen sich durchsetzen und sich eine notwendige Veränderung des Bewußtseins der sie verwendenden Subjekte weiter verbreiten kann. Die Verantwortungsabschiebung wird in vielen Fällen durch das Kurieren an Symptomen eher gefördert, als daß hier durch irgendwelche langfristig zu Gratifikationen führende Maßnahmen Lösungen erzielt würden (fehlende Amortisation von Mülleinsparungstechnologien, neuer Anfall von Transportkapazitäten, Energieverbrauch etc.).

Die Beispiele sollten nicht so verstanden werden, als handelten sie von Veränderungen innerhalb eines Systems. Vielmehr liegt ihre Spezifik darin, daß grundlegende Parameter und Gestaltungsgrößen selbst verändert, neu eingeführt oder eliminiert werden. Abfall und Rohstoff verändern sich in ihrer Begrifflichkeit, d. h. es werden unter ihnen neue Entitäten identifiziert. Dasselbe gilt für Systemszenarien, die in noch größerem Rahmen "Information", "Kommunikation", "Mobilität", "Gesundheit", "Umwelt", "Evolution" thematisieren (vergl. hierzu Kap. 9.3, die Dritte Testfrage; das vorige zusammenfassend: Abb. 14).

5.2.4 Technikinduzierte versus probleminduzierte Technikfolgenabschätzung

Im Blick auf das bisher Gesagte wird eine eingeführte und beliebte Unterscheidung problematisch. Sie unterteilt die Strategien der Technikfolgenabschätzung in solche, die ein technisches Konstrukt zum Ausgangspunkt nehmen und dessen Folgen diskutieren, besser: die Folgen seiner Verwendung, des Umgangs mit ihm, und in solche, die von einer Problemstellung ausgehend mögliche Techniken hinsichtlich ihrer Funktionserfüllung prüfen. Diese Unterscheidung geht parallel zu derjenigen zwischen Simulation und Szenario (bzw. Umfeld- versus Systemszenario), deskriptiver versus normativer Fragestellung, kurzfristiger versus langfristiger Orientierung.
Die Gleichsetzungen:

technikinduziert – deskriptiv – qua Umfeldszenario – kurzfristig /
probleminduziert – normativ – qua Systemszenario – langfristig

lassen sich jedoch nicht nur im Blick auf die zugestandenen fließenden Grenzen und Übergänge problematisieren.

Denn in beide Fragestellungen fließen bereits normative Vorannahmen ein, die die Definition der in der Fragestellung verwendeten Begriffe betreffen (z. B. ob ich Folgen für die "Mobilität" unter der Definition "viele Ziele in vertretbarer Zeit zu erreichen" (B.U.N.D.) oder "ein Ziel in möglichst kurzer Zeit zu erreichen" (ADAC) erfasse, wie es sich beim Vergleich von unterschiedlichen Verkehrsträgern als Leitvorstellung offenbart). Ferner ist bei beiden Fragestellungen das Spannungsfeld zwischen kurzfristigen Effekten und deren langfristigen Garantiebedingungen in gleicher Weise zu reflektieren. Überdies tauchen in beiden Problemfeldern sowohl hypothetische als auch Metamöglichkeiten auf, was die Investition der entsprechenden Methoden in beiden Fällen verlangt. Und schließlich spielt für beide Bereiche der Stand der Datenerfassung – die "deskripitive Dimension" – eine tragende Rolle. Szenarien ohne deskriptive Basis sind leer, Simulationen ohne normative Orientierung sind blind. So bleibt als Unterscheidungskriterium letztlich die unterschiedliche Wahl der Betrachtungsperspektive, die ihrerseits rechtfertigungsbedürftig ist angesichts der Situation, daß ein deutlicher Überhang an technikinduzierten Analysen gegenüber den probleminduzierten besteht, und ein Uto-

TFA
induktiv
Schaden-/Nutzenerfassung statistisch
Schwachstellen-/Ausfallanalyse
real mögliche Folgen
deduktiv
Fehlerbaumanalyse
Simulation
hypothet. mögliche Folgen
Szenario-Writing
Metamöglichkeiten

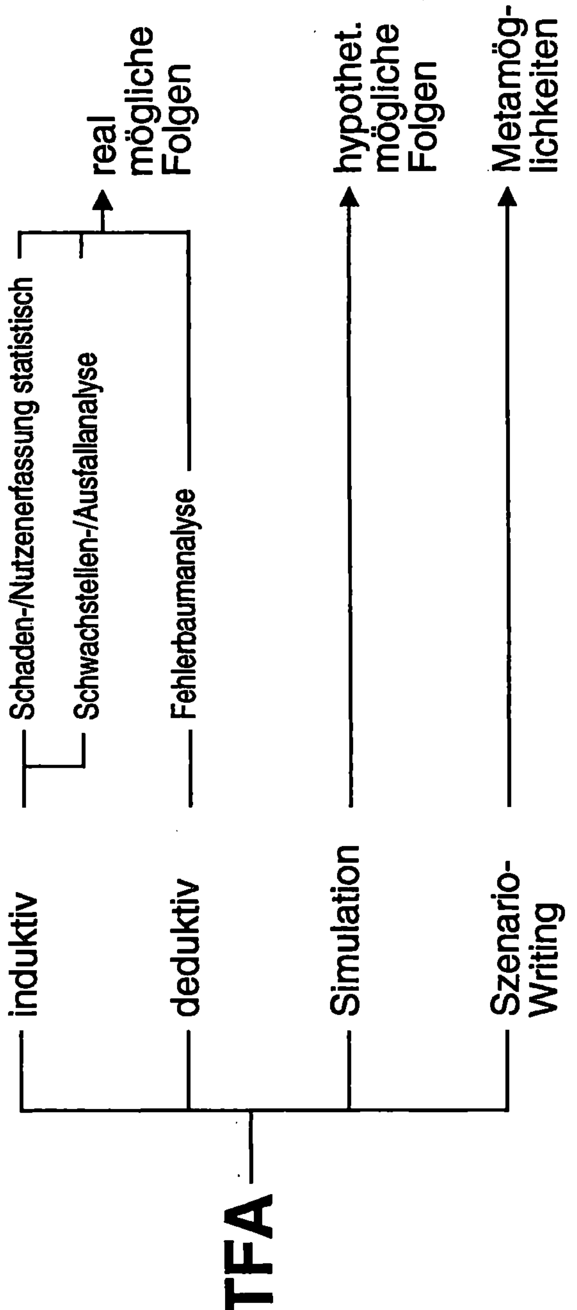

Abb. 14

pieverlust dadurch verstärkt wird, daß man "harten deskriptiven" Methoden vertraut, die ihre normativen Voraussetzungen dennoch implizit und damit oft undiskutiert mit sich führen.

5.3 Risiko und Sicherheit aus philosophischer Sicht

Wer aus philosophischer Perspektive das Thema "Risiko und Sicherheit" angeht, läuft leicht Gefahr, als Dogmatiker oder Verharmloser eingeschätzt zu werden. Zu groß ist die begriffliche Unsicherheit; entsprechend weit gestreut sind die Risikobegriffe, denen jede Risikoabschätzung folgt; zu wechselvoll ist die Geschichte des Verlangens nach Sicherheit. Der Gegenstandsbereich scheint sich philosophischer Normierung zu sperren.

Es waren noch – im Blick auf diese Problematik – "schöne Zeiten", als der Umgang mit Technik im einfachen Gebrauch von Werkzeugen lag:

> "Wenn Du ein neues Haus baust, sollst Du durch die Dachterrasse eine Brüstung ziehen. Du sollst nicht dadurch, daß jemand herunterfällt, Blutschuld auf Dein Haus laden." (5. Buch Moses, 22, 8)

Die Folgen sind klar, die Sicherheitsvorschrift ist evident. Dies schien auch der Fall zu sein, als die Einschätzung der Technikfolgen scheinbar so einfach war wie 1556, als einer der angesehensten Naturforscher, Georg Agricola, folgendes schrieb:

> "Durch das Schürfen nach Erz werden die Felder verwüstet,... Wälder... werden umgehauen, denn man bedarf zahlloser Hölzer für die Gebäude..., sowie um die Erze zu schmelzen. Durch das Niederlegen der Wälder... aber werden die Vögel und andere Tiere ausgerottet, von denen sehr viele den Menschen... als Speise dienen. Die Erze werden gewaschen. Durch dieses Waschen aber werden, weil es die Bäche und Flüsse vergiftet, die Fische entweder aus ihnen vertrieben oder getötet. Da also die Einwohner der betreffenden Landschaften infolge der Verwüstung der Felder, Wälder, Haine, Bäche und Flüsse in große Verlegenheit kommen, wie sie die Dinge, die sie zum Leben brauchen sich verschaffen sollen , und da sie wegen des Mangels an Holz größere Kosten zum Bau ihrer Häuser aufwenden müssen, so ist es vor aller Augen klar, daß bei dem Schürfen mehr Aufwand entsteht, als in den Erzen, die durch den Bergbau gewonnen werden, Nutzen liegt."[10]

Wir teilen diese frühe Technikfolgenabschätzung und -bewertung wohl kaum, weil wir den Kreis der Betroffenen größer einschätzen, weil unsere Naturbilanz anders ausfällt – Natur ist nicht bloß ein regionaler Nahrungslieferant –, und weil für uns das Risiko, das Schürfen zu unterlassen, bereits jenseits der Kalkulierbarkeit liegt.

Eine wesentlich differenziertere Problemsicht, die das Risiko sieht, aber kompensatorische Maßnahmen fordert, spiegelt sich hingegen in einem Beitrag der Zeitschrift für Landwirte von 1850. Im Blick auf eine Anlage in Lothringen heißt es dort:

> "Nach der Richtung des Windes bemerkt man schon in der Entfernung von einer halben Stunde von der Fabrik einen durchdringenden Geruch von schwefeliger

---

[10]G. Agricola, De re metallica, dt. Ausg. München 1977, S. 6.

Säure, Salzsäure und Steinkohlenrauch, welcher die Luftröhre reizt und Husten erregt. Im ganzen und von der Ferne betrachtet scheinen die Ländereien zwar frisch und grün, untersucht man sie aber in der Nähe im einzelnen, so findet man ganze Strecken... nackt und unfruchtbar....Von den noch vorhandenen Bäumen sterben jährlich eine Menge ab... Selbst die Gebäude werden durch die Einwirkung der sauren und scharfen Dämpfe angegriffen und zeigen nur eine kurze Dauer; was von Eisen und Zink daran ist..., ist in kurzer Zeit zerfressen, der Bewurf und Anstrich in kurzer Zeit zerstört.... Jedenfalls erhellt aus diesen Tatsachen die Notwendigkeit, bei der Erteilung der Erlaubnis zur Anlegung neuer Fabriken, welche schädliche Dämpfe verbreiten, mit großer Vorsicht zu Werke zu gehen, mindestens so lange, bis Mittel gefunden sein werden, um das Entweichen dieser Dämpfe und Gase zu verhindern, deren Anwendung dann natürlich den Fabriken zur strengsten Pflicht gemacht werden müßte."[11]

Aber auch in jüngster Zeit finden wir genügend Schadensfälle, z. B. das Unglück von 1987, als der 70-Tonnen-Turbinenrotor des Dampfkraftwerks Irsching trotz Überschallprüfung, Tests mit 25% Überdrehzahl, fünfzehnjährigen kontrollierten Einsatz, der durch Probeläufe immer wieder überwacht wurde, "spontan" zerbrach und tonnenschwere Bruchstücke bis 1,3 km weit geschleudert wurden. Der Sachschaden betrug 25 Mio. DM – ein zu akzeptierendes Restrisiko?[12]

Unter vier philosophischen Gesichtpunkten wäre die Risikodebatte zu bearbeiten:

— dem der begrifflichen Unsicherheit, die reflektiert werden muß,
— dem der verbreiteten Unterschätzung der subjektiven Risikobetrachtung,
— dem der Sicherheitsphilosophie als problematischer "Reparaturethik" und
— dem der daraus resultierenden Neuartigkeit des Verantwortungsproblems (s. Kap. 6).

5.3.1 Die begriffliche Unsicherheit

Risiko, Gefahr, Sicherheit, Restrisiko sind "gespaltene Persönlichkeiten". Bereits die Begriffsquelle ist eine doppelte: Zum einen wird Risiko zurückgeführt auf griech. "riza", Wurzel, Basis, arab. "risq", göttlich Gegebenes, Schicksal, Lebensunterhalt. Es ist diejenige objektive Mischung aus Positivem und Gefahr, *in der wir uns schon immer befinden*. Zum anderen wird Risiko auf lat./ital. "risko", das Umschiffen einer Klippe, zurückgeführt. Risiko ist dann *menschlich Produziertes*; es entsteht bei dem Versuch, einer Gefahr auszuweichen, die vielleicht vermeidbar wäre. Der Systemtheoretiker Niklas Luhmann hat ein schon fast karikiert-überzeichnetes Beispiel für die Fassung dieses *Risikobegriffs* geliefert:

"Nehmen wir das Beispiel eines Regenschirms. Vor der Erfindung des Regenschirms gab es die Gefahr, naß zu werden, wenn man rausging. Es war gefährlich rauszugehen. Normalerweise hatte man in dieser Situation nur ein Gefahrenbewußtsein, kein Risikobewußtsein, weil es praktisch nicht in Betracht kommt, wegen der Möglichkeit, daß es regnen könnte, immer zu Hause zu bleiben. Das Wissen entwickelte sich als Wetterkunde, man·verfeinerte seine Orientierung in Richtung

---

[11]Zs. für deutsche Landwirthe 1, 1850, S. 74.
[12]Der Maschinenschaden, Fachzs. für Risikotechnologie, 1988/H. 2, S. 58-60.

auf Indikatoren der Gefahr. Durch die Erfindung des Regenschirmes wurde das grundlegend anders. Man kann jetzt überhaupt nicht mehr risikofrei leben. Die Gefahr, daß man naß werden könnte, wird zum Risiko, das man eingeht, wenn man den Regenschirm nicht mitnimmt. Wenn man ihn aber mitnimmt, geht man das Risiko ein, ihn irgendwo liegen zu lassen."13

Erst der Mensch produziert diese Risiken, und er ist dann auch voll für sie verantwortlich. Jene Doppelung setzt sich im Begriff 'Wagnis' fort:

Entweder bestimmt man als Wagnis die subjektive Einschätzung eines *gegebenen* Risikos (indem man zum Risiko den sogenannten Aversionsfaktor dazunimmt). Oder man sagt, daß ein Risiko erst durch die Übernahme eines Wagnisses *zustande kommt*, das Wagnis ist dann gemacht, Resultat der Handlung des Etwas-Wagens.

Analog hierzu ist auch der Begriff des 'Restrisikos' mit jener "Schizophrenie" behaftet: In der ersten Tradition unserer gespaltenen Persönlichkeit wird das Restrisiko als das *objektiv unwägbare, gegebene* Risiko interpretiert – BVerfG 1978,14 also die nicht beherrschbare und verantwortbare Dimension, es wird mit Gefahr gleichgesetzt. Demgegenüber sprechen andere davon, daß als Restrisiko dasjenige Risiko aufzufassen ist, das als *Grenzrisiko* akzeptiert wird, als größtes noch hinzunehmendes Risiko (DIN 31004), jenseits dessen Gefahr besteht, die auszuschließen sei.

Konsequenterweise setzt sich jene Doppelung in den Begriffen der 'Gefahr' und der 'Sicherheit' fort: Gefahr wird aus der Perspektive des Risikos als hergestellten menschlichen Produkt als das Risiko betrachtet, das größer ist als das Grenzrisiko – Gefahr also als *übergroßes Risiko*. Aus der anderen Perspektive wird Gefahr als *natürliche* Grundbefindlichkeit des Menschen gedeutet, in der Terminologie des BVerfG auch als Gefahrenpotential, Naturgefahr (vergl. die Fassung bei Niklas Luhmann). Das erinnert an die Geschichte des Ortes Vernon in New Jersey/USA: Die natürliche Radonbelastung liegt dort weit über den Grenzwerten und wird von der Bevölkerung hingenommen, trotz aller Warnungen. Als man, diese Situation ausnützend, dort eine Deponie für schwach radioaktive Abfälle errichten wollte, die die Belastung nur um einen Bruchteil erhöht hätte, wurde dies von der Bevölkerung verhindert mit dem Argument, hier würde ein unzumutbares zusätzliches Risiko produziert.

Schließlich – letztens – finden wir zwei Sicherheitsbegriffe, die die Spuren dieses Doppellebens aufweisen: Definiert man Sicherheit als "Freiheit von *Gefahr*" (Oxford Dictionary), so dürfte es, dem umfassenden Gefahrenbegriff zufolge, nie Sicherheit geben, sehr wohl aber aus der Perspektive des Ausschlusses eines übergroßen Risikos. Demgemäß definiert der ISO/IEC Guide Sicherheit als Freiheit von *unakzeptablen Risiken*. Dies prägt auch die T.Ü.V. Kennzeichnung "geprüfte Sicherheit".

Dies erklärt, warum so viele Risikodebattierer aneinander vorbeireden. Dazu ein Beispiel: Die WHO legt den Grenzwert der Jod 131-Belastung für Milch auf 2000 Beq./L fest. Vergleichsbasis sind die anderen Risiken, die wir in dieser Hinsicht eingehen. Die hessische Landesregierung legte den Wert auf 20 Beq./L fest, was

---

13N. Luhmann, Die Welt als Wille ohne Vorstellung. Sicherheit und Risiko aus der Sicht der Sozialwissenschaften, in: Die politische Meinung Nr. 229, S. 226 ff.
14BVerfG, Beschl. v. 8. 8. 1978, BVerfGE 49, S. 89 ff.

bedeutet, daß man 70 Liter Hessenmilch pro Woche trinken müßte, um die Belastungswerte zu erreichen, die die natürliche Atemluft in Wohnbauten durchschnittlich aufweist. Die Belastung wird hier als Gefahr gedeutet, die neben dem sowieso bestehenden Risiko nicht zusätzlich eingegangen werden soll. Die Gegner dieser Position vollziehen einen Risikovergleich auf der Basis des anderen Risikobegriffs, dem des immer vorliegenden Risikos. In den unterschiedlichen Strategien der Grenzwertfestlegung unter Vorsorgegesichtspunkten oder Gefahrenabwehr (übergroßes Risiko) spiegeln sich diese Gesichtspunkte.

Welcher Begriffstradition sollte man sich anschließen? Aus philosophischer Perspektive liegt eine Antwort nahe, die sich darauf stützt, daß wir von der Welt nur kennen, was wir *handlungsmäßig* erschließen – also alle Begriffe *handlungsstrategisch* interpretiert als Bezeichnungen für Handlungen oder deren Resultate. Eigenschaften der "Natur" sind in dieser Sicht Resultate des experimentellen, technischen etc. Umgangs mit ihr, keine Eigenschaften "an sich". Bezogen auf unsere Kandidaten bedeutet dies, daß Risiken als hergestellte, eingegangene gesehen werden sollten, denen das jeweilige Wagnis zugrunde liegt. Gefahr erscheint als das Risiko, das wir nicht mehr akzeptieren wollen, Sicherheit als Freiheit von nicht akzeptierbaren Risiken, geprüfte Sicherheit.[15] Die Redeweise von Naturgefahren als Gefahrenpotential ist selber gefährlich: Was ist das Gefahrenpotential des Feuers, des Wetters, des Wassers konträr zum Gefahrenpotential einer Schachtel Streichhölzer in falschen Händen, einer Bergwanderung in falscher Kleidung, einer Kanalisierung, die flußabwärts Überschwemmungen begünstigt? Dennoch darf die erste Auffassung eines objektiven, gegebenen Risikos (analog des ungekannten Restrisikos, des Gefahrenpotentials bzw. der Sicherheit als Freiheit von Gefahr) nicht wegdefiniert werden. Sie prägt vielmehr – absurd auf den ersten Blick – die *subjektiven* Risikoauffassungen.

Die Alten nahmen die natürlichen Gefahren klaglos hin – Schicksal. Je mehr wir unsere Lebensgewohnheiten selbst produzieren, um so weniger sind wir geneigt, die produzierten Risiken klaglos hinzunehmen, erst recht, wenn wir Risiken produzieren, die unrevidierbar sind, die also nicht mehr in produzierte/geprüfte Sicherheit rückführbar sind.[16]

Unser persönlichkeitsgespaltener Kandidat wird also sozusagen einer Therapie unterzogen. Aber, wir werden sehen, er rächt sich. Denn allzu optimistisch ist es zu glauben, daß wir, wenn wir die Risiken produzieren, sie auch objektiv bestimmen könnten. Abhängig von der Homogenität der Schäden, ihrer möglichst hohen Anzahl, die beobachtbar ist, also der Annahme, die Welt sei gleichförmig, werden Risiken eingeschätzt, festgestellt, berechnet. Andere Zugangsweisen werden in den Bereich der "Subjektivität", der subjektiven Risikoeinschätzung, verbannt.

Die zunehmende Einsicht über das chaotische Verhalten von Systemen hat diese Einsicht relativiert.[17] Auf diese komplexe Diskussion können wir allerdings im

---

[15]Vergl. Chr. Hubig, "Pragmatismus", in: Staatslexikon, Bd. 4/1988, Sp. 518-522.

[16]Das "Irreversibilitätsproblem" beherrscht zentral die technikethische Diskussion, vergl. R. Spaemann, Technische Eingriffe in die Natur..., in: D. Birnbacher(Hrsg.), Ökologie und Ethik, Stuttgart 1986, S. 180-206.

[17]Zur Einführung: H.-O. Peitgen/P. H. Richter, The Beauty of Fractals, Berlin/New York 1986, sowie: J. Briggs, F. D. Peat, Die Entdeckung des Chaos, München 1990 — Konsequenzen für die TFA sind erst zu eruieren.

Rahmen dieses Leitfadens nicht weiter eingehen. Aber auch aus der Perspektive der Verfechter einer subjektiven Risikobetrachtung ist jene Einstellung zu relativieren. Aus der subjektiven Perspektive der Betroffenen erscheint oft dasjenige als "Gefahr", was aus der Sicht der Kalkulierenden ein "Risiko" ist. Daraus resultiert eine globale Unterschätzung der subjektiven Risikobetrachtung, polemisch: die These von der Prinzessin auf der Erbse, wie oft der subjektive Umgang mit Risiken charakterisiert wird.

5.3.2 Subjektive Risikoeinschätzung

Die objektive Risikoeinschätzung kann auf die bewährten Methoden der Schadensstatistik, der Ausfallanalysen, der Fehlerbaumanalysen etc. zurückgreifen. Die Bewertung dieser Risiken obliegt in den meisten Fällen der Exekutive und Gerichtsbarkeit, da der Gesetzgeber nur Generalklauseln vorgibt.

Daneben fristet die subjektive Risikobetrachtung ihr außertechnisches, oft außerparlamentarisches Dasein, allenfalls als Gegenstand neugieriger Psychologie. Daß die Sensitivität für Risiken steigt, die Angst also, je sicherer die Verhältnisse sind, in denen wir leben, wird bemerkt und vorgehalten. Zeiten großer Unsicherheit relativieren das jeweilige Plus an Risiken, die zusätzlich in Kauf genommen werden sollen – der "Prinzessin-auf-der-Erbse-Effekt" tritt nur in sicheren Zeiten auf.

Trifft diese Diagnose zu? Im Blick auf die durchschnittliche Lebenserwartung leben wir in sicheren Verhältnissen. Aber die Schadens*ausmaße* produzierter Risiken (Havarien etc.) steigen beständig. Und die produzierten Risiken durch Emissionen und Abfälle bringen uns immer mehr auf die Schiene irreversiblen Handelns, zeitigen Effekte (Klima, Endlagerung), die absehbar nicht mehr beherrschbar sind.

Bezogen auf die *Handlungs*strategien *sind Schadensausmaße (oder entgangener Nutzen) die wichtigere Kalkulationsgröße als die Schadenswahrscheinlichkeit.*

Bei einer Auszahlung von 1,- DM und einem Lospreis von 0,50 DM gehen die meisten gerne das Risiko ein. Bei gleicher objektiver Gewinn- und Verlustwahrscheinlichkeit und einer Auszahlung von 1 Mio. DM bei einem Lospreis von 500.000,- DM wird die Risikoaversion höher sein. Was ist daran "subjektiv"? Handlungsrational ist dies sehr gut begründet: Denn der mögliche Schaden als direkte Folge stellt in diesem Fall unsere gesamte ökonomische Kompetenz in Frage. Allgemeiner: Hohe Schadensausmaße haben die unangenehme "Neben-"folge, daß sie nicht nur einen konkreten Verlust, ein Leid darstellen, sondern auch unsere Handlungsfähigkeit, unsere Handlungskompetenz selbst verletzen oder vernichten, uns unter weitreichende "Sachzwänge" setzen etc.. Was ist an der Aversion gegenüber hohen Schadensausmaßen also subjektiv? Die scheinbar "objektive" Fassung des Risikobegriffs als Produkt von Schadenswahrscheinlichkeit und Schadensausmaß erlaubt, hohe Schäden mit minimaler Auftrittswahrscheinlichkeit gegen geringe Schäden mit hoher Wahrscheinlichkeit aufzurechnen. Dies ist unter handlungsstrategischen Gesichtspunkten jedoch nicht begründbar.

Sehen wir uns weiter verbreitete Kritikpunkte an der subjektiven Risikobetrachtung an.

"Unterbewertet" würden

— gewohnte Risiken (Verkehrsteilnahme)
— schleichende Risiken (Rauchen)
— Gruppenrisiken gleichgesinnter Leute (Bergwanderung)
— aktive Wagnisse (Autofahren)
— gut wahrnehmbare Risiken (Staubemission)
— persönliche Risiken bei gleichzeitigem Nutzen (Antibiotika).

"Überbewertet" würden

— unsichtbare Risiken (Strahlung, Elektrizität)
— passive Betroffenheitsrisiken (Asbest in Büroräumen)
— Risiken in gemischten Gruppen (im Blick auf das schwächste Glied)
— Großschadensereignisse (Flugzeugunglücke, Chemielagerbrände)
— öffentliche anonyme Risiken (Aufrüstung).

Bezogen auf den objektiven Risikobegriff als Produkt von Schadenshöhe und Auftrittswahrscheinlichkeit ist diese Kritik sicherlich berechtigt.

Aber sind nicht die scheinbar "unterschätzten" Risiken solche, die leichter handhabbar sind, wegen ihrer Zugänglichkeit und Erfahrbarkeit, freien Wählbarkeit, Auffangmöglichkeit und Kompensationsmöglichkeit in Solidargemeinschaften oder ihrer erst allmählichen Entwicklung und Revidierbarkeit – abgesehen von begleitenden Nutzen? Und sind nicht die "überbewerteten" Risiken in der Regel gerade diejenigen, die eine direkte handlungsmäßige Reaktion auf sich verhindern oder nicht erlauben, weil schwierig wahrzunehmen, ohne Einflußmöglichkeit der Betroffenen, ohne Einbettung in eine Solidargemeinschaft, oft mit irreversiblen Effekten und Schadensausmaßen, die eine Kompensation für den einzelnen nicht gestatten, vom entgangenen Nutzen ganz zu schweigen? *Die soziale Dimension von Risiken ist nicht auf "Subjektivität" abzubuchen.* Natürlich erhöht Tschernobyl nach vorsichtiger Schätzung das individuelle objektive Krebsrisiko nur um 0,02%. Aber wer möchte einer der – vorsichtig geschätzt – 28.000 (zusätzlichen) Krebstoten in der Bundesrepublik (alt) sein? Jetzt erfolgt in der Regel der Hinweis auf die akzeptierten 10.000 Verkehrstoten pro Jahr. Wer akzeptiert sie? Sie werden individuell produziert, in ihrer Gesamtheit nichtintentional. Eine Regierung, die nachweislich effektive Maßnahmen zu ihrer Minderung unterläßt (z. B. um eine sonst angeblich geschädigte Wettbewerbsfähigkeit der Autoindustrie im Ausland zu erhalten) steht unter einem nicht einlösbaren Rechtfertigungsdruck, wird also sittlich schuldig.

Die subjektive Risikoerfassung läßt sich nicht auf den Nenner bringen, neben der objektiven Risikobeschreibung deren zusätzliche *Bewertung* zu sein. Vielmehr führt sie zusätzliche Faktoren ins Feld, die den Risikobegriff *selbst* kennzeichnen, insbesondere solche der sozialen Dimension. Dies kann sich positiv auswirken, aber auch zu berücksichtigende negative Wirkungen haben, so bei den unterschätzten Risiken des Individualverkehrs, wo ökonomisch quantifizierbare Kosten (Unfallmedizin, Naturschäden) auf die anonyme Allgemeinheit abgeschoben werden. Solche Prozesse charakterisieren aber in jedem Fall essentiell das jeweils behauptete oder abgestrittene "Risiko".

Der Züricher Sozialphilosoph Hermann Lübbe und der Gießener Kulturphilosoph Odo Marquard haben beständig darauf hingewiesen, daß die Verluste an direkter lebensweltlicher Erfahrung angesichts der beschleunigten technischen Entwick-

. lung zu einer Art "Dauerverkindlichung" (Marquard) des Menschen führen.[18] Man wird immer abhängiger von Expertenvoten. Die sogenannte subjektive Risikobetrachtung ist ein Korrektiv hierfür.

5.3.3 Sicherheitsphilosophie

Wie muß eine Sicherheitsphilosophie aussehen, die sich diesen Anforderungen stellt?

Man sollte sich von dem verabschieden, was allgemein als Restrisikophilosophie und in einem Zuge damit eben als Reparaturethik zu bezeichnen ist. Denn die Reparatur (i.w.S.) muß auf das angebliche Restrisiko reagieren, wenn es anfällt. Natürlich gibt es keine Risikofreiheit. Es geht hier um die Auseinandersetzung mit einer Haltung, die das Restrisiko nicht als letztes Übel sieht, sondern als Begründungsbasis adelt.

Nehmen wir an, eine Schadensquelle weise ein Großunfallwahrscheinlichkeit von 1/10.000 pro Jahr auf – Restrisiko. Bei 1000 Quellen dieser Art bedeutet dies bereits, daß die Wahrscheinlichkeit, daß es in den nächsten 10 Jahren zu einem Großunfall kommt, bereits 63% beträgt, obwohl doch jede Quelle nur alle 10.000 Jahre havariert. Da durch solche Mißverhältnisse der Unsicherheitsspielraum der Kalkulation immer größer wird, greift man zu reparaturethischen Legitimationen. Solidargemeinschaften, Haftungskartelle u. a. werden gebildet; Schadensreparatur ersetzt eine radikalere Vorsorge. Berüchtigstes Beispiel – fast schon Karikatur – war der bereits erwähnte Ford-Pinto-Skandal: Die ökonomisch attraktivere Tankkonstruktion am Heck des Wagens wurde einer alternativen Konstruktion vorgezogen, in bewußter Inkaufnahme des Restrisikos von zusätzlichen 9000 Verkehrstoten (in 4 Jahren) und explizit gewollter und zugestandener Haftungsübernahme durch den Konzern. Der Schaden schien reparabel.[19]

Solidar- und Haftungsgemeinschaften überhaupt – und das sollten auch die Befürworter einer Umwelthaftung bedenken – belasten diejenigen, die Vorsorge treffen (Beispiel Gesundheit) und machen das Zulassen von Schäden attraktiv, sowohl für den Verursacher als auch für die, die die Schäden reparieren, wie der Blick auf das Krankenversicherungssystem verdeutlicht. Es ist eine alte systemtheoretische Erkenntnis, daß Systeme sich selbst zu stabilisieren trachten: Ein Haftungs- und Reparatursystem begünstigt Schadensfälle, weil es dadurch sich selbst stabilisiert. Für solche Systeme ist das Denken in Alternativen eher gefährdend, weil destabilisierend.

Das Unvermögen, in Alternativen zu denken, ist das Haupthindernis vernünftiger Vorsorge. Die Sachzwänge werden verwaltet und fortgeschrieben. Hingegen ist Vorsorge oft auch ökonomisch attraktiver. Ein durchschnittlicher Raucher spart mit seinem Verzicht 4000,- DM pro 1% gestiegene Lebenserwartung. Ein Notarztwagen (berechnet pro 10.000 Einwohner) hingegen kostet 500,- DM pro 1%

---

[18]O. Marquard, Abschied vom Prinzipiellen, Stuttgart 1986; H. Lübbe, Der Lebenssinn der Industriegesellschaft, Berlin 1990.

[19]s. o. Kap. 4.1.2.

gestiegene Lebenserwartung der potentiell Betroffenen – auf ökonomischem Feld sind solche Aufrechnungen angebracht.[20]

'Die Festschreibung solcher Ist-Zustände im Rahmen der Restrisikoargumentation wird aber gefährlich, wenn sie auch noch philosophisch verbrämt wird. So formulierte Carl Friedrich Gethmann den Imperativ:

> "Nimm diejenigen Risiken in Kauf, die gleich dem Risikomaß sind, auf das Du Dich durch die Wahl Deiner Lebensform schon eingelassen hast."[21]

Das bedeutet, daß sich die Restrisikoübernahme perpetuieren muß, also z. B. daß ein Raucher nicht Kernkraftgegner sein darf. Es bedeutet auch, daß jemand, der irgendwann auf einem bestimmten Feld einen Nachteil (oder seinen Tod) riskiert hat, dies überall tun muß – und das Recht okkupiert, dieses Risiko auch anderen (bis hin zu künftigen Generationen) zuzumuten. Das Verallgemeinerungsprinzip selbst, das das unumgängliche Übel des Restrisikos zu einer Argumentationsbasis erhebt, bleibt unbegründet.

Hingegen formuliert das Bundesverwaltungsgericht 1985 unter dem Titel "Besorgnispotential", daß eine Pflicht zur Vorsorge besteht, wenn eine befürchtete Schädigung nicht ausgeschlossen werden kann. Das bedeutet Beweislastumkehrung.[22] Allgemein faßte die EG-Kommission jene Blickrichtung in der Formulierung, daß eine "europaweite Strategie entstehen soll, die ... über die bloße Reaktion auf Notsituationen weit hinausgeht, indem sie auch auf die Vorhersage, die Verhütung und die Frühwarnung (...) sich erstreckt."[23] (vergl. hierzu das oben im Kap. "Simulation" Gesagte).

Was bedeutet dies nun für die Verantwortung, die der einzelne, der Unternehmer, der Ingenieur, der Wissenschaftler, der Richter, der Politiker etc. zu tragen hat?

Der Verantwortungsübernahme im Blick auf risikoarme Technikgestaltung stehen viele Hindernisse im Wege. Die hochentwickelte Arbeitsteilung läßt den einzelnen Spezialisten oft die Gesamtfolgen nicht mehr überschauen. Das Zusammenwirken der verschiedensten Kräfte zeitigt Effekte, die niemand wollte.[24] Die Zwänge des Marktes verhindern oft langwierige und kostenaufwendige Technikfolgenabschätzung,[25] lassen Ressourcenschonung bei billigen Rohstoffen ins Hintertreffen geraten,[26] machen die Entwicklung von Recycling-Verfahren abhängig von den jeweiligen wirtschaftlichen Konstellationen. Insbesondere weil die Internalisierung der externen Kosten (Umweltschäden, Transportsicherstellung etc.) noch

---

[20]Zf. G. Hosemann, Gefahrenabwehr und Risikominderung als Aufgaben der Technik, in: ders. (Hrsg.), Risiko in der Industriegesellschaft, Erlangen 1989, S. 102.

[21]C. F. Gethmann, Ethische Aspekte des Handelns unter Risiko, in: VGB Kraftwerkstechnik H. 12,67 (1987), S. 1135.

[22]BVerwG., Urt. v. 19. 12. 1985, BVerwGE 72, 300 ff.

[23]Kommission der Europäischen Gemeinschaften: Stichwort Europa, Brüssel 1988, S. 6.

[24]Vergl. H. Lenk/M. Mahring, Verantwortung und soziale Fallen, in: Ethik und Sozialwissenschaften 1 (1990) H. 1, S. 49-56.

[25]Vergl. D. Klumpp, Technikfolgenabschätzung..., in: M. Mai, Sozialwissenschaften und Technik. Beispiele aus der Praxis, Frankfurt/M. 1990, S. 45-83.

[26]Vergl. die derzeitigen Planungen der Fraunhofer-Gesellschaft zu den einschlägigen Forschungsvorhaben (DER TAGESSPIEGEL Nr. 13786, S. 9).

nicht weit gediehen ist, fehlen die ökonomischen Anreize für eine umfassende Sicherheits- und Vorsorgetechnik. Ausnahmen bestätigen die Regel: Sicherheits- und Umweltschutztechnologien stoßen in Marktlücken vor, ökologisch sinnvolle Technik läßt sich – gerade im Blick auf langfristige Amortisation – gut verkaufen (Man denke z. B. an die ungebleichten Kaffeefilter, oder – allgemein – an die Tatsache, daß der Dow-Jones-Index von ökologisch orientierten Firmen in den USA in den letzten zehn Jahren im Verhältnis zur durchschnittlichen Steigerung von 55% um 240% gestiegen ist.).[27]

Aber selbst wenn jemand guten Willens ist – trotz aller Restriktionen – scheint er daran zu scheitern, daß der Wertepluralismus offenbar eine eindeutige Orientierung nicht gestattet, das pragmatische Abwägen sich oft über Prinzipien hinwegsetzen muß und die Technikethik keine "Entscheidungssoftware" oder Blaupause für Planungen liefert.

Angesichts dieser desolaten Situation ertönt der Ruf nach Institutionen. (Carl Friedrich von Weizsäcker fordert entsprechend "objektiv wirksame Institutionen".)[28]

---

[27]M. Praetorius, Marketing und Ethik, in: H.-G. Geisbüsch et al., Marketing, Stuttgart (2) 1991, S. 285.

[28]C. F. von Weizsäcker, Bewußtseinswandel, München 1987, S. 455 f.

6 Das Subjekt der Verantwortung

Daß sich das Handeln im Umgang mit Wissenschaft und Technik kategorial von unserem Alltagshandeln unterscheidet, hat Konsequenzen für die Beantwortung der Frage nach dem Subjekt dieses Handelns. Selbstverständlich sind und bleiben die natürlichen Subjekte verantwortlich für ihr Tun. Dies gilt insbesondere im Blick darauf, daß die Verantwortung für die Technik alle angeht, da an dem arbeitsteiligen Prozeß der Genese und der Nutzung technischer Produkte nicht bloß die Ingenieure beteiligt sind (hier ist in Erinnerung zu rufen, daß sich in dem Kaufgeschehen, in dem 68% des Bruttosozialprodukts operationalisiert sind, vielerlei Technikbewertungen niederschlagen).
Dasselbe gilt für das weite Feld der Wissenschaft, das nicht nur von Wissenschaftlern gestaltet wird (Forschungspolitik; Ökonomie der Forschung). Für die sozialethischen Aspekte der Umsetzung bestimmter sozialwissenschaftlicher Erträge in der Wirtschaft und der Verwaltungspraxis gilt gleiches. Allerdings stehen einer bruchlosen Befürwortung der Verantwortungsübernahme auf diesen Feldern – wie bereits aufgezeigt – Hindernisse im Wege: Zum einen ist daran zu erinnern, daß die Individuen, die auf diesen Feldern aktiv sind, in höchstem Maße abhängig arbeiten, d. h. sie sind weisungsgebunden, so im Bereich der Ingenieurwissenschaften 75% der Ingenieure, denen bloß 15% freiberuflich arbeitende und 10% in der Verwaltung entscheidend tätige Ingenieure gegenüberstehen. Auch im Bereich der Wirtschaft ist die Weisungsgebundenheit bis in die höchsten Führungsebenen hinein ein Hindernis für eine uneingeschränkte Verantwortungszuweisung an die handelnden (ausführenden) Individuen. Ähnliches gilt für die Verwaltungspraxis. Zum anderen ist daran zu erinnern – und dies gilt auch für die weniger eingeschränkt entscheidenden Individuen –, daß durch die hohe Arbeitsteiligkeit der Prozesse ein Wissensdefizit bei den Individuen besteht, ein fehlender Überblick über die Gesamtheit der Folgen und über ferne Wirkungen, sowie daran, daß die individuell eingeschränkte Perspektive bei den Abwägungen und Bewertungen zu berücksichtigen ist, weiterhin der Anspruch, daß die individuelle Wertperspektive Anspruch auf Anerkennung aller erheben dürfte, oft zurückzuweisen sind.
Angesichts dieser Problemlage erhebt sich die Frage, ob über die individuelle Subjektivität hinaus noch andere Typen von Verantwortungssubjektivität für diese spezifischen Handlungen zu reklamieren wären. Wenn, wie bereits betont, das Handeln in dem Felde der Technik, Wissenschaft, Wirtschaft und Verwaltung sich vom individuellen Handeln dahingehend unterscheidet, daß im wesentlichen *mögliche* Folgen des Tuns gezeitigt werden, die die Handlungsmöglichkeiten anderer Individuen betreffen, gestalten, einschränken, erweitern, dann ist darauf zu verweisen,

daß für die Gestaltung solcher Handlungsspielräume unsere gesellschaftliche Verfaßtheit zumindest noch zwei weitere Typen von Handlungssubjekten aufweist: Institutionen und Organisationen.

6.1 Institutionen

Individuelles Handeln wurde als Einsatz von Mitteln zur Realisierung von Zwecken bestimmt. Die Auswahl von Mitteln aus einem Feld möglicher Mittel sowie die Setzung von Zwecken aus einer Menge von Zweckkandidaten heraus steht unter *Werten*. Diese sind die Ideen (Regeln), die die Selektion der Mittel und Zwecke leiten. Zum Überleben der menschlichen Gattung, die im Gegensatz zu den Tieren durch ihre mangelnde Ausstattung an Mitteln als auch durch ihre mangelnde Ausstattung an Orientierung gekennzeichnet ist (Instinktverlust), sind von alters her Instanzen nötig, die diese Verluste kompensieren. Nach übereinstimmender Auffassung der Sozialphilosophen ist dies die Funktion der Institutionen, die Maurice Hariou als "Träger von Wertideen"[1] bezeichnet. Der Anthropologe Arnold Gehlen legitimiert die Existenz von Institutionen gerade in dieser Funktion, durch die die Mängelhaftigkeit der Individuen und der Instinktverlust zu kompensieren sei. Dies bewerkstelligen Institutionen dadurch, daß sie über die vorgegebenen Regeln, die sie über die Mechanismen der Sanktion und Gratifikation durchsetzen, die Handlungen der Individuen von der unmittelbaren Bedürfnisbefriedigung abkoppeln. Durch die Trennung des Handelns von den unmittelbaren Handlungsantrieben wird das Handeln auf die Basis einer weiteren Perspektive gestellt: Die Garantien der Fernbefriedigung von Bedürfnissen (z. B. durch Regeln der Vorratshaltung/Saatgutbewahrung) sowie der Erhaltung der Gattungsexistenz (durch die Tabus wie das Inzestverbot z. B.) entlasten die Individuen von den fundamentalen Ansprüchen ihrer Existenzsicherung und stellen ihnen innerhalb dieser bestimmte Handlungsspielräume vor. Über die Institutionen wird also sowohl ein Beitrag zur Orientierung des Handelns geliefert, als auch die Handlungen der einzelnen Individuen koordiniert, und schließlich werden, als Folge dieser Leistungen, reale Handlungsalternativen als Zweck-Kandidaten bereitgestellt, die dem einzelnen Individuum ansonsten nicht zur Verfügung gestanden hätten. Neben der "Entfremdung", die durch die institutionelle Begrenzung der Handlungsspielräume entsteht, produzieren die Institutionen allererst eine individuelle Entscheidungsfreiheit. Daher stellt Arnold Gehlen sein Programm unter den Titel "Die Geburt der Freiheit aus der Entfremdung" und fordert, daß "man erhobenen Hauptes in die Institutionen eintreten"[2] solle.

Jene funktionalistische Rechtfertigung der Existenz und Anerkennung von Institutionen überträgt sich bis in die modernen Systemtheorien hinein, indem die

---

[1] M. Hariou, La théorie de l'institution et de la fondation, in: ders., Aux sources du droit, Paris 1933, S. 96.

[2] A. Gehlen, Über die Geburt der Freiheit aus der Entfremdung, in: ders., Studien zur Anthropologie und Soziologie, Neuwied/Berlin, S. 232-246; ders., Moral und Hypermoral, Frankfurt/M. 1973, S. 95-102.

Systeme bestimmt werden als diejenigen Instanzen, die die Komplexität der theoretischen Handlungsalternativen und die Komplexität der Erkenntniskandidaten reduzierten und damit die Probleme auf systeminterne Qualitäten und somit systemintern mögliche Problemlösungsstrategien reduzierten. Als älteste Institution werden demgemäß die Mythen angesehen und die Geschichte der Institutionen als Rationalisierung der Mythen begriffen, über die Religionen bis hin zu den politischen Institutionen. Festzuhalten ist, daß Institutionen im wesentlichen durch ihre Wert- und Leitbildfunktion gekennzeichnet sind: Religionen, Verfassungen, Gesetze, Ideale der Wissenschaften, Unternehmensphilosophien, DIN-Normen, höchstrichterliche Urteile über Restrisiko, Sicherheit etc., Bildungssysteme, Anstandsregeln und Wissenschaftsethos usw. haben den Charakter von Institutionen. Institutionen werden im wesentlichen über Texte mit normativem Anspruch und/oder repräsentative Personen symbolisiert. Durch Anerkennung solcher Kodizes und durch die Anerkennung des Repräsentationsanspruchs der entsprechenden Personen bekommen die Institutionen Gültigkeit bzw. durch Ablehnung dieser Anerkennung werden sie kritisierbar.

Institutionen richten die Möglichkeitsspielräume individuellen Handelns ein durch Eröffnung, Verschließung und Gewichtung individueller Handlungsmöglichkeiten, hier: der Möglichkeit, Zwecke zu setzen.[3] Dies kann z. B. durch Gesetze geschehen, die dem einzelnen erlauben, bestimmte Sanktionen, z. B. Kosten der Haftung gegenüber Kosten der Vorbeugung aufzurechnen. Zu verantworten haben hierbei die Institutionen erstens die Proportionierung dieser Kosten und zweitens die Festlegung des Bereichs, der durch diese Kostenregelung modelliert wird (vergl. hierzu Abb. 15, S. 104).

Das Beispiel Abb. 15 darf allerdings nicht den Eindruck vermitteln, daß institutionelles Handeln sich in der Gestaltung finanzieller Handlungsspielräume erschöpft. In den meisten Fällen findet die Gestaltung durch Verrechtlichung statt, so daß die Frage einer Rechtfertigung individuellen Handelns zu einer Frage nach der Sittlichkeit des Rechts wird. Im weitesten Sinne sind Institutionen Regelsysteme, die auf der Anerkennung der unter ihnen handelnden Individuen basieren. Ingenieur- und Wirtschaftskodizes, Religionen u. a. haben zwar auch oft eine rechtliche Dimension; jedoch geht ihre Wirkung weiter, weil unter ihnen die anerkennenden Individuen ihre Rolle und Identität bestimmen.

6.2 Organisationen

Für die praktische Umsetzung der Orientierung in der Zweckwahl der Individuen sowie insbesondere die Bereitstellung der Mittel werden gemeinhin die Organisationen als Realisierungsinstanzen betrachtet. Der Organisationssoziologe Klaus

---

[3]Vergl. die Beiträge des Verf. in: ders. (Hrsg.), Ethik institutionellen Handelns, New York/Frankfurt/M. 1982, S. 11-27, 56-80, sowie in: Verantwortung in Wissenschaft und Technik, Berlin 1990, S. 127-144.

Durch Beschränkungen definierter Handlungsspielraum

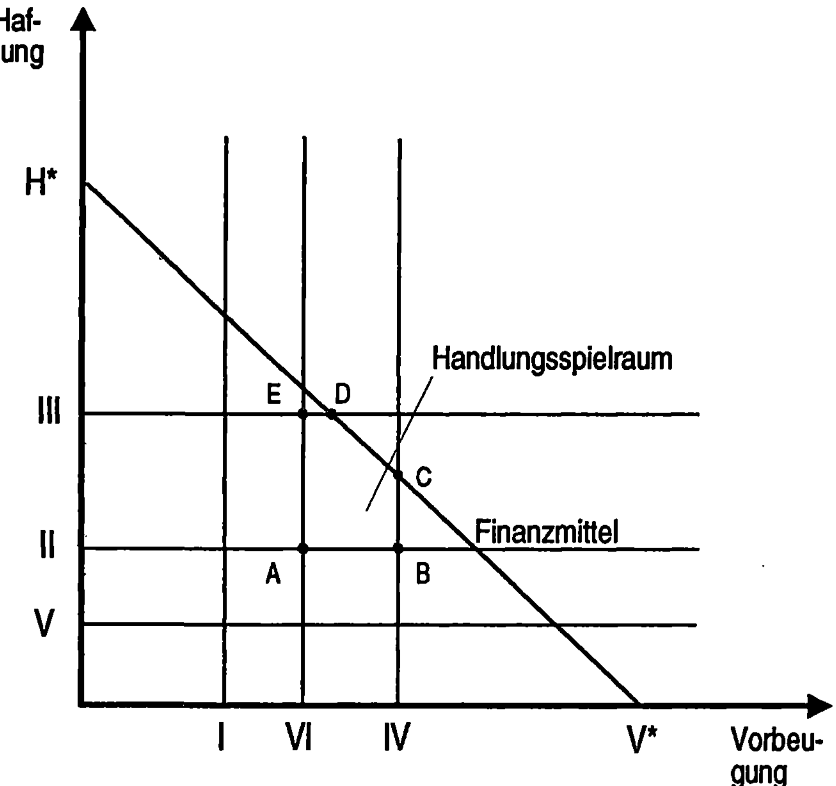

Den Punkt A würde derjenige wählen, dem es darauf ankommt, so sparsam wie
möglich zu wirtschaften.

Den Punkt B würde derjenige wählen, der so weit wie möglich vorbeugen will
und so weit wie möglich die Haftung vermeiden will.

Den Punkt C würde derjenige wählen, der so weit wie möglich vorbeugen will,
aber jemandem mit Haftungsorientierung entgegenkommen möchte oder muß.

Den Punkt D würde derjenige wählen, der so weit wie möglich haften will, aber
jemandem entgegenkommen möchte oder muß, der vorbeugen will.

Den Punkt E würde derjenige wählen, der so weit wie möglich haften will und
Vorbeugung scheut.

Abb. 15

Türk bestimmt demgemäß die Organisationen als "Außenseite der Institutionen".[4]
Der faktische (beamtengeprägte) Bundestag, die Gerichte und die Polizei,
Datenbanken, Renten- und Sozialversicherung, Großforschungseinrichtungen, Pro-
duktionsstätten, Verkehrssysteme der T.Ü.V., der VDI etc. sind Organisationen,
letztere aber mit der Tendenz, sich zu Institutionen zu entwickeln ("Richtlinien",
"Empfehlungen" etc.). Man könnte das Verhältnis von Institutionen zu
Organisationen dementsprechend so bestimmen, daß die institutionellen Vorgaben
im wesentlichen die Zwecksetzungen der Individuen leiten, während die
organisatorischen Vorgaben die Mittelwahl, also die Handlungsrealisierung
bestimmen.

Institutionen verhalten sich zu Organisationen also wie ein Fahrplan (der uns
Ziele im Blick auf ihre mögliche Erreichbarkeit anbietet) zur Organisation eines
Schienenverkehrssystems (das uns die realen Handlungsmittel bereitstellt, wobei
beide, wie das Beispiel Italien zeigt, durchaus nicht miteinander harmonieren müssen). Sie verhalten sich wie Wissenschaftsideale zum praktischen Laborbetrieb,
wie eine Unternehmensphilosophie zur Realisierung der Fertigungsplanung, wie
Umweltgesetzgebung zur Kontrolle von Umweltverstößen durch eine entsprechende Exekutive. Dabei wird aber ein Spannungsverhältnis zwischen beiden Instanzen deutlich: Organisationen können zwar durchaus institutionelle Vorgaben
realisieren, können aber ebenfalls institutionellen Vorgaben regelrecht entgegenar-
beiten, weil sie unter bestimmten Bedingungen Eigeninteressen verfolgen.

Dies ist im wesentlichen dadurch gegeben, daß die institutionelle Orientierungsleistung abhängt von der Anerkennung der Subjekte, die den Regeln der Institutionen folgen, aber nicht folgen müssen (so wie man gegen Gesetze verstoßen kann),
Organisationen hingegen als praktisch realisierte kollektive Subjekte aber darüber
hinaus durch die formelle Mitgliedschaft der Individuen, die unter ihnen stehen,
charakterisiert sind. Im Gegensatz zu Institutionen ist für Organisationen die
Grenze ihrer Leistungen konkret angebbar, nämlich als Grenze der betroffenen
Mitglieder, für die die Organisationen die Um- und Außenwelt definieren. Neben
den gesamtgesellschaftlichen Interessen, denen die Organisationen in der Realisierung institutioneller Vorgaben nachkommen, verfolgen sie entsprechend die Interessen ihrer Mitglieder, die für den Erhalt der Organisation eintreten und für deren
Interessenserhalt umgekehrt die Organisation eintritt. Im Konflikt zwischen Mitgliederinteressen und gesamtgesellschaftlichen Zielen, die auf die Organisationen
übertragen wurden (z. B. beim T.Ü.V.), werden die Organisationen in der Regel
ihre Mitgliederinteressen favorisieren. Dies kann man auch an dem typischen Beispiel einer Verselbständigung von Organisationen gegenüber den institutionellen
Vorgaben, wie es uns das Bürokratieproblem vorstellt, verfolgen. Die Eigeninteressen der Organisation gewinnen leicht das Übergewicht. Insofern sollte man im
Blick auf das Verhältnis Institution – Organisation nicht bloß von einem Verhältnis Innen- zu Außenseite sprechen, sondern könnte eher von einer Dialektik[5]
ausgehen.

Gewiß, Institutionen und Organisationen sind nicht natürliche Handlungssubjekte in dem Sinne, daß sie unter moralischen Erwägungen als Akteure von

---

[4] K. Türk, Soziologie der Organisation, Stuttgart 1978, S. 2.
[5] W. Burisch, Soziologie der Organisation, Stuttgart/Berlin 1973.

Zweckrealisierungen direkt dingfest gemacht werden können. Ihre Handlungen werden von Individuen vollzogen, die in diesem Handeln einer Rollenverantwortung nachkommen, durch die sie die institutionellen oder organisatorischen Ansprüche realisieren. Da Individuen insofern nur als "ausführende Organe" der entsprechenden juristischen Personen tätig werden und individuell nicht direkt schuldig oder satisfaktionsfähig sind, sondern nur über ihre Anerkennung des Institutionenziels oder ihre Mitgliedschaft, wird oft den Institutionen und Organisationen keine ethische Verantwortbarkeit ihres Handelns zugeschrieben bis auf die Haftung, die im Zuge der Entwicklungen hin zur Präventiv- oder Produkthaftung auf juristische Personen ausgedehnt ist. Sind daher Institutionen und Organisationen dem moralischen und auch dem sittlichen Diskurs entzogen?

6.3 Ethik institutionellen Handelns?

Die klassische Philosophie der Institutionen mit ihren Nachfolgetheorien aus dem Paradigma funktionalistischer Systemtheorien hat den Bereich institutionellen Handelns in gewisser Hinsicht ethisch immunisiert und neutralisiert: In der Nachfolge der Kritik an den prominenten Ethiken (Gehlens 'Moral und Hypermoral') sowie am "alteuropäischen" Individuenbegriff (Luhmann)[6] wird zusammen mit der Individualethik Ethik überhaupt relativiert. Moralische Direktiven erscheinen als abgeleitete Variablen systemischer Prozesse und finden ihre Rechtfertigung in ihrem Wert als Regulationsmechanismen von Subsystemen unter den anthropologisch begründeten obersten funktionalen Erfordernissen des Systems, neuerdings auch rekonstruiert unter den verschiedenen Paradigmen der Theorien von Selbstorganisation, die aus den Naturwissenschaften auf den gesellschaftlichen Bereich übertragen werden (Hermann Haken u. a.).[7]

Demgegenüber versuchen andere Ansätze, institutionelles Handeln als kooperatives Handeln von Individuen (Werhane, Goodin)[8] zu begreifen und auf individuelles Handeln zu reduzieren. Institutionelles Handeln ist Rollenhandeln nach dem Stellvertreterprinzip und muß auf individuelles Handeln der Beteiligten zurückgeführt werden (zu dieser Problematik vergl. oben Kap. 4.1). Dieser Auffassung widersprechen nun die Vertreter (z. B. Ladd), die Korporationen als eigene, meist unter ökonomischen Interessen stehende formale (rechtlich konstituierte) Organisationen verstehen, deren Handlungsschemata "analog zu Maschinen" von Individuen aktualisiert und ausgeführt werden, ohne daß ihnen selbst moralische Verantwortung zukäme (Coleman), und deren Handeln nach rein (positiv-)rechtlichen Krite-

---

[6]N. Luhmann, Soziologie der Moral, in: ders./S. H. Pfürtner, Theorietechnik und Moral, Frankfurt/M. 1978, S. 48,51.

[7]H. Haken, Erfolgsgeheimnisse der Natur. Synergetik: Die Lehre vom Zusammenwirken, Stuttgart 1981.

[8]P. H. Werhane, Persons, Rights and Corporations, Englewood Cliffs/NJ. 1985; R. E. Goodin, Protecting the Vulnerable. A Reanalysis of Our Social Responsabilities, Chicago/London 1985.

rien bewertbar ist (Frey).[9] In Auseinandersetzung mit diesem Modell (Goodpaster) versuchen die Vertreter des "Organismusmodells" die Personalisierung institutionellen Handelns im Blick auf die Kriterien der Definition von "Organismus" als dem Zwecke der Erhaltung der Wohlfahrt (Donaldson), einem natürlichen Zweck, zu unterstellen, oft gefaßt unter dem Modus eines hypothetischen Sozialvertrags (Rousseau).[10]

Radikalisiert wird diese Position durch die Vertreter des "Personenmodells", die Institutionen eine nichteliminierbare Intentionalität unterstellen (French), und zwar als erweitertes Prinzip "of Accontability" (EPA) bezüglich der Nebenfolgen und als "Principle of Responsive Adjustement" (PRA), das eine ex post für Aktionen der Vergangenheit, die institutionell erlaubt waren, jeweils neu zu übernehmende Verantwortung umschreibt.[11] Diesem "Supermarkt" von Ideen ist nur durch eine genaue handlungstheoretische Analyse institutionellen Handelns zu begegnen.

Betrachtet man das Handeln der Institutionen und Organisationen genauer, so wird man im wesentlichen die elementaren Handlungskonstituenten wiederfinden: Mittel werden zur Realisierung bestimmter Zwecke eingesetzt, in diesen Handlungen sind Grundwerte verkörpert; die Handlungen werden geplant, in bestimmten Handlungsschemata erfaßt, in ihrer Realisierung beurteilt und kritisiert.

Institutionelles und organisatorisches Handeln kann somit zweierlei besagen: Erstens kann damit der Umgang mit Werten bzw. die Errichtung oder Änderung von Werthierarchien verstanden werden. Dadurch lassen sich die Präferenzstrukturen für individuelles Handeln beeinflußen, da Gratifikationen und Sanktionen dieses Handelns hierdurch festgelegt werden. Zweitens können durch die Einrichtung, Veränderung und Auflösung von Organisationen die Risiken, Belastungen, aber auch die Erfolgsgarantie individuellen Handelns beeinflußt werden. Institutionelles Handeln im engeren Sinne richtet sich also auf *mögliche Zwecke* individuellen Handelns, organisatorisches Handeln richtet sich auf *mögliche Mittel* individuellen Handelns. Beide bestimmen die Möglichkeitsspielräume der Handlungen von Individuen, indem die Handlungsfolgen und die Handlungsmittel überindividuell, d. h. in einer von den einzelnen Individuen nicht direkt beeinflußbaren Weise qualifiziert werden.

Damit Institutionen oder Organisationen überhaupt gesellschaftlich handeln können, bedürfen sie, wie gesagt, einer symbolischen Repräsentation, die entweder durch Texte mit normativem Anspruch und/oder durch Personen, die für die Institutionen oder Organisationen politisch, nicht real, verantwortlich sind, erbracht wird. Die Änderung von entsprechenden normativen Texten bzw. die Ablösung der politisch verantwortlichen Personen dokumentiert die Veränderung der entsprechenden Strategien institutionellen oder organisatorischen Handelns. Die Verantwortlichkeit solcherlei institutioneller Subjekte funktioniert analog zu der Verantwortlichkeit individueller Subjekte: Die Konstituierung von Verantwortlichkeit

---

[9]J. S. Coleman, Die asymmetrische Gesellschaft, Weinheim/Basel 1986; J. Ladd, Morality and the Ideal of Rationality in Formal Organizations, in: T. Donaldson/P. H. Werhane (Hrsg.), Ethical Issues in Business, Englewood Cliffs/NJ.1983, S. 125-136; B. S. Frey, Umweltökonomie, in: Handwörterbuch der Wirtschaftswissenschaften, Bd. 8, Stuttgart, S. 47-58.

[10]T. Donaldson, Corporations and Morality, Englewood Cliffs/NJ. 1982.

[11]P. A. French, Collective and Corporate Responsability, New York 1984.

besteht in der Zuschreibung von Handlungsfolgen zu den Prämissen der Handlung, mit denen sich das Subjekt identifiziert oder mit denen es identifiziert wird. So macht man z. B. Gesetze für einen bestimmten gesellschaftlichen Nutzen oder z. B. "Gesetzeslücken" für einen bestimmten gesellschaftlichen Schaden verantwortlich, oder eine entsprechende Person muß unabhängig von ihrem individuellen Handeln für den Schaden einstehen bzw. kann vom erreichten Nutzen politisch profitieren.

Dabei zeigt die allgemeine Diskussion, daß der moralische und sittliche Diskurs längst auf Institutionen als Handlungssubjekte ausgedehnt ist. Zwar wird ihnen nicht ein Wille wie beim natürlichen Subjekt unterstellt und tribunalisiert, sehr wohl werden ihnen aber Begriffe wie "Schuld", "Versäumnis" oder "gelingendes Handeln" zugeschrieben. Institutionen und Organisationen fürchten – wie die Werbung zeigt – Schuldzuweisungen seitens der Individuen: Der Ansehensverlust der Parteien in der Öffentlichkeit wird mit hohem publizistischen Aufwand konterkariert, die Unternehmen betreiben Werbung, mit der sie Vorwürfen über ihr Handeln begegnen, etwa der Auslagerung gentechnologischer Produktionen ins Ausland, das mindere Sicherheitsvorschriften hat, oder der Produktion von Limousinen, die einen unproportional hohen Benzinverbrauch aufweisen. Wenn, wie die Beispiele zeigen, der *sittliche* Diskurs von Institutionen und Organisationen gefürchtet wird, dann sollte nicht aus analytischer Sicht gesagt werden, daß Institutionen und Organisationen nicht Kandidaten der Sittlichkeit sein könnten, weil sie keinen individuellen Willen aufweisen.

Wenn Institutionen und Organisationen gerade im Bereich der Technik-, Wissenschafts- und Wirtschaftsgestaltung als relevante Subjekte erscheinen, besteht die Gefahr, daß die Individuen ihre Verantwortung an die Institutionen und Organisationen abgeben. Eine Wissenschafts- oder Firmenphilosophie, die sicherheitstechnische Ausstattung eines Labors, ein Parteiprogramm oder ein Finanzierungsmodus der Forschung, die Nachfrage einer anonymen Konsumentenschaft oder die Sachzwänge der Marktorganisation lassen sich leicht als "Verantwortungsträger" in Rechnung stellen, sowohl für die Gestaltung der weiteren Entwicklung als auch für die nachträglich festgestellten Versäumnisse. Eine solche Verantwortungsabschiebung der Individuen auf das institutionelle und organisatorische Handeln wäre fatal. Sie übersieht, daß die Institutionen und Organisationen zwar das individuelle Handeln prägen, indem sie Handlungsspielräume vorgeben, gleichzeitig aber auch dem Handeln der Individuen selbst zur Disposition stehen, wenn auch zementierte Machtverhältnisse dies zunächst zu verstellen scheinen.

Der Mechanismus ist hier derselbe wie derjenige des Regelbefolgens überhaupt: Regeln werden affirmiert durch ihre Befolgung, sie werden aber auch verändert, fortgeschrieben oder gar aufgehoben durch die Verweigerung ihrer Befolgung. Dadurch stehen sie in einem dialektischen Verhältnis zu ihrer Realisierung, die zu neuen Qualitäten führen kann: So wird die Gesetzgebung durch die Rechtssprechung fortgeschrieben, die Duden-Regeln wurden durch die Praxis der Rechtschreibung verändert, die Ideale der Wissenschaft und der Technik durch das Verhalten der Wissenschaftler, Ingenieure und Nutzer allmählich modifiziert. Allerdings hat das Handeln der einzelnen Individuen wenig Wirkung, wenn es als vereinzeltes Handeln den Institutionen und Organisationen gegenübertritt. Es muß sich seinerseits mit dem Handeln anderer Individuen koordinieren, und zu diesem Zweck sind neue Institutionen und Organisationen nötig. Allerdings hätten solche Institutionen und

Organisationen, wie es die Naturschutzverbände, die Verbraucherverbände, die Enquete-Kommissionen, die Arbeitsgerichte, die Ausschüsse des VDI, die einschlägigen Wissenschaftlervereinigungen zeigen, eine andere Struktur als die klassischen Institutionen: Ihre Transparenz wäre größer, ihre Basisbestimmtheit erheblicher, ihre Führungsfiguren oder programmatischen Texte unterlägen schnelleren Variationen und ihr Interesse an Selbsterhaltung ist zunächst dem der Verfolgung der Organisationsziele eher untergeordnet. Im Blick auf solche Institutionen, die man auch als "Anti-Institutionen" bezeichnen könnte[12], ist unsere Gesellschaft noch *unterinstitutionalisiert.*

Zum einen werden die bereits bestehenden Institutionen von den Subjekten, die Verantwortung im Bereich von Technik, Wirtschaft, Wissenschaft und Verwaltung übernehmen wollen, zu wenig genutzt. Dies ist im wesentlichen auch ein *Ausbildungsdefizit*. Allerdings zeigt sich, daß, selbst wenn der Wille zur Nutzung besteht, das Spektrum der Institutionen zu schmal ist. Dies beginnt bereits bei der Institutionalisierung der Technikfolgenabschätzung, die gerade den kleineren und mittleren Unternehmen deshalb nicht zugänglich ist, weil sowohl die wissensmäßigen als auch die finanziellen Ressourcen fehlen, was dadurch kompensiert werden könnte, daß unternehmensübergreifend brancheninterne Pools geschaffen werden, in denen das Know-How und die finanziellen Ressourcen zur Verfügung gestellt werden. Außerdem könnte bei ethisch sensitiven Entwicklungen die Innovationstätigkeit instituts- und unternehmenübergreifend koordiniert werden, so daß während der Entwicklungsphase das Produkt aus dem Konkurrenzmechanismus herausgehoben ist und – wie z. B. in Japan – erst bei der Produktion und Distribution die Konkurrenz wieder eintritt. Ähnliches gilt für die Technikbewertung: Solange die Partizipation der gesellschaftlichen Gruppen, soweit sie sich nicht in Bürgerinitiativen artikulieren, die naturgemäß die Interessen der direkt Betroffenen, also nicht unbedingt die vernetzten und langfristigen Wirkungen zur Sprache bringen, nicht organisiert ist, ist eine allgemeine Technikbewertung als Organisation und Institution noch nicht in Sicht.

Zwar haben wir bereits Gesetze (z. B. das Atomgesetz), Verordnungen (TA Abfall, die kürzlich vor dem Europäischen Gerichtshof unterlegene TA Luft, die verschärft werden muß); wir haben Richtlinien (VDI/VDE) oder Normen (DIN); alle haben den Charakter von Institutionen. Der Gesetzgeber gibt dabei aber nur Generalklauseln vor; die Risikobewertung ist die Domäne der Verwaltung oder einer Rechtssprechung, die überfordert scheint. Deshalb fordern viele, etwa der österreichische VDI, eine Technikgerichtsbarkeit, etwa analog zur Kartellgerichtsbarkeit, nicht bloß zur Technikkontrolle, sondern zur Gewährung und Erhaltung der Spielräume technischen Gestaltens, das sich nicht durch irreversible Folgen selbst unter Sachzwang setzen darf. Bereits seit 1845 wurden Genehmigungsverfahren im Rahmen der Gewerbeordnung vorgegeben, 1871 die Überwachungspflicht in der Reichsgewerbeordnung festgeschrieben. Jedoch ist die organisatorische und institutionelle Absicherung der Überwachung zu schwach:

---

[12]J. Habermas, Theorie der Gesellschaft oder Sozialtechnologie?, in: ders./N. Luhmann, Theorie der Gesellschaft oder Sozialtechnologie, Frankfurt/M. 1971, S. 201, vergl. hierzu auch Chr. Hubig, Prinzipien institutionellen Handelns: Über das Subjekt politischer Gestaltung, in: A. Fritsch (Hrsg.), Warum versagt unsere Politik, München 1993, S. 155.

Weder haben die Kontrollorganisationen hinreichende Ausstattungen und Befugnisse, um die Prozesse zu überschauen, noch ist die Gerichtsbarkeit fachspezifisch so geprägt, daß sie etwa mit der Arbeits- und Wirtschaftsgerichtbarkeit (Kartellgerichtsbarkeit) Schritt halten könnte. Deshalb wird vielerorten eine Technik- und Wissenschaftsgerichtbarkeit gefordert. Im Bereich der Wirtschaftsethik gilt ähnliches: Solange Unternehmen, die aus ethischen Erwägungen heraus handeln, mit Marktnachteilen und Existenzgefährdungen rechnen müssen, wird sich ein entsprechendes Handeln nicht etablieren. Und daher sind institutionelle Absicherungen gefordert, die ökonomisches Handeln allererst ethikfähig werden lassen, z. B. im Umgang mit den billigen Ressourcen aus der Dritten Welt, deren Import Recyclingforschung regelrecht verhindert, oder durch die bislang fehlende Internalisierung der externen Kosten, ein Fehlen, das die Produktpreise verzerrt, weil gerade die Umweltbelastungen von den Anbietern nicht getragen werden müssen, sondern der Allgemeinheit obliegen. Solange entsprechende institutionelle und organisatorische Maßnahmen (wie die Kontrolle etwa von Schadstoffeinleitungen) nicht hinreichend realisiert sind, "kann sich ein Unternehmen nicht leisten", entsprechend den ethischen Direktiven zu handeln, weil es sonst erhebliche Einbußen gegenüber den Konkurrenten zu verzeichnen hat, und das Unternehmensziel der Selbsterhaltung einschließlich aller abgeleiteter Ziele bis hin zur Arbeitsplatzsicherung gefährdet ist. Eine realistische Ausbildung auf dem Gebiet der Technik- und Wissenschaftsethik hat diese Problematik zu verdeutlichen, die Lernenden zu sensibilisieren und für die Realisierung entsprechender Ziele einzutreten, und zwar nicht nur im beschränkten Arbeitsfeld des späteren Berufes, sondern auch im Blick auf die Übernahme politischer Verantwortung.

Institutionen sind mit Wegweisern vergleichbar: Sie schreiben nicht vor, wohin man geht, sondern nur, welche Richtung man einschlagen muß, wenn man ein bestimmtes Ziel erreichen will. Darüber hinaus machen Wegweiser mit potentiellen Zielen bekannt (etwa Sehenswürdigkeiten) bzw. ermöglichen das Erreichen bestimmter Ziele, wenn die Wegweisung dorthin fehlt. Organisationen sind vergleichbar mit der Realisierung eines entsprechenden Wegenetzes, der Durchführung der Beschilderung und der Bereitstellung der Verkehrsmittel. Genauso wie man aber Wege verrotten lassen kann, dadurch, daß man sie nicht benutzt, oder neue Wege trampeln kann, die dann später mit einem neuen Wegweiser ausgestattet und ausgebaut werden, kann koordiniertes individuelles Handeln institutionelle und organisatorische Wirkungen erzielen, also als Gesamtsubjekt für die Gestaltung von Möglichkeitsspielräumen auftreten.

6.4 Umwegethik

Es ist daher wohl für eine *Umwegethik* zu plädieren, in Absetzung von einer reinen Individualethik, auf deren Grenzen im Blick auf Technik-, Wissenschafts- und Wirtschaftsethik immer wieder hingewiesen wird. Auf dem Umweg über die Gestaltung von Organisationen und Institutionen sowie auf dem Umweg der Errichtung neuer, alternativer Organisationen und Institutionen können Individuen die Prozesse im Bereich der Technik, Wissenschaft und Wirtschaft beeinflußen. Sie wirken dann kompensatorisch gegenüber dem klassischen Handeln der Institutionen, deren Defizite auf den drei Feldern hinreichend deutlich sind, gerade im Blick auf langfristige und ferne Wirkungen des Tuns. Große Organisationen und Institutionen sind gerade wegen der Selbsterhaltungsfunktion oft nicht in der Lage, neu auftretende Strukturprobleme global zu lösen. Sie tendieren vielmehr dazu, die Probleme der Außenwelt auf ihre eigenen Systemgrößen zu reduzieren und damit verfügbar zu machen: Entsprechend wird die Frage nach der Wahrheit umgebogen zur Frage, ob die Wahrheitszuweisungen noch ihre Funktion als Transportmedium von Sinn *innerhalb* der Institutionen nachkommen, worauf der Systemtheoretiker Niklas Luhmann hingewiesen hat. Die Frage nach der Moral wird uminterpretiert in die Frage danach, ob bestimmte Moralvorstellungen das Handeln der Individuen innerhalb des Systems noch stabil halten – aus der Systemperspektive selbst sind Kritiken an der Genese systemprägender Faktoren wie Technik, Wissenschaft, Wirtschaft nur immanent zu vollziehen. Aber die Perspektive individuellen Handelns ist beschränkt, wenn sie es mit der Systemperspektive aufnehmen will.

Erst über Anti-Institutionen lassen sich Institutionen in Frage stellen. Allerdings können Anti-Institutionen sehr schnell zu klassischen Institutionen werden, wie es die amerikanischen Verbraucherverbände oder die Rundfunkräte in unserem Lande vorführen, insbesondere dann, wenn diese Anti-Institutionen unterwandert werden von Lobbyisten, Parteien etc. Sie üben zwar zunächst eine Wirkung auf die sie unterwandernden Institutionen aus, geraten jedoch leicht und schnell in deren Abhängigkeit. Mit diesem Risiko muß man jedoch leben. Es ist dies auch das Risiko, dem auch die neue Institutionalisierung allgemeinbildender Studieninhalte im Bereich der technischen, wissenschaftlichen und wirtschaftlichen Ausbildung unterliegt. Ebenso, wie aus solchen Studieninhalten kritische und sensibilisierende Impulse resultieren können, ist es möglich, daß diese Allgemeinbildung funktionalisiert wird auf bestimmte enge Interessen hin, und somit aus einer Ethik der Technik eine Technik der Ethik wird dergestalt, daß ethisches Argumentieren für die Erzielung von PR-Effekten oder eine "Feierabendmoral" eingesetzt wird, die vielleicht der Konstituierung einer Corporate Identity nützlich sein könnte, was das einzelne Projekt oder Unternehmen angeht, nicht jedoch der langfristigen Perspektive der entsprechenden Forschungsstrategie oder Branche.

Inwieweit gerade ethische Perspektiven solchermaßen in Anspruch genommen werden, zeigt der Streit um die phosphatfreien Waschmittel, in dem die Hauptgegner, nämlich Henkel und Rhone-Poulenc, beide mit Hinweis auf die Naturverträglichkeit ihrer Produktentwicklung ihre Marktanteile zu halten versuchten, weil die Richtung ihres Argumentierens aus der bisherigen Unternehmensstruktur und der Indienstnahme der entsprechenden ökologischen Argumente, nicht aber aus einer vorurteilsfreien, einer sachlichen und unvoreingenommenen koordinierten Bemühung um das ökologisch am besten gerechtfertigte Produkt entstanden. So wird die Technikgestaltung in hohem Maße durch wirtschaftliche Erwägungen geprägt, wissenschaftliche Argumente avancieren zum Werbeträger und die Gerichte geben mal der einen, mal der anderen Seite Recht.[13]

Die Experten streiten sich. Der Naturphilosoph Klaus Michael Meyer-Abich hat vorgeschlagen, den sogenannten betroffenen Experten Gremien von sogenannten

---

[13]Vergl. hierzu das Dossier zum Thema, erstellt durch den BBU, AK Wasser, Freiburg 1990.

vergleichenden Experten beizugesellen,[14] die die Risikobewertung vorbereiten. In den USA experimentiert man erfolgreich mit Laienräten, die auf der Basis der vorgelegten Expertisen die Risikoabwägung öffentlich machen.[15]

Auch angesichts einer weiteren neuen gesellschaftlichen Problematik fallen den Institutionen neue Aufgaben zu. Grenzrisiken werden nicht mehr bloß danach zu beurteilen sein, "Wie *sicher* ist sicher genug?", sondern auch danach "Wie *fair* ist sicher genug?" Der Soziologe Ulrich Beck hat auf die neuen Verteilungskämpfe um die Risikoübernahme und Risikoproduktion, Ressourcenverschwendung und Gefährdung hingewiesen. Angesichts der Kämpfe um Wohnanlagen, Ökosystemnutzung – oder vordergründig – der neuen Generation von Automobilen und superschnellen Verkehrsmitteln ist dies einsichtig, im Blick auf die viel tiefer liegende Problematik der "Dritten Welt" oft unberücksichtigt und ausgeklammert.[16]

Institutionen können diese Hilfen zur Verantwortungsübernahme nur erbringen, wenn sie offen und wandlungsfähig sind. Das Recht liefert nur den Rahmen. Wie neue Phänomene, z. B. Leasing oder Factoring, die im BGB nicht vorkommen, sich dennoch als Vertragsverhältnisse entwickeln und inzwischen bereits Gegenstand der Rechtssprechung sind, zeigen, kann eine antiinstitutionelle Dynamik des Rechts auch für die genannten Anliegen der Wissenschaft und Technik zwischen Risiko und Chance genutzt werden. Der Ruf nach neuen rechtlichen Regelungen und Haftung lenkt hier eher ab. Die Individuen können angesichts der Probleme die Schranken ihrer individuellen Verantwortung nur überwinden, wenn sie sich – entsprechend dem Problemdruck – innerhalb der Wissenschaft, Wirtschaft und politischen Öffentlichkeit geeignete neue Institutionen schaffen.

---

[14] K.-M. Meyer-Abich, Wie ist die Zulassung von Risiken für die Allgemeinheit zu rechtfertigen?, in: M. Schüz (Hrsg.), Risiko und Wagnis Bd. 1, Pfullingen 1990, S. 183.

[15] F. Fischer, Jenseits eines technokratischen Diskurses: Risikoabschätzung in einer demokratischen Gesellschaft, in: Forschung aktuell, Sonderheft Technik und Gesellschaft, Nr. 36-38 Jg. 8, S. 25 ff.

[16] U. Beck, Risikogesellschaft, Frankfurt/M. 1986.

7 Maßstäbe der Rechtfertigung (1) – die Frage nach der ethischen Begründungsbasis angesichts des Wertpluralismus

7.1 Die Diskussion

Nachdem die Schwierigkeiten mit dem Gegenstand der Verantwortung und dem Subjekt der Verantwortung relativiert werden konnten, scheinen sich spätestens bei der Frage nach einer allgemeinen Begründungsbasis für die Kriterien und Maßstäbe der Verantwortungsübernahme die größten Probleme aufzutun: Mit Hinweis auf den Wertpluralismus, begründet in dem Recht jedes einzelnen Individuums auf seinen spezifischen Lebensentwurf, wird der ethischen Rechtfertigung jegliche allgemeine Verbindlichkeit abgesprochen. Dieses Argument ist unbedingt ernst zu nehmen, kündigt es doch von dem Wesen des Menschen als in seine Freiheit geworfen, zur freien und autonomen Entscheidung genötigt und nur unter Aufgabe dieser Freiheit einer dogmatischen Begründungsinstanz unterstellbar.

Wenn daher ethische Begründungen letztendlich "Gewissens-" und "Einstellungssache" sind, die auf nicht hintergehbaren Grundentscheidungen des einzelnen im Umgang mit seinem Menschsein basieren, ist über ein – demokratisch legitimiertes – öffentliches Recht als Minimalkorrektiv dieses Pluralismus hinaus keine weitere ethische Zumutung an den einzelnen zu stellen.[1] Der philosophische Blick auf die verschiedenen Ansätze zum Entwurf der Ethik läßt jedoch erkennen, daß die Unterschiedlichkeit der Ethiken im wesentlichen dadurch begründet ist, daß unterschiedliche *Aspekte* der Freiheit des Menschen – Grundvoraussetzung des Wertpluralismus überhaupt – zum Ausgangspunkt der Argumentation genommen werden, Freiheit insgesamt aber nicht in Frage gestellt wird. Allerdings gilt dies nicht für die Positionen, die die mögliche Ordnung menschlichen Handelns auf ein *Wissen* von der Ordnung des Kosmos, des Willens Gottes oder der Gesetze der Evolution gründen, ohne aus diesem "Wissen" jedoch die Notwendigkeit einer Orientierung an ihm selbst begründen zu können, sich somit auf Ap-

---

[1]Dies wird in der Regel durch den Hinweis auf die Bedingtheit von Wertsetzungen durch den jeweiligen kulturellen Hintergrund begründet (vergl. F. Rapp, in: Lenk/Ropohl (Hrsg.) a. a. O. sowie die VDI-Richtlinien zur Technikbewertung). Diese Relativität gilt aber dann nicht mehr, wenn entsprechende Wertsetzungen als Bedingungen von Kultur überhaupt erwiesen werden können.

pelle beschränken. Dasselbe gilt für Ansätze, die aus einer vorgeblichen Einsicht in die Determination der menschlichen Gattung argumentieren.[2]

Demgegenüber betonen die Ethiken erster Art mal eher die technischen und pragmatischen Bedingungen der Freiheit, die gewährleistet werden sollen, mal die Respektierung bestimmter Persönlichkeitswerte und der Menschenwürde als durch diese Freiheit gekennzeichneten Essentials des Menschen, mal die eher intersubjektiven und sozialen Konsequenzen der Verwirklichung der Freiheit des einzelnen, mal die Überwindung derjenigen Werthaltungen, die als vergängliche die Freiheit bedrohen, da sie uns unter "Sachzwänge" setzen, im Gegensatz zu denjenigen Werten, die als dauernde, als "ewige Ideen" die Autonomie des Menschen am ehesten ausdrücken. Eine Durchsicht der ethischen Ansätze in der Geschichte läßt erkennen, daß in wesentlichen Punkten die Ethiken *konvergieren*, so daß auf dieser Basis eine Konkretisation für die Fragen einer Technik-, Sozial- und Wissenschaftsethik vollzogen werden kann.

So konvergieren, wie wir sehen werden, die verschiedensten Ethiken gerade dann, wenn es um die Garantie der Bedingungen gerade jener individualethischen Ziele in ihrer Verschiedenheit geht. Wenn z. B. Aristoteles das Ziel der höchsten Praxis als in ihr selbst liegend, als Erhaltung des Handelnkönnens charakterisiert, oder wenn die Utilitaristen die Nutzenserwägungen mit dem Gerechtigkeitsprinzip im Blick auf den größten Nutzen aller verbinden, oder wenn Kant das Prinzip allgemeiner Wohlfahrt als Bedingung der Möglichkeit von dann allererst zu diskutierender Moralität kennzeichnet, wenn selbst die existentialistischen Normvorstellungen, die auf die Selbstverwirklichung des Individuums gerichtet sind, die Kooperativität aller als Bedingung der Selbstfindung charakterisieren, so findet man hier übereinstimmende Ansätze für eine öffentliche Ethik, die über ein positives Recht als Minimalbedingung des Handelns hinausgeht, indem sie Kriterien des Menschseins beschreibt, die nicht erst einem bestimmten Konsens unterworfen werden müssen, weil sie diesem vorausliegen – vorausgesetzt, jemand entschließt sich überhaupt zur Sittlichkeit, d. h. zur Rechtfertigungsnotwendigkeit des Tuns, das damit erst zum Handeln wird. (In den Prämissen der Verfassungen und des Grundgesetzes findet dieser Gedanke seinen Niederschlag. Er ist zu konkretisieren und zu reformulieren im Blick auf die neuen technologischen Probleme.) Daher entwertet sich auch der Hinweis auf das Standesethos als einziges Minimalkorrektiv neben dem öffentlichen Recht (s. o.).

Gemeinsam ist den philosophischen Ethiken zunächst die Begründungsstruktur: Definitionsbereich der Ethiken sind die Handlungen, soweit sie bewußt von den sie ausführenden Individuen unter bestimmte Normen gestellt werden. Bestimmte Ethiken enthalten bereits dies als Grundforderung, in Zurückweisung derjenigen Handlungen, die bloß triebgeleitet und/oder kurzfristig gratifikationsorientiert und/oder situationsverhaftet sind und dadurch schon die Autonomie des Handlungssubjekts gefährden. Handlungen, solange sie unter bewußten Normen stehen, sind moralisch. Die Moralität des Handelns läßt sich ihrerseits verschieden begründen, etwa mit Hinweis auf ein tradiertes, kulturelles Normensystem, das das Zusam-

---

[2]Kant weist darüberhinaus darauf hin, daß selbst ein entschlossener Fatalist, "wenn es zum Handeln kömmt", so handeln muß, "als ob er frei wäre", weil wir den "Menschen nicht ablegen können". (Werke, hrsg. v. W. Weischedel, Bd. 10, Darmstadt 1971, S. 777).

menleben der Individuen garantiert, oder auch im Blick auf Werte, die unter Umständen mit den bestehenden Normensystemen konfligieren. Beide Begründungsvarianten versuchen, den Anspruch der Normen zu rechtfertigen. Sie versuchen, die Sittlichkeit der bestehenden Moral nachzuweisen oder in Frage zu stellen. Der Erweis der Sittlichkeit ist Gegenstand der Bemühungen oder des Diskurses der Ethik.

Allerdings ist an dieser Stelle einer verbreiteten Auffassung über die Struktur normativer Argumentation zu begegnen, nach der eine ethische Begründung in einem Ableitungsverhältnis

"oberste Ziele"
(Sittlichkeit)
(Prinzipien/Werte/Grundsätze)
↓

Maximen/Normen (Moral)
↓

Handlungsziele/Regeln für den Mitteleinsatz

beruht. Dabei wird vorausgesetzt, daß Handlungen und ihre Maximen, Normen, Werte und oberste Ziele unabhängig voneinander definierbar sind und dann in die entsprechenden Begründungsverhältnisse gestellt werden können. Der Begründungsvorgang erscheint als "Subsumtionsvorgang" und das Begründungsverfahren als eine Technik der Subsumtion, deren Unsicherheit lediglich diejenige der obersten Ziele ist (Wertpluralismus). Betrachtet man jedoch ethisch strittige Handlungen (das "Morden" der Soldaten oder deren "Tötungshandlungen", den "Schwangerschaftsabbruch" oder die "Tötung ungeborenen Lebens" etc.), so wird deutlich, daß bereits in der Handlungsbeschreibung – die eine solche erst unter Bezug und unter Investition der entsprechenden Maxime ist – die leitende und anerkannte Norm und Elemente der Zielgebung mit relevant werden, die Handlung also erst im Lichte der jeweils unterstellten Moralität eine solche oder solche wird. Selbst im juristischen Bereich, in dem auf die Subsumierbarkeit von Fällen unter von ihnen unabhängig definierten Regeln abgehoben wird, erscheint das Problem: Freilich können wir z. B. den Vorgang des Parkens – "Wer immer länger als drei Minuten hält und/oder seinen Wagen verläßt und/oder den Motor abstellt etc..., der parkt" – und die Parkverbotsregel unabhängig voneinander formulieren. Wenn jemand jedoch, um beispielsweise Hilfe zu leisten, sein Auto unberechtigt abstellt, so "subsumiert" man diese Handlung gerade nicht unter die Parkverbotsregel (bestraft ihn also nicht), weil seine Handlung das wichtigere Charakteristikum der Erfüllung der Hilfspflicht gegenüber dem unwichtigeren der Befolgung von Verkehrsregeln aufwies.

Diese Ambivalenz in der ethischen Charakteristik von Handlungen prägt natürlich technisches und wissenschaftliches Handeln in gleichem Maße. Entsprechende Ethiken können nicht als Rechtfertigungsgründe jeweils beliebiger Handlungen in affirmativer oder kritisierender Hinsicht zugeordnet werden, sondern sie machen die impliziten Handlungsgründe selbst aus, wie wir in den Kap. 8, 9 und 10 sehen werden. Die Kritik einer Ethik, die eine Handlung leitet, beginnt daher zunächst an dem Punkt, wo die Handlungsanlage widersprüchlich, unvollkommen, verlogen, inkonsequent etc. ist, d. h. das ethische Fundament *in* der Handlung brüchig ist, z. B. weil bestimmte essentielle Voraussetzungen, auf die man sich gleichwohl beruft, durch die Handlung nicht eingelöst sind.

Blickt man auf solche Voraussetzungen, so wird sehr schnell die Begrenztheit und Regionalität des Begründungsanspruchs und der Begründungsleistung von ethischen Ansätzen bzw. Rechtfertigungsstrategien deutlich, z. B. des Utilitarismus (Nutzensethik) im Blick auf die Notwendigkeit, den Nutzen exakt zu kalkulieren und diese Kalkulation von den Betroffenen anerkennen zu lassen oder in ihrer Anerkennbarkeit transparent zu machen.

Neben dem oben erwähnten *Konvergenzprinzip* der Ethiken erscheint hier das *Komplementaritätsprinzip*, die Notwendigkeit der wechselseitigen Ergänzung ethischer Perspektiven als eine Aussicht, die Orientierungsunsicherheiten zu überwinden.

Ein weiteres Hindernis vor Eintritt in den ethischen Diskurs mag in der unterschiedlichen Einschätzung der Rolle von Religionen liegen. Religionen, deren Gültigkeit auf einem Bekenntnis zu ihnen beruht, können nicht allgemeine Verbindlichkeit beanspruchen. Gleichwohl muß der Wille, allgemeine Verbindlichkeit für das Handeln zu reklamieren, sich allererst zu diesem Ziel bekennen. Er ist nicht durch irgendwelche theoretischen oder praktischen Argumente dazu zu nötigen, überhaupt sittlich sein zu sollen. Daher setzen viele Ethiken an dieser Stelle auf die Relevanz der Religionen, die die Individuen überhaupt dazu auffordern, sittlich, gut, edel etc. zu sein, sich also als Menschen zu definieren im Unterschied zur fremdgeleiteten Tierwelt. Grundsätzlich steht es jedem Individuum frei, sich zu diesem Typ des Menschseins zu bekennen. Erst dann wird die ethische Argumentation greifen können. Aus diesem Grunde ist jedes ethische Bemühen auf ein solches Grundbekenntnis angewiesen. In der wie auch immer begründeten Aufforderung und Einladung zur Einnahme dieser Grundposition ist eine Leistung der Religionen zu sehen. Sie sind gleichsam der Motor, der die Individuen veranlaßt, unter der Vorstellung eines Prinzips des Menschseins und/oder der Natur, der Annahme eines Weiterlebens nach dem Tode, der Existenz eines Gottes, eines Prinzips einer ausgleichenden Gerechtigkeit etc., also aus den verschiedensten Gründen heraus, die ihrerseits ihre Geltung nur als Postulate (nicht als beweisbare Grundsätze) haben können, sich zur Sittlichkeit entschließen.

Auf der anderen Seite wird der Diskurs von den Alltagsregeln begrenzt: Die bereits in den vorsokratischen Philosophien und den antiken Religionen vorfindliche goldene Regel ("Behandle Deine Mitmenschen so, wie auch Du von ihnen behandelt werden willst."), wie sie sich bei Thales von Milet, Pittakos von Mytilene, dem Alten und dem Neuen Testament (Tobias 4,15; Matthäus 7,12; Lukas 6,31), aber auch bei Konfuzius und im Islam findet, ist ein unmittelbar einsichtiges pragmatisches Prinzip einer nicht bloß auf die Einzelsituation bezogenen Handlung. Sie garantiert im wesentlichen noch nicht die Sittlichkeit des Handelns überhaupt, sondern bezieht sich auf die Garantierung von Minimalbedingungen, die die Ausführung konkreter Handlungen auf längere Sicht ermöglichen. Sie läßt sich als Korrektiv für das Taktieren im Bereich der sozialen Beziehungen genauso ansetzen wie in dem Appell konkretisieren, Vorteile technischer oder wissenschaftlicher Innovationen nicht unmittelbar auf dem Rücken von Benachteiligten zu gewinnen, weil sich die Kräfteverhältnisse dergestalt ändern können, daß die negativen Folgen auf ihre Urheber zurückschlagen. Dieses pragmatische Prinzip bewegt sich sozusagen im vor-ethischen Raum, es ist das Prinzip eines rationalen Egoismus. Es kann eine Räubermoral genauso begründen wie das jeweilige Fairness-Niveau beim Sport, Korruptionsregeln ebenso wie die Einhaltung eines berufsständischen Ethos. Es ist *relativ* zur jeweils de facto anerkannten Lebensweise – es ist die Regel der Üblichkeit, abhängig davon, wen man als "Mitmenschen" anerkennt oder vorfindet.

7.2 Plato

Demgegenüber ist als erster Ansatz einer Ethikbegründung i. e. S. die Philosophie Platos[3] anzusehen, die die Sicherheit der Orientierung des Handelns durch ewig gültige Ideen gewährleisten zu können glaubte. Die Respektierung eines unter der Idee des Guten geordneten Kosmos (1), die Pflicht zur Realisierung dieser Ordnung unter der Tugend der Tapferkeit (2) auf der Basis der Bereitstellung einer gerechten Bedürfnisbefriedigung (3) machen die drei Stufen der Handlungsorientierung aus, so wie sie auch die drei Teile der menschlichen Seele als Instanz der Handlungsbestimmung charakterisieren: Einsicht, Durchsetzungswille/Mut, Begehren/Bedürfnisse. Diese "Seelenteile" sind durch die (formale) Tugend der Gerechtigkeit zu proportionieren in ihrer handlungsleitenden Funktion. Dann werden dem obersten Vermögen der Weisheit Ideen in ihrem abstrakten Gefüge unmittelbar einsichtig, sofern sich Gegensätze unter höherliegenden Ideen, den Ordnungsprinzipien des Kosmos,der Harmonie des Ganzen zusammenführen lassen.

Handeln, das sich an solchen ewigen Ideen, hierarchisiert nach dem Maßstab ihrer ewigen Gültigkeit, orientiert, setzt sich über die vergänglichen Bedürfnisse und Neigungen hinweg und realisiert im Modus der Tapferkeit die allgemeine gültige Ordnung. Neben der Weisheit ist daher Tapferkeit als praktische Voraussetzung des Handelns die "gerechte" Form des Mutigseins. Schließlich bedarf es der Garantie der materiellen Bedingungen zur Realisierung jenes Ideals, wozu eine ausgeglichene Befriedigung der Bedürfnisse in Selbstzucht gehört, auf die uns unsere Gefühle des Hungers, des Schlafs, des Fortpflanzungstriebs etc. hinweisen und für deren Realisierung in dem analog dreigeteilten Staatsmodell neben den Philosophenherrschern und den Soldaten die Versorgungswirtschaft (Landwirtschaft) zuständig ist. Aus diesem ethischen Begründungsansatz resultiert eine autoritäre und dirigistische Ordnung, die sowohl die Qualifikation des Denkens und Handelns vorgibt als auch diese Vorgabe durchsetzt. Unter christlicher Interpretation beherrschte diese Ethik, die das Böse als Abweichung von der Ordnung begreift (einschließlich der Freiheit nur als Freiheit zum Bösen), das Denken des Mittelalters. Manche Ökologen argumentieren heute so (s. unten) im Blick auf eine Naturordnung. Eine "Öko-Diktatur" aus Einsicht entspräche diesem Modell, das Plato später relativiert hat. Die Grundidee, die allgemeine Ordnung wie einen individuellen Organismus unter der Idee des Menschseins zu entwerfen, prägte die Ansätze, die den Staat als ein "Individuum im Großen" (Marx)begreifen.

---

[3]Zur Einführung: J. Mittelstraß, Platon, in: O. Höffe (Hrsg.), Klassiker der Philosophie I. München 1981, S. 38-62.

7.3 Aristoteles

Die Kritik des Aristoteles an diesem Ordnungsmodell weist sowohl auf dessen Begründungslücken hin wie auch auf die Unpraktikabilität dieses Ideals. Wie bereits oben ausgeführt (4.2) bezieht sich die Kritik an der Begründung darauf, daß erstens zur Rechtfertigung dieser Ideen ihrerseits Ideen angenommen werden müssen, was in einen unendlichen Regreß führt. Zweitens ist nicht zu erklären, wie aus dem Vorliegen idealer Ordnungskriterien die Macht zur Veränderung und Gestaltung der veränderlichen Welt erwachsen kann. Weiterhin ist die Begründungsleistung dieser Ideale zu schwach, weil die Bezugnahme von diesen Idealen auf den Einzelfall unsicher ist und bestimmter Kriterien bedarf, die den Einzelfall verschiedenen konkurrierenden Idealen eindeutig zuordnet, insbesondere Kriterien für die Bemessung der Ähnlichkeit des Einzelfalls zu dem entsprechenden Orientierungsideal. Außerdem ist nicht gewährleistet, daß konkurrierende Ideale sich unter höherstehenden Idealen vereinen lassen, womit also auch nicht gewährleistet ist, daß die Ordnung des Kosmos in Fragen der praktischen Orientierung eine einheitliche sei. Das "Gute", so Aristoteles, ist nicht Oberbegriff, sondern erscheint unter vielerlei Aspekten unterschiedlich.

Angesichts dieser Begründungsschwierigkeiten entwirft Aristoteles das praktische Philosophieren als Philosophieren eines eigenen Typs unter Unsicherheit.[4] An die Stelle der erkennenden Weisheit (Sokrates: "Wer das Gute kennt, der tut es auch.") tritt das Vermögen der Klugheit als Vermögen des Abwägens in jedem Einzelfall. Woran kann sich dieses Vermögen orientieren? Zunächst einmal daran, daß jedes Streben des Menschen der Realisierung eines Ziels dient und das Gute als oberstes Ziel deshalb nur eines sein kann, von dem aus nicht weiter gestrebt wird, das also sich selbst und in sich selbst genug ist. Wenn wir das Gute als Ziel des Strebens erfassen wollen, müssen wir nach Handlungen fragen, die sich selbst genug sind, deren Wert in ihnen selbst liegt. Während die Handlungen, die Güter realisieren, dies immer im Blick auf höhere Zwecke tun – sie faßt Aristoteles als Poiesis –, gibt es einen Handlungstyp, dessen Zweck vorwiegend im Handeln-Können selbst liegt, die Praxis: Sich ernähren, jemanden retten, Politik treiben, ein Kind zeugen, Sport treiben, künstlerisch tätig sein sind Handlungen, die nicht bloß der Realisierung von Gütern dienen, sondern deren Wert im Realisieren des Handeln-Könnens und der Erweiterung der Handlungskompetenz selbst liegt. Zusammenfassung und Kulmination dieser Handlungen, das gute Leben (Eupraxia), das nicht mehr unter Sachzwängen steht (die sich ja auf die Realisierung notwendiger Güter beziehen), nennt Aristoteles höchstes Glück, beispielhaft hierfür ist die Erkenntnis des Kosmos als Selbstzweck.

Zur Realisierung dieses Ideals, das Aristoteles aus der Struktur des menschlichen Handelns selbst ableitet, dient zunächst die Regel der Vermeidung der Extreme, des Überflusses und des Mangels. Denn diese Extreme setzen den einzelnen unter Sachzwänge, lenken ihn also von der Verwirklichung seines Handelns selber ab und machen ihn zum Reagierenden. Die Tugenden lassen sich daher nach Ari-

---

[4]Vergl. O. Höffe, Ethik als praktische Philosophie – Die Begründung durch Aristoteles, in: ders., Ethik und Politik, Frankfurt/M. 1979, S. 60-82.

stoteles charakterisieren als Realisierung der jeweiligen situationsabhängigen "Mitte für uns" zwischen Überfluß und Mangel, die als solche dadurch definiert sind, daß sie das Handeln selbst verstellen, also z. B. Tapferkeit (als Risikoübernahme) als Mitte zwischen Feigheit und Verwegenheit, Besonnenheit des Planens als Mitte zwischen Zügellosigkeit und Apathie/Stumpfsinn, Freigiebigkeit im Umgang mit Gütern als Mitte zwischen Verschwendung und Geiz. Formale oberste Tugend, die nicht mehr wie bei Plato für die Harmonie des Kosmos steht, sondern für Aristoteles die Stabilität des Handelns gewährleistet, ist die Gerechtigkeit. Aber auch diese Gerechtigkeit muß situationsadäquat relativiert werden unter dem Kriterium der Billigkeit. (Dies auch als Hinweis an eine rein legalistische Verwaltungsethik!) Würde sie als Ideal rigoros durchgesetzt, würde sie genauso Mangel- und Überflußerscheinungen zeitigen wie eine naive Umsetzung bestimmter anderer Tugendideale. Die Realisierung des Guten findet also statt, wenn das Handeln von einer *wahren* Überlegung (der Kenntnis der Situationseigenschaften und der Risiken des Mangels und des Überflusses) sowie dem *richtigen* Streben (der Vermeidung von Sachzwängen und der Realisierung eines Guten, das sich selbst genug ist) geprägt ist, d. h. also, wenn unsere Herstellungshandlungen (Poiesis) möglichst viele Praxisaspekte (die ihren Wert im Handeln selbst haben) mit realisieren.

7.4 Neuzeitliche Ethik

Nach dem Zusammenbruch der mittelalterlichen Ordnung, deren Ethik im wesentlichen durch den Ansatz Platos in christlichem Gewande geprägt war, suchten die neuzeitlichen Begründungsansätze eine Ethik am Konzept menschlichen Handelns zu orientieren. Menschliche Freiheit und Handlungskompetenz galten dabei als oberste Instanz, die jedoch für verschiedene konkretisierende Begründungswege in Rechnung gestellt werden konnte. Das Feld der neuzeitlichen Ethiken wird gemeinhin eingeteilt in die Gruppe der deontologischen Begründungsansätze (von griechisch 'deomai' = "ich muß"), also Ansätze, die sich am Pflichtgemäßsein der Handlungen orientieren, und teleologischen (von 'telos' = Ziel), die sich an den erreichten und intendierten Folgen, den Handlungseffekten, orientieren:

7.4.1 Deontologische Begründungsansätze

Die deontologischen Begründungsansätze beziehen sich darauf bzw. fragen danach, ob ein Handeln *in sich* gut oder wertvoll sei. Dieses In-Sich-Gut-Sein des Handelns kann entweder auf die konkrete Einzelhandlung bezogen werden oder darauf, daß der Wert der Handlung im Wert der handlungsleitenden Regel liegt. Bezieht man das In-Sich-Gut-Sein der Handlung auf die konkrete Aktion, so begibt man sich auf den Weg einer sogenannten

Handlungsdeontologischen Begründung: Begründungen dieser Art gehen davon aus, daß sich keine allgemein verbindlichen konkreten orientierungsstiftenden Regeln für das Handeln finden lassen, und daß deshalb für jede einzelne Aktion deren Wert nur jeweils für sie bestimmt werden kann. Es ist eine Argumentationsform, die sich im wesentlichen auf die unlösbaren Konflikte zwischen konkurrierenden Handlungsorientierungen beruft. So weist beispielsweise Jean-Paul Sartre[5] darauf hin, daß eine Alternative, die in einer konkreten Lebens- und Entscheidungssituation auftritt, wie beispielsweise diejenige für den Resistance-Kämpfer, der sich entscheiden muß, ob er zuhause bei seiner Mutter bleiben oder sich dem Widerstand gegen den Faschismus anschließen soll, unlösbar ist. Angesichts der Unlösbarkeit moralischer Konflikte verweisen Handlungsdeontologen darauf, daß – unter dem Verdikt des Immer-Schuldig-Werdens – danach gesucht werden muß, welche Handlung für sich gesehen ihre höhere Werthaftigkeit für das Subjekt suggeriert. Moralische Entscheidungen sind deshalb immer persönliche und subjektive Entscheidungen, die der subjektiven Instanz des Gewissens verpflichtet sind.

Der *Existenzialismus* ist eine radikale Variante der deontologischen Begründungsansätze. Allerdings sehen auch die Existenzialisten, wenn sie ihren Ansatz zu Ende denken, die Notwendigkeit, das Handeln der Anderen in ihr Kalkül miteinzubeziehen. Dies geschieht sowohl aus erkenntnistheoretischen als auch aus handlungspraktischen Erwägungen: Nur dadurch – so Sartre – , daß ich dem Anderen den Freiraum für seine subjektiven Entscheidungen lasse, kann er sich mir gegenüber als Subjekt präsentieren, was allererst die Voraussetzung dafür ist, daß ich mich unter seinem Blick selbst als Subjekt empfinden kann. Wir erfahren dies meistens ex negativo, dadurch nämlich, daß unter dem Blick des Anderen wir zum Gegenstand werden, was das Schamgefühl i. w. S. auslöst. Durch die Registrierung dieses Schamgefühls jedoch werden wir uns unserer eigenen Subjektivität bewußt. Begrenzen wir die Freiräume der Anderen, z. b. durch Unterwerfung, so begeben wir uns dieses Effekts der Selbstvergewisserung. Die handlungspraktische Seite der Respektierung des Anderen ist darin begründet, daß erst im Miteinander die sozialen Voraussetzungen zur Entfaltung der eigenen Subjektivität entstehen können. Zur Ende gedacht geht also der handlungsdeontologische – existentialistische Ansatz über in einen regeldeontologischen, der die Regeln des Subjekt-Sein-Könnens selber mit einbezieht.

Regeldeontologische Ansätze: Als Kulminationspunkt der regeldeontologischen Ansätze gilt Immanuel Kants Lehre vom Kategorischen Imperativ.[6] Oft als Verallgemeinerungsformel oder Variante der goldenen Regel mißverstanden, zielt der Kategorische Imperativ doch auf eine völlig andere Begründung. Die goldene Regel appelliert an den Egoismus und das Nutzendenken des einzelnen, für dessen Realisierung die Respektierung der Interessen der (konkreten) anderen nötig sei. Die kurzschlüssige Interpretation des Kategorischen Imperativs als Verallgemeinerungsformel kollidiert mit der Autonomie des individuellen Subjekts und führt, in

---

[5]J.-P. Sartre, Ist der Existentialismus in Humanismus, in: ders., Drei Essays, Frankfurt/M. – Berlin – Wien 1970, S. 17ff. Dieser Ansatz (s. u.) birgt wesentliche Anregungen für eine Ethik der Kommunikation, sowohl Methoden der Psychologie betreffend als auch Medientechnologien.

[6]Vergl. zur Einführung O. Höffe, a. a. O., S. 84-119; sowie W. Frankena, Analytische Ethik, München 1972, S. 46-53.

naiver Weise zu Ende gedacht, zu dem Resultat, daß Handlungen, die nicht von allen de facto in vergleichbaren Situationen ausgeführt werden können, untersagt wären. Hingegen beschreibt der Kategorische Imperativ die Notwendigkeit, daß subjektive Maximen (Handlungsregeln) der Einzelhandlungen sich als objektive Gesetze begründen lassen können müssen. "Handle so, daß die Maxime Deines Handelns zum Prinzip einer allgemeinen Gesetzgebung dienen könnte" oder "als ob die Maxime Deines Handelns ein allgemeines Gesetz wäre" beschreiben den Anspruch, daß die subjektiven Handlungsgründe den Charakter einer *objektiven Nötigung* haben müssen. Dies bedeutet, daß sie nicht dem Zufall der Interessenlage oder Situation unterliegen dürfen, sondern daß ihnen eine allgemeine Verbindlichkeit zuschreibbar sein muß, anders formuliert, daß der Handelnde unter allen – möglicherweise auch unbekannten – Umständen (z. B. auch in ferneren Zeiten) noch zu ihnen stehen kann. Dies vermag er aber nur dann, wenn durch seine subjektiven Handlungsmaximen das Prinzip seines Handelns, nämlich die Autonomie und Freiheit seiner Veranlassung, nicht beschädigt wird.

Der Kategorische Imperativ beschreibt formal die Bedingungen, die eingehalten werden müssen, wenn durch das Handeln die Handlungskompetenz nicht abgeschafft werden soll. Dies geschieht aber, wenn durch das Handeln ein Subjekt sich selbst aufhebt (bis hin zum Selbstmord), wenn es seine Handlungsfähigkeiten einschränkt statt sie zu entfalten, wenn es die sozialen Voraussetzungen seines Handelns (durch Verweigerung der Hilfe) zerstört und wenn seine Handlungen in sich widerspruchsvoll werden dadurch, daß sie sich aus der Anerkennung bestimmter Rechtsverhältnisse heraus als Handlungen konzipieren, z. B. ein Versprechen abzugeben, andererseits aber diese Rechtsverhältnisse gerade ignorieren und aushöhlen, indem sie dies in der Absicht tun, das Versprechen nicht zu halten. Dasselbe gilt für das Lügen. Versprechen nicht zu halten oder zu lügen sind daher inkonsistente, weil doppelte Handlungen: Sie beanspruchen, etwas zu vollziehen, und gleichzeitig nicht zu vollziehen. Daher geht ihnen der Charakter einer objektiven Nötigung ab; sie sind nicht Ausdruck einer geschlossenen Äußerung von Freiheit. In der Formulierung "Handle so, daß Du die Menschheit niemals bloß als Mittel, sondern immer zugleich als Zweck einsetzt" faßt der Kategorische Imperativ dieses Prinzip noch einmal zusammen unter dem Gesichtspunkt, daß durch jede Handlung das Mensch-Sein als Freiheit erhalten bleiben muß. Dieser anthropozentrische Ansatz, der nicht auf die de-facto-Interessen, sondern auf die Handlungskompetenz abhebt, läßt sich durchaus auch für eine ökologische Ethik fruchtbar machen (s. 8.4).

7.4.2 Teleologische Begründungsansätze

Der Kategorische Imperativ beschreibt die Rahmenbedingungen, unter denen Handeln Objektivität beanspruchen kann. Es ist die Erhaltung von Freiheit als Handlungsbedingung. Allerdings gibt der Kategorische Imperativ dadurch keine positive Handlungsanleitung oder Handlungsorientierung. Er kann als Prüfstein dafür gelten, was als Handeln unzulässig ist und beschreibt die Grenze des Moralischen im Blick darauf, wann Unsittlichkeit entsteht. Innerhalb seines Geltungsbereichs begründet er Sittlichkeit. Um diese jedoch inhaltlich auszufüllen, bedarf es inhaltlicher Ergänzungen. Diese werden von denjenigen Handlungsbegründungsstrategien erfaßt, die als teleologische sich mit der Abwägung und Bewertung konkreter Handlungsziele beschäftigen.[7]

Handlungsteleologische Begründungsansätze: Oft werden handlungsteleologische Begründungsansätze als Gegenpol zu den deontologischen aufgefaßt, weil der Wert der Handlungen einzig im erzielten Resultat bemessen wird. Eine Handlung ist dann legitimiert, wenn die guten Folgen die schlechten Folgen des Handelns überwiegen. In dieser Fassung wird der handlungsteleologische Ansatz zum utilitaristischen Ansatz,[8] wie ihn Jeremy Bentham und George E. Moore entworfen haben. Gute oder schlechte Handlungsfolgen werden daran bemessen, ob und wie Glück oder Leid, Nutzen oder Schaden durch die Handlung erzielt werden im Blick auf die größte Zahl der Betroffenen. Nutzen und Schaden können ihrerseits weiter modelliert werden, z. B. im Blick auf ihre Stabilität, ihre Langfristigkeit, den Grad der Zufriedenheit mit ihnen bzw. beim Schaden die Notwendigkeit der Überwindung auf der Basis der jeweils "evidenten" Auffassung, daß "es vorbei gehen solle" etc. Dabei sind die Bedingungen und Voraussetzungen einer derartigen Handlungslegitimation nicht aus den Augen zu verlieren, wie es im Zuge der Radikalisierung dieses Denkens in der "Praktischen Ethik" (z. B. Peter Singers)[9] geschieht: Utilitaristisches Abwägen als Kalkulationsstrategie ist darauf angewiesen, daß

— die ins Blickfeld genommenen Handlungsalternativen klar und präzise, möglichst vollständig bekannt sind,
— die Präferenzen als Bewertungskriterien für Nutzen und Schaden klar modelliert sind und
— die Präferenzen von den Betroffenen (und/oder stellvertretend für die Betroffenen) anerkannt oder anerkennbar sind.

Damit wird bereits deutlich, daß utilitaristisches Denken – im Blick auf die in Kap. 5 und 6 skizzierten Schwierigkeiten – zu relativieren und zu regionalisieren ist. Es hat sich (z. B. in der Risiko- und Chancenbewertung) den Problemen zu stellen, daß

— oft die Handlungsfolgen nur unvollständig und unsicher zu erfassen sind und zwischen Graden der Unsicherheit abzuwägen ist,
— die Präferenzen unklar, irrational und latent sein können, etwa im Zuge der Favorisierung von Präferenzen, denen man leichter nachkommen und entsprechen kann gegenüber schwieriger zu erfüllenden, oder latenten Präferenzen, die nicht ausgesprochen werden, weil sie nicht einem bestimmten aufgeklärten Menschenbild entsprechen oder insgesamt unklar sind (Präferenzen von Lebewesen, die diese Präferenzen nicht artikulieren, seien es Menschen in bestimmten Zuständen oder der Teil der Natur, der nicht direkt diskursfähig ist etc.),
— potentielle Präferenzen schwer zu berücksichtigen sind,

---

[7]Vergl. W. Frankena, a. a. O., Kap. 3.

[8]Vergl. J. Bentham, Eine Einführung in die Prinzipien der Moral und der Gesetzgebung, in: O. Höffe (Hrsg.), Einführung in die utilitaristische Ethik, Tübingen 2/1992, S. 55-83.

[9]P. Singer, Praktische Ethik, Stuttgart 1984.

— Präferenzen für die Art des Umgangs mit Präferenzen einbezogen werden müßten,

— über die Anerkennungsbasis oder die Legitimität der Anwälte, die die Anerkennung stellvertretend vornehmen (für die Natur, Kranke etc.) nicht unter utilitaristischen Kriterien entschieden werden kann.

Denkt man diese Modellierungen zu Ende, wird festzustellen sein, daß Nutzen und Schaden niemals im Blick auf konkrete Handlungen definitiv und sicher "feststellbar" sind. Vielmehr sind das Handlungsgefüge und seine Bedingungen insgesamt zu berücksichtigen, die ihrerseits u. a. durch bestimmte anerkannte Regeln strukturiert sind. Ein zu Ende gedachter handlungsutilitaristischer Ansatz wird daher zum

Regelutilitaristischen Ansatz[10]: Der regelutilitaristische Ansatz richtet die Begründung nicht mehr bloß auf singulären Schaden oder Nutzen, sondern auf die Wirkung im Handlungsgefüge überhaupt. Dies wird bereits deutlich, wenn – von der Nutzens- oder Schadensbilanz her gesehen – gleichrangige Handlungen zur Wahl stehen. Man wird dann zunächst z. B. diejenige favorisieren, die für eine größere Zahl von Akteuren im Handlungsgefüge den höheren Nutzen erbringt, was aber mit Prinzipien der Aufrechterhaltung des Handlungsgefüges bzw. allgemeiner Schadensabwendung in Widerspruch stehen kann. Die Nützlichkeit des Vererbungsprinzips im Blick auf die Bevorzugung des Erstgeborenen (zur Vermeidung der Landzerstückelung) wird unter solchen Überlegungen ihre Kompensation durch die Entschädigung der anderen verlangen, weil sonst Kämpfe ausbrechen, die den positiven Effekt revidieren. Das Prinzip der ausgleichenden Gerechtigkeit oder dasjenige der Chancengleichheit sind daher regelutilitaristisch gut begründet. Die unterschiedliche Behandlung von Mitgliedern der Gesellschaft aufgrund unterschiedlicher Fähigkeiten wird ihre Kompensation verlangen – wenn ebenfalls schädliche Konflikte vermieden werden sollen – durch eine Berücksichtigung des Gleichheitsprinzips auf anderen Gebieten, die das Gesellschaftsgefüge stabil hält. Der Nutzen oder Schaden bestimmter Maßnahmen, die vielleicht der größeren Zahl Vorteile verschaffen, müssen dadurch limitiert werden, daß solche Handlungen nicht zugelassen werden, die dem Prinzip der Menschenwürde widersprechen (z. B. Erzwingung von Informationen durch die Folter etc.), weil die dadurch begünstigte Verrohung der Gesellschaft allgemeinen Schaden jenseits der Perspektive derjenigen bewirkt, die ihre inquisitorischen Maßnahmen vielleicht in "guter" utilitaristischer Absicht vollziehen. Ein zu Ende gedachter regelutilitaristischer Ansatz führt uns daher auf bestimmte Grundprinzipien der Erhaltung menschengerechten Handelns in Freiheit zurück, also zu den regeldeontologischen Ansätzen.

Dieser grobe Überblick relativiert in erster Annäherung die Befürchtungen, daß die Vielfalt ethischer Begründungsansätze zu einem Wertpluralismus führt, der in der Ethik – mit Ausnahme der Berufung auf das individuelle Gewissen – keine

---

[10]Vergl. die Ansätze von J. J. C. Smart, Extremer und eingeschränkter Utilitarismus, sowie von R. B. Brandt, Einige Vorzüge einer bestimmten Form von Regelutilitarismus, die bereits von J. S. Mill (alle in O. Höffe (Hrsg.), Einführung.... a. a. O.) vorbereitet wurde.

allgemeinverbindliche Orientierung erlaube. Die Konvergenz der zu Ende gedachten Begründungsansprüche in dem Prinzip der Erhaltung menschlicher Freiheit ist jedoch jenseits ihrer Formalität durchaus geeignet, in Konfliktfällen Orientierung zu verschaffen. Sie läßt sich in bestimmten Formen der Entscheidungsfindung operationalisieren, wie es die Diskursethik zum Thema hat, oder in bestimmten Modellen legitimer staatlicher Organisation umsetzen, womit sich die Gerechtigkeitsethik (z. B. John Rawls') befaßt.[11]

7.5 Diskursethik – Ideal oder Praxismodell der Generierung gerechter Lösungen?

Daher setzen viele Technik-, Wissenschafts- und Wirtschaftsethiker auf den Diskurs. Die von Jürgen Habermas entwickelte Diskursethik[12] weist folgende Struktur auf: Gegen willkürliches Entscheiden (Dezisionismus) im Bereich des Erkennens und Handelns kann eingewendet werden, daß sowohl unsere Wahrnehmungserlebnisse als auch unsere moralischen Gefühle durch die Unausweichlichkeit der Alltagspraxis bedingt sind, auf normativen Erwartungen basieren und im Wechselspiel mit diesen Erwartungen korrigiert und entschuldigt werden (unter Bezug auf Peter Frederick Strawson) (1). Jedoch müssen in bestimmten problematischen Situationen Geltungsansprüche explizit anerkannt werden. Zu diesem Zweck dient das reale Argumentieren (2). An einer solchen realen Argumentation nehmen die Betroffenen kooperativ teil – es geht hier nicht nur um das Registrieren von Meinungen. Auf dieser Ebene finden reale Diskurse statt, nicht bloß hypothetisch durchgespielte Argumentationen. Wenn nun ein faktischer Konsensus nicht besteht, muß eine Suche nach einem Brückenprinzip stattfinden, das einen solchen Konsensus herbeiführen kann. Es tritt hier eine Argumentationsregel in Kraft, die man in Anknüpfung an die Intention Kants so formulieren kann, daß, statt allen eine Maxime vorzuschreiben, diese Maxime allen zur Prüfung vorgelegt werden muß (3). Ein Konsensus ergäbe sich dann, wenn "die Folgen und Nebenwirkungen, die sich aus einer allgemeinen Befolgung der strittigen Norm voraussichtlich ergeben, von allen zwanglos akzeptiert werden können." Es handelt sich hierbei, so Habermas, nicht um einen obersten ethischen Grundsatz, sondern um eine Grundvoraussetzung der Logik des Diskurses, also eine Argumentationsregel.

Diese Regel ist zu rechtfertigen, wenn gezeigt werden kann, daß in jeder normalen Situation kommunikativer Interaktion die beteiligten Subjekte unstrittige Voraussetzungen machen: die Intentionalitätserwartung, die das Kosubjekt als rationales Handlungssubjekt bestimmt, und die Legitimationserwartung, durch die unterstellt wird, daß der Kommunikationspartner die Normen, denen er folgt, auch aner-

---

[11]J. Rawls, Eine Theorie der Gerechtigkeit, Frankfurt/M. 1976, s. dazu auch unten.

[12]Am prägnantesten dargestellt in den "Notizen zu einem Begründungsprogramm", in: J. Habermas, Moralbewußtsein und kommunikatives Handeln, Frankfurt/M. 1983, S. 53-126.

kennt, und daß er fähig ist, diese Normen zu problematisieren und zu verteidigen. Da wir wissen, daß Subjekte diesem Modell meist nicht entsprechen, ist zu fragen, warum wir an solchen Erwartungen überhaupt festhalten. Diese Erwartungen sind "kontrafaktisch", was ihren Gehalt betrifft. Die Tatsache aber, daß sie vorliegen, macht überhaupt allererst unsere sogenannte kommunikative *Kompetenz* aus als notwendige Voraussetzung für jegliche Kommunikation. Aus dieser idealen Voraussetzung läßt sich nun ein *Ideal* einer Kommunikationssituation ableiten: Der Diskurs i. e. S. (4). Habermas grenzt diesen Diskurs gegen den Disput (Beispiel: Prozeß) ab und kennzeichnet ihn im Blick auf seinen kontrafaktischen Charakter als "Gegeninstitution":

> "Noch der Prozeß, der der Wahrheitsfindung dient, steht hier unter Bedingungen des kommunikativen Handelns und nicht des Diskurses. Welche Tatbestände die Parteien mitteilen, welche sie verbergen; welche Interpretationen und Erklärungen sie für die Daten finden: das hängt von ihrer sozialen Rolle in einem Interaktionszusammenhang und von ihrem Interesse ab. Die Parteien wollen wie in einem strategischen Spiel Gewinne erzielen und Verluste vermeiden. Ihr Ziel ist nicht die Wahrheitsfindung, sondern eine für sie jeweils günstige Entscheidung eines Streitfalls. Sogar der Richter ist institutionell gehalten, das Ziel der Wahrheitsfindung der Notwendigkeit, zu terminierten Entscheidungen zu gelangen, d. h. in angemessener Frist sein Urteil zu sprechen, unterzuordnen. Der Disput als Mittel zur strategischen Verwirklichung dieser durch die Rollenverteilung definierten Ziele ist kein Diskurs. Ein Diskurs steht vielmehr unter dem Anspruch der kooperativen Wahrheitssuche, d. h. der prinzipiell uneingeschränkten zwanglosen Kommunikation, die allein dem Zweck der Verständigung dient, wobei Verständigung ein normativer Begriff ist, der kontrafaktisch bestimmt werden muß. Der Diskurs ist keine Institution, er ist Gegeninstitution schlechthin."[13]

Dieses Ideal einer kommunikativen Situation impliziert die Möglichkeit eines universellen Rollentauschs aller Teilnehmer, der unbegrenzten öffentlichen Vertretbarkeit ihrer Positionen und der allgemeinen Lehrbarkeit, macht also unser spezifisches Wissenschaftsverständnis aus.

> "Für den hypotheseprüfenden Diskursteilnehmer verblaßt die Aktualität seines lebensweltlichen Erfahrungszusammenhangs; ihm erscheint die Normativität der bestehenden Institutionen ebenso gebrochen wie die Objektivität der Dinge und Ereignisse. Im Diskurs nehmen wir die gelebte Welt der kommunikativen Alltagspraxis sozusagen aus einer artifiziellen Perspektive wahr; denn im Licht hypothetisch erwogener Geltungsansprüche wird die Welt der institutionell geordneten Beziehungen in ähnlicher Weise moralisiert wie die Welt existierender Sachverhalte theoretisiert — was bis dahin als Tatsache oder Norm fraglos gegolten hatte, kann nun der Fall oder auch nicht der Fall, gültig oder ungültig sein."[14]

Das Brückenprinzip hat durch eine nähere Betrachtung der kontrafaktischen Erwartungen, die jeder an Kommunikation stellt, den Weg freigemacht für eine Argumentation, die auf ein *"nichthintergehbares"* Letztbegründungsprinzip führt.

Zunächst ist festzuhalten, daß der oben geschilderte Vorgang ein rein gedanklicher ist, denn ein Subjekt, das real völlig aus seinem Lebenszusammenhang heraustreten könnte, gibt es nicht. Jener Abstraktion liegt vielmehr eine sogenannte

---

[13] J. Habermas, in Habermas/Luhmann, Theorie der Gesellschaft oder Sozialtechnologie, a. a. O., S. 200f.

[14] J. Habermas, Moralbewußtsein, a. a. O., S. 116.

Analyse der Voraussetzungen (Präsuppositionsanalyse) zugrunde, die diejenigen Bedingungen von Kommunikation aufsucht, die, ohne daß die Kommunikation aufgehoben würde ("performativer Widerspruch") nicht geleugnet werden können (wer ohne Wahrheitsanspruch "behauptet", behauptet eben nicht; wer ohne Regeln "argumentiert", argumentiert eben nicht). Wenn man sich auf eine solche Analyse einläßt, gelangt man auf diese vierte Ebene. Diese weist also ein Prinzip auf, das nicht bestreitbar ist und nur sich selbst voraussetzt.

Die Suche nach einem derartigen Prinzip führt zum diskursethischen *Grundsatz* als derjenigen Vorstellung, die jeder bereits anerkannt hat, "daß nur Normen Geltung beanspruchen können, die die Zustimmung aller Betroffenen finden könnten." Es sind dies diejenigen Normen, die dem Diskurs, der nach dem Brückenprinzip geführt wird, standhalten. Der diskursethische Grundsatz kann ohne Selbstwiderspruch nicht geleugnet werden, da der Anerkennungsakt des Konsensus bereits stattgefunden hat, wenn in die Argumentation eingetreten wird; und er ist seine eigene Voraussetzung, weil der Grundsatz Bedingung des Diskurses ist und aus ihm heraus entwickelt wurde.

Wer sich dem Diskurs verweigert, "isoliert sich" und "geht zugrunde". Das zeigt aber, daß der Eintritt in den Diskurs auf einer Handlung beruht. Damit ist der Diskurs jedoch offensichtlich als Letztbegründungsinstanz relativiert, und genau zu dieser Einschätzung gelangte auch Habermas. Skeptizismus ist durchaus als stummes Verweigern möglich, ebenso eine Ablehnung des Diskurses auf der Basis z. B. von Interessen und Macht, die sich der Artikulation verweigert. Hingegen versuchte Karl Otto Apel gerade den "transzendentalen Charakter" des diskursethischen Grundsatzes herauszustellen und wirft Habermas neuerdings falsche Bescheidenheit vor:

"Von Beginn der Geschichte an muß es das gegeben haben. Hier muß auch eine gewisse Kategorie vorausgesetzt werden, *sonst würde man letztlich verzweifeln.*"15

Der "Akt des Vertrauens" wird als Wirklichkeit vorausgesetzt, deren notwendige Bedingungen rekonstruiert werden. Er gehöre sozusagen zu den Bedingungen der realen Kommunikationsgemeinschaft, aus denen die Explizierung ihrer idealen Bedingungen sich ergibt. Der Akt des Vertrauens ist aber keine gegebene Wirklichkeit, kein anthropologisches Faktum, sondern selbst eine Handlung. Im Blick darauf wird die Gleichsetzung einer "notwendigerweise a priori unterstellten Bedingung" mit einer politisch geschichtlichen Perspektive ("kontrafaktisch antizipierend"), gar einer Zielstrategie, bedenklich. Wie Hermann Krings es einmal formulierte: Nicht der Diskurs bedingt die Freilassung eines Sklaven, sondern diese bedingt den Diskurs. Der Akt des Vertrauens ist eben nicht die Wirklichkeit.

Den grundlegenden (religiösen) Akt hat Hermann Krings16 als die Anerkennung menschlicher Freiheit bezeichnet. Er ist nicht spezifizierbar. Er ist "Sich-Öffnen", insofern, als er dem anderen unterstellt, daß dieser den Standpunkt der Freiheit ebenfalls eingenommen hat. "Einer allein kann nicht frei sein", d. h. Freiheit bloß für sich reklamieren und damit bereits einschränken. Solcherlei "Freiheit" wäre nichts anderes als die Reservierung bestimmter Handlungsalternativen für eine Per-

---

15 K. O. Apel, Diskussionsbeitrag, in: W. Oelmüller (Hrsg.), Transzendentalphilosophische Normenbegründung, Paderborn 1978, S. 173f.
16 H. Krings, System und Freiheit, Freiburg 1980, S. 122f.

son. Aus dem (transzendentalen) Anerkennungsakt von Freiheit überhaupt, der somit personell nicht eingeschränkt werden kann, folgt dann überhaupt erst die praktische Freiheit auf der Basis des Sittengesetzes (etwa formuliert im Kategorischen Imperativ oder im diskursethischen Grundsatz), der dann Prinzipien einer realen Freiheit des Handelns qua politischer Klugheit abgerungen werden müssen.

Wie lassen sich idealer Diskurs und die notwendigerweise immer endliche Konsensbildung vermitteln? Habermas verweist zunächst darauf, daß eine formale Prozedur für den endlichen Diskurs aus dem Modell des idealen Diskurses ableitbar ist. *Performative (pragmatische) Widersprüche* entstehen, wenn in der Argumentation Zwang ausgeübt wird (z. B. durch Vorenthaltung von Wissen). Bestimmte Grundnormen können als prinzipiell nicht konsensfähig ausgeschlossen werden:

> "Wer eine solche Maxime ... wirklich hätte, der könnte weder sagen wollen, daß er sie habe, noch, daß er sie zur Maxime anderer machen wolle; er müßte sie sorgfältig in sich verschließen, und nur für sich selbst zu behalten wünschen. Mitgeteilt vernichtet sie sich selbst."

Diese Formulierung stammt nun nicht von Habermas, sondern von Johann Gottlieb Fichte.[17] Eine solche auszuschließende Maxime wäre diejenige, den Kontrahenten oder Betroffenen als Sache zu behandeln; dies begründet bereits der Kantische Kategorische Imperativ. Was die konkrete Normengewinnung betrifft, reklamiert nun Habermas eine weitere Instanz, was an dieser Stelle überrascht: Die aristotelische Klugheit, die hier auf seltsamen Wegen ihre Rehabilitierung erfährt.

> "Die Anwendung von Regeln verlangt eine praktische Klugheit, die der diskursethisch ausgelegten Vernunft vorgeordnet ist, jedenfalls nicht ihrerseits Diskursregeln untersteht. Dann kann aber der diskursethische Grundsatz nur unter Inanspruchnahme eines Vermögens wirksam werden, welches ihn an die lokalen Übereinkünfte der hermeneutischen Ausgangssituationen bindet und in die Provinzialität eines bestimmten geschichtlichen Horizontes zurückholt.... Der universelle Gehalt dieser Normen selbst bringt den Betroffenen, im Spiegel veränderter Interessenlagen, die Parteilichkeit und Selektivität von Anwendungen zu Bewußtsein. Anwendungen können den Sinn der Normen selbst verfälschen; auch in der Dimension der klugen Applikation können wir mehr oder weniger befangen operieren. In ihr sind Lernprozesse möglich."18

Diese Lernprozesse machen aus, daß die Applikation nicht beliebig und kasuistisch ist, sondern einen gerichteten Verlauf nimmt. Dies klingt nun sehr aristotelisch-pragmatisch: Klugheit als Vermögen, Extreme zu vermeiden, die Mitte für uns zu gewährleisten, Parteilichkeit und Selektivität im Zuge von Lernprozessen zu überwinden, gewährleistet nichts anderes, als jenes Ideal des Handelns überhaupt wechselnden Situationen anzupassen. Und dazu verhilft der reale Konsens sicherlich, solange alle Teilnehmer diesem Ideal verpflichtet sind. Gefahr geht nicht von falschen Normen aus, sondern von Normierungsverweigerung überhaupt – den partiellen Interessen und Affekten etc. – der gelebten Ablehnung von Freiheit.

Allerdings – so wäre an dieser Stelle zu fragen – kann doch wohl die strenge Ausrichtung des Diskursprinzips auf das Konsensprinzip die Absichten seiner Verfechter verfälschen:

---

[17]J. G. Fichte, Werke, Stuttgart 1964, 4.287.

[18]J. Habermas, Moralbewußtsein, a. a. O., S. 115.

Wenn der Konsens als *Ideal* der Legitimation immer als regulatives Prinzip für den Diskurs als *faktische* Entscheidungsinstanz auf der Basis eines relativen und regionalisierten Klugheitsstands gilt, werden die Gefahren utilitaristischen Denkens in diesen faktischen Diskurs transportiert. Unsicherheit wird abgebaut, Favorisierungen, die in der alltäglichen Lebenswelt vorhanden sind, werden durch den Diskurs als gültige geadelt, latente Strukturen bleiben verborgen. Wäre demgegenüber nicht der faktische Diskurs als Beratungsebene neben der Ebene politischer Mehrheitsbildung als eine Instanz zu begreifen, innerhalb derer der *Dissens* zu fördern sei, verdeckte Präferenzen gehoben, vielleicht "unrealistische" Alternativen durchgespielt und somit das gesamte Unternehmen eher auf Verunsicherung und Beförderung der Kreativität ausgelegt werden sollte? Der Diskurs wäre dann ein Sondierungsinstrument und ein Kreativitätskatalysator, in einem anderen Sinn "kontrafaktisch", und würde, als Medium der Politikberatung und als Medium der Tätigkeit entsprechend anerkannter "Kommissionen" (z. B. der "Ethikkommissionen") die praktische Klugheit als Garant der Einzelfallbetrachtung begünstigen. Denn vermeintlich "sichere", d. h. konsens-abgesicherte Regeln verhindern zukunftsgerichtetes Agieren möglicherweise genauso wie der politische Dezisionismus. Vielleicht wäre dem Anliegen, neben der Mehrheitsbildung eine weitere Legitimationsinstanz einzuführen, durch eine Rehabilitierung des Dissensprinzips verbunden mit der nötigen Transparenz der Beratungsprozesse eher gedient. "Abweichende Gutachten" als "schlechtes Gewissen" der politischen Entscheidung erweisen sich in dieser Funktion möglicherweise dem Ideal der Freiheitserhaltung eher verpflichtet als ein Konsens, der alle Rationalisierungsfilter durchlaufen hat (s. dazu auch Kap. 9).

Im Unterschied zur Diskursethik, die von ihrem Anspruch her die Normen privilegiert, die kontrafaktisch der Diskursregel standhalten, stellt die Gerechtigkeitsethik von John Rawls[19] regulative Prinzipien der Normenfindung vor, die politische Prozesse leiten sollen. Normen sind dann legitimiert, wenn sie für alle gerecht sind. Gerechtigkeit bedeutet jedoch nicht von jedem und für jeden das gleiche. Auch die Alternative, daß jeder nach seinen Fähigkeiten und jeweiligen Bedürfnissen in unterschiedlicher Weise zu berücksichtigen wäre, läßt sich nicht absolut begründen. John Rawls schlägt daher eine Lösung vor, die im wesentlichen durch ihren Charakter als Verfahren geprägt ist, sich aus diesem Dilemma zu ziehen: Das Verfahren besteht in einem gemeinsamen Gedankenexperiment, mit dessen Hilfe die Normen für das Zusammenleben entwickelt werden sollen. In diesem Gedankenexperiment (als Vorschlag für einen bestimmten Stil der ethischen Reflexion) soll jeder so tun, als wisse er nicht, an welcher Position er später als Betroffener zu stehen habe. Unter diesem "Schleier des Nichtwissens", das bei unserer dynamischen wissenschaftlich-technischen und gesellschaftlichen Entwicklung als adäquat anzusetzen ist, weil niemand weiß, ob er in späteren Kontexten als Akteur oder Betroffener beteiligt ist, sollen Normen konzipiert werden, die dann zwangsläufig dadurch gekennzeichnet sind, daß auch die Belange der jetzt jeweilig gesellschaftlich und artikulatorisch schwächeren Gruppen gebührend berücksichtigt werden. Solche Normen gelten dann als Regeln für das gesellschaftliche Zusammenleben (z. B. Subsidaritätsprinzip, Altersversorgung). Eine Ethik, die sich solchermaßen unter den Bedingungen des

---

[19]Vergl. hierzu: O. Höffe, Ethik und Politik, a. a. O., S. 213-226.

Nicht-Wissens entfaltet, ist im höchsten Maße für die Wirtschafts- und Technikethik aktuell. Normen werden legitimiert durch die Verfahren ihrer Beistimmung: Es sind dies die Verfahren der Beweislastumkehrung in unsicheren Fällen, die Haltung der Vorsicht und des Ausgleichens, die Vermeidung von einseitigen Lösungen, die kurzfristig Vorteile verschaffen, das Abwägen von Interessen unter Berücksichtigung der Tatsache, daß sich Interessenlagen verändern können, sowie das Offenhalten von Optionen.

7.6 Ethik institutionellen Handelns

Während die klassischen Ethiken sich auf die Rechtfertigung faktischer Handlungsvollzüge und Handlungsfolgen konzentrieren, folgt für die Aufgabenstellung einer Ethik institutionellen Handelns, daß sie mögliche Handlungsvollzüge und Handlungsfolgen zu rechtfertigen hat. Sie muß also als Ethik der *Handlungsmöglichkeit* auftreten, und zwar im Blick auf die reale *Ermöglichung* individueller Handlungsausführungen. Beide müssen also zunächst die notwendigen Bedingungen thematisieren, die nicht in der Kompetenz der Individuen stehen, und die, ergänzt durch die hinreichenden Bedingungen durch das Individuum die Handlungsausführung leiten. Eine solche Ethik hat sich mit dem Problem der Vermittlung individuellen Handelns mit der zugrundeliegenden Handlungs*kompetenz* zu stellen, also der Vermittlung Individuum – Menschsein.

In der antiken Ethik konnte die politische Praxis der Polis noch problemlos mit dem individuellen Ethos gleichgesetzt werden. Denn die Polis realisierte die Autonomie und Autarkie ihrer Bürger als ihrer eigentlichen Träger, mit denen sie identisch war. So konnte dieses einheitliche Ethos unter einer Idee des Ansichguten (Plato) oder des für den Menschen Guten (Aristoteles) formuliert werden. Das *lateinische Mittelalter* differenzierte zwar zwischen dem Ganzen des Staates und seinen einzelnen Elementen. Jedoch wurden die von dieser Differenzierung Betroffenen nicht als Individuen, sondern als Personen (Rollenträger) gedacht.[20] Dies bedeutet, daß sie durch ihren sogenannten Status wertmäßig auf das Ganze bezogen waren. Das mittelalterliche Recht (Jedem das Seine) bezog sich also auf Personen, nicht auf Individuen. Im Denken des *Renaissance-Humanismus* nun erschien die Kluft zwischen einem Menschenbild, das nicht mehr als feststehende Idee, sondern als Ideal formuliert wurde und dem einzelnen Individuum. Dies eröffnete die Problematik *zweier Ethiken*: Insbesondere in den Erziehungslehren und Staatsutopien versuchte man, diese Kluft zu überbrücken durch die Abstufung ethischer Strenge. Der Mensch als idealer Typus ist dem utopischen Staat verpflichtet, und für die Moralität des Individuums werden pragmatisch begründete Abstufungen eingeführt, die sich nach dem Stand der Fähigkeiten und seiner moralischen Kompetenz richteten. Die *Naturrechtslehren* der frühen Neuzeit lösten diese Differenz durch die Voraussetzung einer einheitlichen Natur des Menschen, der der Staat verpflichtet ist,

---

[20]Die Individuation, die der menschlichen Natur entspricht, ist seine Rolle. (Thomas von Aquin: Individuatio autem conveniens humanae naturae est personalitas. Summa contra gentiles 4,41).

auch wenn die einzelnen Individuen ihre Natur nicht immer erkennen oder anstreben. Daraus resultierte das ungelöste Problem, daß der Staat mit Hinweis auf diese Natur sich einerseits über einen faktischen Mehrheitswillen hinwegsetzen kann, andererseits ein Individuum Recht zum Widerstand hat, wenn es den Eindruck bekommt, daß der Staat den Prinzipien der menschlichen Natur zuwiderhandelt.

Kant löste dieses Problem, indem er zeigte, daß die Vorstellung menschlicher Natur nicht dem Handlungsbegriff *übergeordnet* ist, sondern vom Handlungsbegriff *abgeleitet* wird. Dies bedeutet, daß eine Ethik menschlichen Handelns nicht aus "natürlichen" Voraussetzungen abzuleiten ist, sondern daß dieses Verhältnis umgekehrt werden muß. Eine solche Ethik hat das Menschsein als Freiheit des Handelns zu sichern. Daher muß sie die Bedingung der Freiheit als Kategorischen Imperativ formulieren, der deshalb ein "Grundfaktum" und nicht oberste Norm ist. Nicht vorübergehende Gefühle des Angenehmen oder historisch wechselnde Bedürfnislagen dürfen diese Bedingung abgeben, sondern einzige Instanz ist die Widerspruchsfreiheit des menschlichen Willens, also seine Freiheit, formuliert im Kategorischen Imperativ (s. o.).

Weil nun durch den Kategorischen Imperativ eben jene möglichen Handlungen garantiert werden, und damit auch die Möglichkeit ihrer Rechtfertigung, eignet sich der Kategorische Imperativ vorzüglich als Ausgangspunkt einer Ethik institutionellen Handelns.

Gerade im Umgang (auch qua Unterlassung) mit Makrorisiken, d. h. solchen, die die Basis der Handlungskompetenz von Teilen oder der gesamten Gattung der Menschen tangieren, sind Institutionen und Organisationen darauf festgelegt, den Sinn ihrer eigenen Existenz zu realisieren: Sie dürfen solche Risiken nicht zulassen, die Handlungsmöglichkeiten irreversibel zerstören, wenn sie sich nicht selbst in einen pragmatischen (performativen) Widerspruch begeben wollen. Die Diskursethiken (Apel, Habermas) sahen in der Vermeidung solcher performativer Widersprüche (d. h. unter der Supposition von Freiheit diese zu verletzen) ein Letztbegründungskriterium bei der Normenrechtfertigung. Dieser Anspruch ist jedoch Individuen nicht unbedingt zu unterstellen, hingegen Institutionen im Blick auf ihre Existenzberechtigung sehr wohl zuzuweisen. Im Blick auf die von Karl Marx als Charakteristikum historischen Handelns überhaupt beschriebene Eigenschaft, daß jeder Einsatz von Mitteln abgeleitete Bedürfnisse produziert, die auf die Ausgleichung neuer Folgen und Nebenfolgen dieses Mitteleinsatzes zielen, läßt sich jene Formulierung des Kategorischen Imperativs als Grundregel institutionellen und organisatorischen Handelns dahingehend erweitern, daß wir es uns nicht leisten können, irgend etwas überhaupt nur als bloßes Mittel zu gebrauchen, z. B. zur Erzielung von Gewinnen (vergl. Hengstenberg/Spaemann). Der Kategorische Imperativ, dem allgemein seine fehlende Orientierungsleistung für die konkrete Ausrichtung individuellen Handelns und Entscheidens angelastet wird, erweist sich somit in seiner Kraft als Ausschlußformel geeignet, institutionelles und organisatorisches Handeln zu legitimieren, da auch dieses sich auf Handlungsmöglichkeiten bezieht. Ideengeschichtlich bedeutet dies, daß nach der Ablösung der Gesinnungsethik durch die verschiedenen pluralistischen Konzepte einer Verantwortungsethik hier eine neue Gesinnungsethik für einen neuen Problembereich zu fordern wäre.

Im Gegensatz zur Moralität individuellen Handelns, die dann gegeben ist, wenn die Rationalisierungen dieses Handelns legitimiert werden im Blick auf Primärnormen, kann daher die Legitimität institutionellen Handelns nur als Einlösung des Prinzips von Menschheit als Erhaltung von Freiheit/Handlungskompetenz gefaßt werden.

Institutionelle Handlungen müssen daraufhin überprüft werden, ob sie (positiv) individuelles moralisches Handeln ermöglichen oder (negativ) ein Handeln, das an die Existenzbedingungen von "Menschheit" als Handlungskompetenz rührt, ausschließen. Menschheit insgesamt darf nicht als Mittel, d. h. hier als Risikoeinsatz zugunsten "höherer Werte" dienen.

7.7 Rückblick

Vergewissert man sich nun in der Gesamtschau der unterschiedlichen Aspekte, auf die die ethischen Begründungsstrategien abzielen, scheint die Redeweise von der desorientierenden Vielfalt der Ethiken nicht mehr gerechtfertigt. Allerdings wird das Anliegen einer angewandten, praktischen Ethik zusätzliche Konkretisationen auf die jeweiligen Probleme hin erfordern. Insbesondere angesichts der von Aristoteles aufgezeigten Schwierigkeiten wird es nötig sein, *Wert*vorstellungen zu modellieren, die Handlungsorientierung abgeben und Kriterien zu nennen, die den Innovationen in Wissenschaft und Technik oder der Praktizierung wirtschafts- und sozialpolitischer Strategien in bestimmten Fällen ihre Rechtfertigbarkeit absprechen. Gerade im Blick auf das Recht der Individuen, ihren jeweiligen Lebensentwurf zu tätigen, ihrer jeweiligen (kulturell oder religiös differenzierten) Moral nachzukommen, also dem Wertepluralismus selbst als Wert, sind übergeordnete Kriterien zu finden, die die Voraussetzungen für diesen Wertpluralismus allererst darstellen und deshalb aus wertpluralistischer Sicht nicht angreifbar sind. Ein Blick auf die Grenzen der ethischen Begründungsansätze verdeutlicht, daß deren Geltung (nach Patricia Werhane) in einer Hierarchie geordnet werden kann:[21]

Erster Schritt: "Moralische Rechte jedes betroffenen Individuums abwägen"; diese gehen vor Nutzensüberlegungen; es sind prädistributive (Grund-)Rechte. Das Recht auf Freiheit und Unantastbarkeit kann nur relativiert werden, wenn seine eigenen Bedingungen in Gefahr sind.

Zweiter Schritt: "Kompromiß suchen, der jeden gleich berücksichtigt" – im Falle eines unlösbaren Konflikts "zwischen gleichwertigen Grundrechten".(Vergl. Habermas)

Dritter Schritt: "Erst nach Abwägung der moralischen Rechte jeder Partei darf und sollte man für die Lösung votieren, die den geringsten Schaden für alle Parteien mit sich bringt". ("Negativer" Utilitarismus)

Vierter Schritt: "Erst nach 'Anwendung' der Regeln 1, 2 und 3 kann man Nutzen gegen Schaden abwägen".

Es gilt also, daß nichtaufgebbare moralische Rechte vor Schadensabwendung und -verhinderung und diese vor Nutzenserwägungen stehen.

---

[21]P. Werhane, Persons, Rights and Corporations, a. a. O., S. 72f.

Fünfter Schritt: Bei praktisch unlösbaren Konflikten sollte man faire Kompromisse suchen. (Faire Kompromisse sind z. B. annähernd gleichverteilte oder gerechtfertigt proportionierte Lasten- bzw. Nutzenverteilung, vergl. Rawls.)

Hans Lenk[22] hat hinsichtlich der möglichen Bezugsinstanzen der Verantwortungsübernahme (vergl. 4.2.6) folgende weiteren Schritte vorgeschlagen:

Sechster Schritt: "Allgemeine (höherstufige) moralische Verantwortung geht vor nichtmoralischen beschränkten Prima-facie-Verpflichtungen".

Siebter Schritt: "Universalmoralische Verantwortung geht in der Regel vor Aufgaben- bzw. Rollenverantwortung".

Achter Schritt: "Direkte primäre moralische Verantwortung ist meistens vorrangig gegenüber indirekter Fern- oder Fernstenverantwortung (wegen der Dringlichkeit; aber: Abstufungen nach Folgenschwere und -nachhaltigkeit)". Dies kann daher überleiten in die institutionelle Verantwortungswahrnehmung, in die Individuen eingebunden sind. Daher gilt

Neunter Schritt: "Das öffentliche Wohl, das (nichtregionalisierte) Gemeinwohl soll allen anderen spezifischen und partikularen Interessen vorangehen" (gerade in deren Interesse).

Und schließlich ist Rahmenbedingung für die Konkretisation

Zehnter Schritt: "Bei der sicherheitsgerechten Gestaltung ist derjenigen Lösung der Vorzug zu geben, durch die das Schutzziel technisch sinnvoll und wirtschaftlich am besten erreicht wird. Dabei haben im Zweifel die sicherheitstechnischen Erfordernisse den Vorrang vor wirtschaftlichen Überlegungen".(Für technische Regelwerke nach DIN 31000)

Diese Schrittfolge ist aber immer noch so allgemein formuliert, daß für die Konkretisation weiterführende Überlegungen notwendig sind.

---

[22]H. Lenk, Zwischen Wissenschaft und Ethik, Frankfurt/M. 1992, S. 28.

8 Maßstäbe der Rechtfertigung (2) – Wege zur Umsetzung

8.1 Die Frage nach den handlungsleitenden Werten

Wissenschaftler und Ingenieure, die die Resultate ihrer Arbeit nicht nur an den Kriterien der Effektivität (hervorzubringende Wirkung, neues Resultat) und Effizienz (Minimierung des Aufwands) orientieren, finden sich vor die Herausforderung gestellt, den Dreischritt "Folgenabschätzung – Bewertung – ethische Begründung" zu vollziehen. Der Bewertung kommt dabei in zweifacher Hinsicht eine Schlüsselfunktion zu: Folgenabschätzung operiert mit unsicherem Wissen, das hinsichtlich seiner Gültigkeit immerfort bewertet werden, d. h. in seiner angenommenen Relevanz anerkannt werden muß (im Blick auf die Methoden und Kriterien seiner Gewinnung, des Einräumens von Risiken z. B.beim Akzeptieren von Nachweisbarkeitsgrenzen etc.). Folgenabschätzung setzt insofern Bewertung voraus. Auf der anderen Seite stellt das Feld ethischer Begründungsstrategien abstrakte Prinzipien vor, die der Umsetzung bedürfen, und zwar einer Umsetzung, die, wie anderenorts gezeigt, sich nicht zwangsläufig aus diesen Prinzipien ergibt, sondern eigener Kriterien bedarf, die die Überbrückung in die Praxis leisten. Im Vollzug der Bewertung erfahren diese Prinzipien allererst ihre Aktualisierung und Herausforderung. Die Umsetzung bedarf materialer Werte, an denen sich das Handeln im Einzelfall orientieren kann, d. h. an denen es seine Mittel und Zwecke qualifiziert.

8.1.1 Der Begriff des Wertes[1]

Bewertung setzt die Annahme von Werten voraus. Was sind Werte? Im allgemeinen wird in dreierlei Weise von Werten gesprochen: (1) "Etwas ist ein Wert" – hier wird ein bestimmtes Etwas (ein Gegenstand, eine Person, eine Haltung, ein Zustand etc.) als Wert an sich betrachtet, als ein "Objektwert", der als Gut zu respektieren ist. (2) "Etwas hat einen Wert" – hier wird einem bestimmten Etwas im Blick auf einen Bewertungsmaßstab ein Wert zugesprochen (z. B. ein materieller Wert, ideeller Wert etc.). Schließlich spricht man (3) davon, daß Handlungen bestimmten Werten verpflichtet sein können, die dann den Sinn dieser Handlungen

---

[1]Vergl. hierzu vom Verf. Artikel "Wert" in: Staatslexikon, 7. Aufl., Bd. 5/1989, S. 963-966.

allererst ausmachen, die Handlungen als Handlungen allererst begründen. Das philosophische Problem besteht darin, wie man Werte als Entitäten überhaupt verorten kann: Sind sie (gedankliche) Gegenstände, die immer in irgendeiner Weise irgendwo existieren müßten? Sind diese drei Redeweisen vom Wert überhaupt miteinander verträglich? Wenn man die Frage nach dem Sein der Werte zunächst offenläßt bzw. umgeht, und stattdessen fragt, wie sich die Annahme von Werten *realisiert*, kommt man zu folgendem Ergebnis: Werte machen unser Handeln sinnvoll, indem sie dazu führen, daß der Handelnde bestimmte Zustände bevorzugt und anstrebt. Dadurch bekommen bestimmte Objekte für ihn einen Wert, der sie von anderen Objekten unterscheidet. Als Resultat eines wertorientierten Handelns können bestimmte Bewertungen von Objekten soweit radikalisiert werden, daß die Objekte dann selbst als Werte erscheinen.

Unter dem vorgeschlagenen Modell, daß Werte unsere Handlungen als Präferenzverhalten konstituieren, lassen sich nun ihrerseits zwei Umgangsweisen mit den Werten präzisieren: Verbreitet ist zum einen die Auffassung, daß sich die Werte in den obersten Zielen des Handelns konkretisieren, daß sie also sozusagen die Oberzwecke oder letzten Zwecke des Handelns ausmachen. Dem liegt das Bild zugrunde, daß wir die Zwecke unseres Handelns in Hierarchien anordnen können – Hierarchien, die ihren Sinn durch die jeweilige Unterordnung unter den obersten Zweck erhalten, eines obersten Zweckes, für den die untergeordneten Zwecke die *Mittel* zu seiner Realisierung darstellen. Dieses Modell prägt im wesentlichen das Denken der Techniker als "Technokraten". Sie sehen ihre Aufgabe darin, durch die Entwicklung geeigneter Mittel diese Zweckhierarchien möglichst effektiv und effizient zu gestalten, als "Herrscher" über die Mittel. Über die Wahl der Oberzwecke, in denen sich die Werte konkretisieren, disponieren die Politiker, Wirtschaftler, Ethiker etc. Das Problem verengt sich dann zu der Frage, an welchen Oberzwecken wir uns orientieren sollen, ergänzt durch das innertechnische Problem der Effektivierung der Mittel-Zweck-Beziehungen. Die obersten Werte lassen sich analysieren und in ihrem Verhältnis zueinander bestimmen.

Demgegenüber ist aber einzuwenden, daß Werte nicht bloß für die Bestimmung oberster Zwecke konstitutiv sind, sondern auch für die Architektur der gesamten Mittel-Zweck-Hierarchien. Viele Zwecke, die wir anstreben würden, werden nur deshalb nicht zum Handlungsziel, weil wir die Mittel, die zu ihrer Erreichung notwendig wären, nicht akzeptieren, sie also negativ bewerten im Blick auf ihre moralische Qualität, Nebenfolgen, Verdrängung von Handlungsalternativen durch ihre Amortisationszwänge etc. Die Bewertung ist also ein Prozeß, der das ganze technische Denken vom elementarsten Einsatz von Mitteln und ihrer Verkettung zu Zweck-Mittel-Hierarchien bereits im innertechnischen Bereich begleitet (Ressourceneinsatz, Wiederverwertbarkeit, Risiken etc.). Werte stehen also nicht nur "oben" in der Hierarchie, sondern sozusagen "neben" den Mittel-Zweck-Verbindungen, die das technische Handeln sinnvoll machen. Ob man die Werte als anerkannte Handlungsregeln oder für sich stehende Güter oder für ihrerseits in Hierarchien stehende Maßstäbe ("angenehm – nützlich – edel – schön – gut – heilig" zf. Max Scheler) ansieht, kann dabei offen bleiben. Wichtig ist, daß man sich nicht vorschnell auf die oben genannte Problemverengung einläßt, sondern sich darüber vergewissert, daß Bewertung jedes *elementare* wissenschaftliche und technische Handeln begleitet und sich nicht nur im luftleeren Raum der obersten und allgemeinsten Orientierung bewegt (Wertmodelle siehe Abb. 16 u. 17).

Wert 1
Wert 2
etc.
oberstes Ziel 1
oberstes Ziel 2
Zweck   = Mittel für
Zweck   = Mittel für
Zweck   = Mittel für
Zweck   = Mittel für
Modell 1

Abb. 16

Zweck
Wert 1   Zweck   Mittel
Mittel   Zweck
Mittel
Wert 2
(analog)
Modell 2

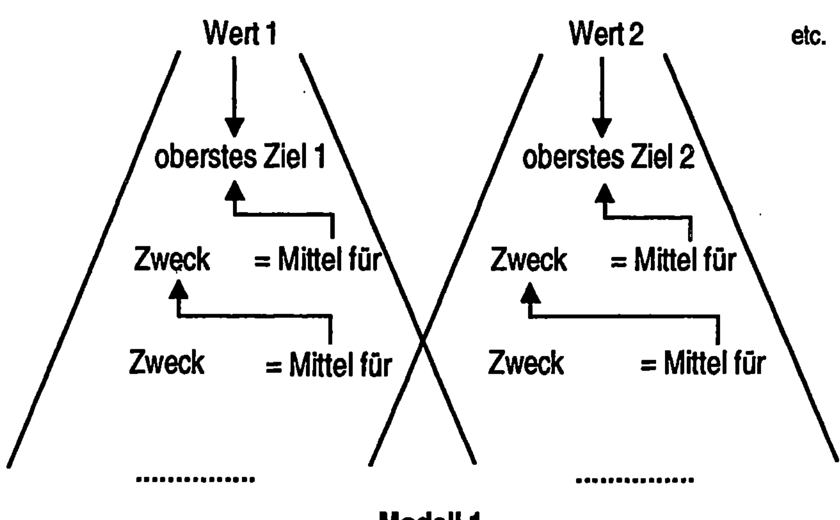

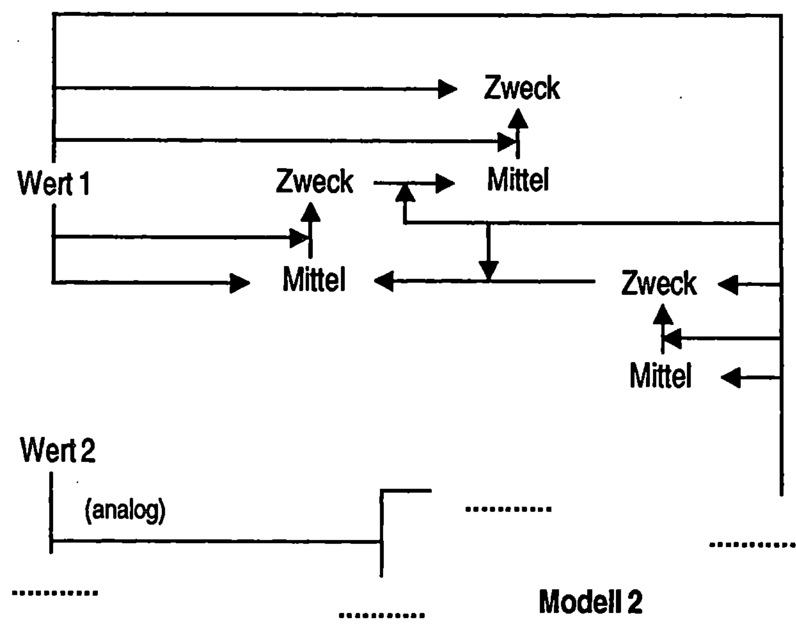

Abb. 17

8.1.2 Grundlegende Werte

Wer dem oben kritisierten technokratischen Denken verhaftet ist, also einem Denken, das den Einsatz der Handlungsmittel der Herrschaft des Technikers überläßt, sieht das Problem lediglich noch in der Frage nach den Grundwerten unseres Handelns. Was diese Frage angeht, läßt sich dem Problem insofern leicht begegnen, als es über die Grundwerte einen soliden gesellschaftlichen Konsens zu geben scheint. In der VDI-Richtlinie "Technikbewertung" werden acht dieser Grundwerte in einem "Werteoktogon" zusammengefaßt, das die Werte

— gesamtgesellschaftlicher Wohlstand
— einzelwirtschaftliche Wirtschaftlichkeit
— Funktionsfähigkeit
— Sicherheit
— Gesundheit
— Umweltqualität
— Persönlichkeitsentfaltung und
— Gesellschaftsqualität

umfaßt.

Zwischen diesen selbstverständlich zustimmungsfähigen Orientierungsgrößen lassen sich nun ihrerseits – verbreiteter Auffassung zufolge – bestimmte Bedingungsverhältnisse feststellen, z. B. daß die Funktionsfähigkeit eines Produkts seine Wirtschaftlichkeit begründet, daß Wirtschaftlichkeit im einzelwirtschaftlichen Bereich unseren gesamtgesellschaftlichen Wohlstand begründet, daß Sicherheit und Umweltqualität unserer Gesundheit dienen etc. Auch lassen sich gewisse Konfliktpotentiale feststellen wie dasjenige zwischen Wirtschaftlichkeit und der Berücksichtigung der Umweltqualität oder zwischen Sicherheit und Persönlichkeitsentfaltung im Blick auf die Kontrollerfordernisse.

Nachfolgend soll gezeigt werden, daß die eigentliche Herausforderung der Bewertung darin liegt, daß zwischen *jedem* der selbstverständlichen Grundwerte und den anderen Werten Konfliktbeziehungen bestehen und darüberhinaus auch erhebliche Konfliktpotentiale *innerhalb* der jeweiligen Wertvorstellungen enthalten bzw. verborgen sind.

8.1.3 Wertkonflikte zwischen den Grundwerten

Im Blick auf die gegenwärtige Technik- und Wirtschaftsentwicklung lassen sich Konfliktpotentiale entdecken, von denen hier nur die wichtigsten genannt werden sollen:

Dem Dogma von der Begründung des gesamtgesellschaftlichen Wohlstandes durch die Optimierung der einzelwirtschaftlichen Wirtschaftlichkeit steht das Konfliktfeld der externen Kosten entgegen. Aus gesellschaftlicher Perspektive sind externe Kosten (des Transports, der Umweltbelastung, der Herstellung von Sicherheit etc.) zu internalisieren, was die einzelwirtschaftliche Wirtschaftlichkeit mindert (z. B. die Abwälzung von Lagerungskosten bei der Just-in-time-Anlieferung auf die Verkehrswege) und umgekehrt sind aus einzelwirtschaftlicher Perspektive möglichst viele Kosten zu externalisieren (z. B. die der Endlagerung), was dem gesamtgesellschaftlichen Wohlstand abträglich ist.

Wirtschaftlichkeit und Funktionsfähigkeit kollidieren im Blick auf das umstrittene Problem der Verschleißfaktoren, die jedoch als Innovationsmotor in bestimmten Produktbereichen nicht wegzudenken sind.

Scheinbar so selbstverständliche Bedingungsbeziehungen wie diejenigen zwischen Sicherheit und Umweltqualität für die Gesundheit werden problematisch, wenn man sich darüber vergewissert, daß aus Sicherheitsgründen oftmals Zugeständnisse an die Ergonomie der Arbeitsplatzgestaltung gemacht werden müssen, die primäre Gesundheitsschäden nach sich ziehen, oder daß Gesundheit als Steigerung der Lebenserwartung durch Hygiene und einen entsprechenden zivilisatorischen Aufwand der natürlichen Umwelt abträglich ist.

Die Funktionsfähigkeit vieler technischer Systeme (Informationstechnologien, Energiebereitstellung, Verkehr etc.) ist nur zu Lasten der Entfaltung der individuellen Persönlichkeit gewährleistet; in ähnlicher Weise kollidieren Sicherheitsansprüche mit der Gesellschaftsqualität entsprechender Überwachungssysteme.

"Unproblematische" Bedingungsverhältnisse wie dasjenige zwischen Umweltqualität und Gesellschaftsqualität werden im Blick auf die Konfliktfelder Naherholung, Tourismus, internationalistisch ausgerichtete Ernährung fraglich, ganz zu schweigen von den bereits erwähnten immer wieder diskutierten "offenkundigen" Wertkonflikten zwischen Wirtschaftlichkeit und Umweltverträglichkeit, Gesundheit und Funktionsfähigkeit etc.

Die Suche nach Werten, die die Bewertung begründen können, muß sich in ihrem Erfolg daran bemessen lassen, ob unter diesen Werten jene Konfliktpotentiale reguliert werden können. Die bloße Annahme von Grundwerten vermag dies nicht.

8.1.4 Wertkonflikte innerhalb der jeweiligen Grundwerte

Betrachtet man die Auflistung der im Text der VDI-Richtlinie in Abb. 18 (S. 138) benannten Werte unter den Grundwerten, so entdeckt man dort neue Konfliktbeziehungen, die nicht erlauben, diese konkreteren Werte als Unterwerte der Grundwerte aufzufassen.

Unter dem Grundwert der *Funktionsfähigkeit* kollidieren beispielsweise die Werte der Machbarkeit und Perfektion, der Robustheit und Genauigkeit, der Lebensdauer und technischen Effizienz etc. Daß ein Versuch, solche Werte auf einen gemeinsamen Nenner zu bringen, zur Herstellung technischer Monster führt, wird an bestimmten Entwicklungen der Automobilindustrie überdeutlich.

Unter dem Grundwert einzelwirtschaftlicher *Wirtschaftlichkeit* kollidieren die Werte der Kostenminimierung mit dem der langfristigen Unternehmenssicherung z. B. im Blick auf die Personalpolitik, der Unternehmenssicherung, wenn Umstrukturierungen nötig sind, mit dem des Unternehmenswachstums, die Gratifikation im Blick auf die nächste Bilanz mit der Garantie langfristigen Wirtschaftens u. v. a. mehr.

Unter dem Grundwert des *Wohlstandes* kollidieren u. a. Vollbeschäftigung mit Verteilungsgerechtigkeit (im Blick auf notwendige Subventionen), internationale Konkurrenzfähigkeit mit Vollbeschäftigung, qualitatives Wachstum mit Bedarfsdeckung.

Funktionsfähigkeit
Brauchbarkeit
Machbarkeit
Wirksamkeit
Perfektion
 – Einfachheit
 – Robustheit
 – Genauigkeit
 – Zuverlässigkeit ·
 – Lebensdauer
technische Effizienz
 – Wirkungsgrad
 – Stoffausnutzung
 – Produktivität

...

Wirtschaftlichkeit (einzelwirtschaftlich)
Wirtschaftlichkeit im engeren Sinn,
 besonders Kostenminimierung
Rentabilität, besonders Gewinnmaximierung
Unternehmenssicherung
Unternehmenswachstum

...

Wohlstand (gesamtwirtschaftlich)
Bedarfsdeckung
Quantitatives bzw. qualitatives Wachstum
Internationale Konkurrenzfähigkeit
Vollbeschäftigung
Verteilungsgerechtigkeit

Sicherheit
Körperliche Unversehrtheit
Lebenserhaltung des einzelnen
 Menschen
Lebenserhaltung der Menschheit
Minimierung des Risikos
 (Schadensumfang und
 Eintrittswahrscheinlichkeit)
 – des Betriebsrisikos
 – des Versagensrisikos
 – des Mißbrauchsrisikos

...

Gesundheit
Körperliches Wohlbefinden
Psychisches Wohlbefinden
Steigerung der Lebenserwartung
Minimierung von unmittelbaren und mittelbaren gesundheitlichen Belastungen
 – in der Berufsarbeit
 – in der privaten Lebensführung
 – durch umweltbelastende Produkte
 und Produktionsprozesse

...

Umweltqualität
Landschaftsschutz
Artenschutz
Ressourcenschonung

Minimierung von Emmissionen,
 Immissionen und Deponaten

...

**Persönlichkeitsentfaltung und
Gesellschaftsqualität**
Handlungsfreiheit
Informations- und Meinungsfreiheit
Kreativität
Privatheit und informelle
 Selbstbestimmung
Beteiligungschancen
Soziale Kontakte und
 soziale Anerkennung
Solidarität und Kooperation
Kulturelle Identität
Minimalkonsens
Ordnung, Stabilität und
 Regelhaftigkeit
Transparenz und Öffentlichkeit
Gerechtigkeit

...

Abb. 18. Auflistung der im Text der VDI-Richtlinie genannten Werte

Unter dem Grundwert der *Sicherheit* kollidieren die Lebenserhaltung des einzelnen Menschen (z. B. in der Konkurrenz hochindustrialisierter Länder mit überbevölkerten Entwicklungsländern) mit den Perspektiven der Menschheit, sowie Sicherheit jetzt (vor Risiken) mit der Sicherheit vor Folgelasten (Risikopotentialen), desgleichen im Bereich der Gesundheit körperliches und psychisches Wohlbehagen mit der Steigerung der Lebenserwartung und Gesundheit als Konstitution (die z. B. durch das "Aussitzen" von bestimmten Krankheiten eher begünstigt wäre).

Unter dem Grundwert der *Umweltqualität* können Ressourcenschonung und Minimierung von Immissionen und Deponaten mit Landschaftsschutz und Artenschutz kollidieren etwa im Blick auf den Einsatz von Wasserkraft.

Ein einziges inhomogenes Konfliktfeld stellen die Bereiche *Persönlichkeitsentfaltung* und *Gesellschaftsqualität* dar. Hier liegt die Handlungsfreiheit quer zu Geborgenheit und sozialer Sicherheit, Ordnung und Stabilität konfligieren mit Kreativität, Privatheit mit Transparenz und Öffentlichkeit, Beteiligungschancen mit Wahrung kultureller Identität, Minimalkonsens mit Gerechtigkeit und vieles andere mehr.

Damit sind wir auf die Probleme des Wertpluralismus zurückverwiesen. Allerdings lassen sich m. E. basale Werte – Basiswerte – ausmachen, die noch jenseits der skizzierten Wertevielfalt liegen, weil sie den Umgang mit diesen Wertvorstellungen allererst ermöglichen.

8.2 Basiswerte

Es sind dies diejenigen Werte, die man unter den Begriffen der *Optionswerte* und *Vermächtniswerte* zusammenfassen kann.

8.2.1 Optionswerte

Unter Optionswerten sollen solche Handlungsorientierungen verstanden werden, die entsprechend dem Prinzip des "Planning for Diversity and Choice" erstens der Gefahr entgegenwirken, daß sich das Handeln durch die Produktion von Mangel oder Überfluß selbst unter Sachzwänge setzt und nur noch ständiges Krisenmanagement ist, als auch zweitens dem Handeln die Zukunftsfähigkeit garantieren, indem sie darauf abzielen, neue und differenzierte Alternativen zu eröffnen und/oder weitestgehend zu erhalten. Die Berücksichtigung von Optionswerten kann für das Handeln Impulse abgeben, neue Wege zu erschließen, differenzierte gegenüber einseitigen Lösungen zu bevorzugen, Handlungen zu favorisieren, die ihrerseits neue Spektren von Handlungsmöglichkeiten bereitstellen, kompensatorische Lösungen mitzubedenken, Variabilitätsspektren zu erhalten, aber auch solche Handlungen zu unterlassen, die das Handeln insgesamt auf einseitige Strategien festlegen, mit Makrorisiken in seiner weiteren Existenz bedrohen, es unter irreversible Abhängigkeiten stellen durch Vereinseitigung und Monopolisierung, Alternativen verdrängen, durch hohe Eingriffstiefe Kompetenzen zugunsten kurzfristigem Nutzen zerstören, es zu ganzen Handlungsketten der Bewältigung von Neben- und Fernwirkungen verurteilen und somit menschliche Handlungsfreiheit einschränken. Insbesondere führt die Annahme von Optionswerten dazu, daß einseitige Rezepte, vorschnelle Lösungen und propagierbare, weil einfache Reduktionen der Handlungsstrategien kritisierbar werden.

So läßt sich die Beschädigung der natürlichen Evolution durch gentechnologische Manipulation unter Optionswertgesichtspunkten dahingehend kritisieren, daß der Spielraum, innerhalb dessen jedes Individuum sein Naturverhältnis konstituieren kann, unzulässig eingeengt wird. Die Produktion mancher neuer Organismen kann uns unter Sachzwänge der Auseinandersetzung mit den Wirkungen dieses Organismus setzen, die unser weiteres Handeln erheblich beeinträchtigen. Das gleiche gilt für vorschnelles Festlegen der Strategien der Energiebereitstellung, aber auch für bestimmte Unterlassungen technischer Innovationen. Die Berücksichtigung von Optionswerten führt nicht einseitig zu Innovationsverhinderung, sondern dient der Erhaltung der Handlungskompetenz (als Leben, Natur, Gesundheit, Kreativität, Verfügungsfähigkeit). Unter Optionswertgesichtspunkten kann die vorschnelle Verbreitung wissensbasierter Systeme genauso kritisiert werden wie die Effektivierung des Lernens durch Rechnereinsatz unter Vernachlässigung der sozialen Kommunikation beim Lernen; es kann die Fixierung auf bestimmte Verkehrssysteme unter Vernachlässigung der Erfordernisse der Mobilität überhaupt kritisiert werden wie auch die vorschnelle Versorgung mit Gütern unter Vernachlässigung der Bedingungen langfristiger Stabilität von Wirtschaftsbeziehungen (z. B. im Nord-Süd-Gleichgewicht). Die Beschädigung der Biosphäre kann kritisiert werden ebenso wie die Forderung eingeklagt, durch neue Technologien der wachsenden Erdbevölkerung ihre Versorgungsbasis zu garantieren, etc. Wir werden diese Sichtweise noch weiter zu konkretisieren haben, insbesondere auch hinsichtlich der Frage, wie im wissenschaftlichen Bereich die Berücksichtigung von Optionswerten der Verengung des Methodenspektrums entgegenwirken kann.

8.2.2 Vermächtniswerte

Als weitere Voraussetzung des individuellen Handeln-Könnens gilt aber auch die Berücksichtigung von *Vermächtniswerten*. Unter dieser Bezeichnung lassen sich diejenigen Werthaltungen zusammenfassen, deren Respektierung Voraussetzung dafür ist,daß ein Individuum überhaupt seine Identität, sein wichtigstes Vermächtnis, findet, also "ich" sagen kann. "Vermächtnisse" sind i. w. S. nicht unterschiedslos alles Tradierte, sondern die sozialen und kulturellen Stützpfeiler der Bildung von Identität. Diese sind eine unabdingbare Handlungsvoraussetzung, die allerdings erst über bestimmte Stufen der Sozialisation und Kommunikation erreicht wird. Soweit technische und wirtschaftliche Innovationen diese Sozialisation begünstigen, erscheinen sie unter Vermächtniswertgesichtspunkten als gerechtfertigt, soweit sie diese Sozialisation beschädigen, stehen sie der Möglichkeit des Wertpluralismus selbst im Wege. Ich-Findung ist darauf angewiesen, daß ein Individuum seine Erlebnisse in einer selbstgestalteten Biographie zusammenfassen kann, wofür insbesondere Voraussetzung ist, daß es seine Handlungsresultate eben diesen Handlungen selbst zuordnen kann. Wir erfahren diesen Mechanismus, der im wesentlichen unbewußt abläuft, besonders dann, wenn er scheitert: Wenn Erlebnisse nicht mehr bewältigt werden oder Handeln als entfremdetes sich als zufällig erfährt, entsteht Persönlichkeitsspaltung bis hin zur Schizophrenie.

Die Bedingungen aber, die eine identitätsbildende Sozialisation gewährleisten, sind: Leben in bestimmten Traditionen, funktionierendes Sozialgefüge, Möglichkeit des Erlernens der Rolleneinnahme und des Rollentauschs, Erschließung der Handlungsspielräume vom kindlichen Spiel bis zur politischen Gestaltung. Wenn wissenschaftlich-technische oder wirtschaftliche Maßnahmen Traditionen und Sozialgefüge dergestalt zerstören, daß ihr notwendiger Wandel nur noch als zufällig und nicht mehr beherrschbar erfahren wird, zerstören sie die Ich-Identität der Subjekte. Dies liegt vor, wenn etwa das kindliche Spiel durch die Investition von Technik aus den sozialen Kommunikationsmechanismen isoliert wird hin zu einem monologischen Umgang mit technischen Geräten, wenn Wohnräume und Landschaften so zerstört werden, daß der einzelne sich in ihnen nicht mehr verorten kann, wenn Zeit- und Raumgefüge technisch so geprägt werden, daß der einzelne bestimmte Veränderungen nicht mehr "verkraftet" und wenn bestimmte kulturelle Traditionen der Kommunikation (Schrift) durch technisch und wirtschaftlich bestimmte Ein- und Verengungen auf bestimmte Kommunikationskanäle verändert oder verdrängt werden. Ebenso werden Vermächtnisse beschädigt, wenn Privatheit abgebaut wird (Datenschutzproblem, transparente Genchecks).

Ein Blick auf das in Abb. 19 (S. 142) dargestellte "Werteoktogon" der VDI-Richtlinie "Technikbewertung" zeigt, daß hier Options- und Vermächtniswerte versammelt sind, die ihrerseits in Konfliktbeziehungen stehen können. Die Sicht auf die basalen Werte läßt eine tiefere Analyse der Konfliktbeziehungen zu.

8.2.3 Konfliktanalyse und Orientierungsregel

Untersucht man die Konfliktbeziehungen etwa am Beispiel der VDI-Richtlinie 3780 in systematischer Hinsicht, so kommt man zu einem überraschenden und zugleich enttäuschenden Resultat: Die Konflikte sind nämlich in einer Weise gegeben, die sich im Blick auf die bereits eingeführten basalen Werte, die Options- und Vermächtniswerte, rekonstruieren läßt. Zur Erinnerung: Angesichts des Wertpluralismus hatten wir darauf verwiesen, daß bestimmte Werthaltungen diesen Wertpluralismus allererst ermöglichen, einen Wertpluralismus, den wir als Ausweis unserer Freiheit wollen, und daß diese daher nicht aus wertpluralistischer Sicht angegriffen werden können. Die Optionswerte als Werte der Bewahrung unserer Handlungskompetenz und die Vermächtniswerte als Werte der Wahrung unserer Identität erschienen als die grundlegenden Regulative der Bewertung von Handlungszielen.

Nun läßt sich aber feststellen, daß sich die aufgezeigten Wertkonflikte ihrerseits

— als Konflikte zwischen Options- und Vermächtniswerten einerseits und
— als Binnenkonflikte zwischen einer am Istzustand orientierten Auffassung von Optionen bzw. Vermächtnissen und einer langfristigen, Kannzustände berücksichtigenden Perspektive

begreifen lassen.

So sind Wirksamkeit, Genauigkeit, Effizienz, Rentabilität eines Produkts, Bedarfsdeckung, Vollbeschäftigung, körperliche Unversehrtheit, Wohlbefinden, Land

Werte im technischen Handeln

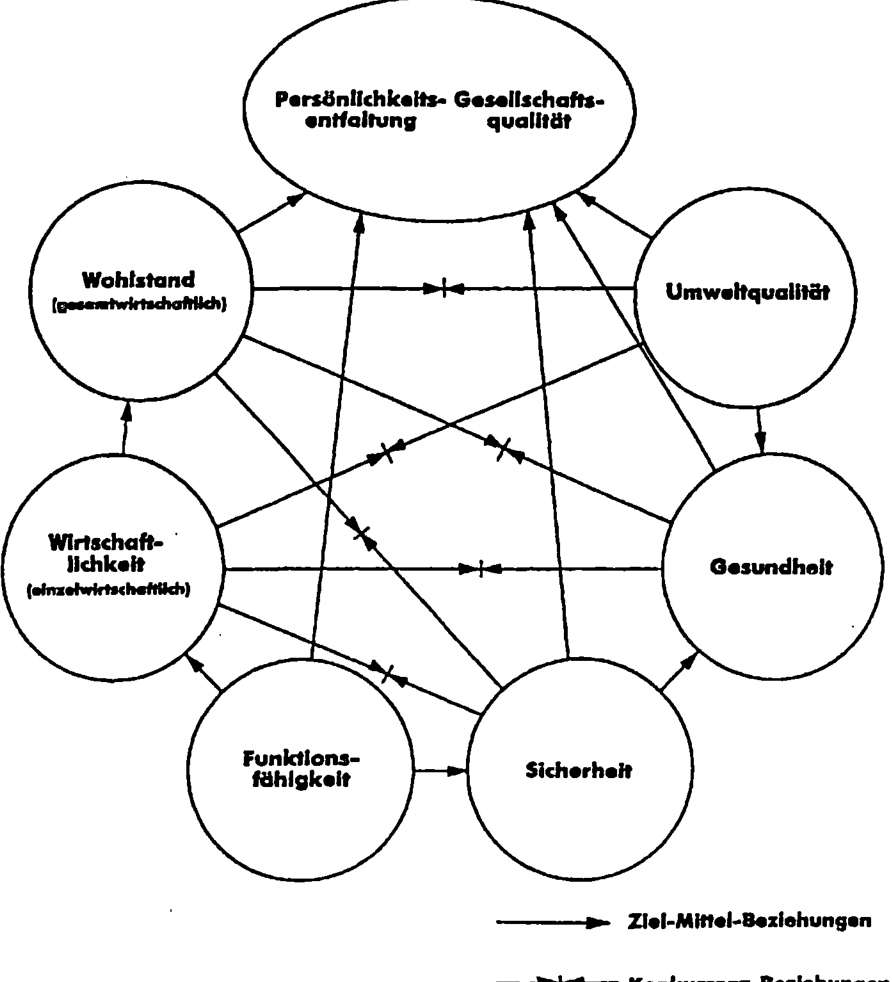

Abb. 19. Werteoktogon

schaft, kulturelle Identität und Ordnung Vermächtnisse unter der Perspektive "Istzustand", Robustheit, Zuverlässigkeit, Verteilungsgerechtigkeit, Lebenserhaltung des einzelnen, Artenerhaltung, Solidarität und Konsens sowie Privatheit Vermächtnisse unter der Perspektive "Langfristigkeit"/"Kannzustand"; und so sind Brauchbarkeit, Produktivität, Lebensdauer, Wachstum, Risikominimierung kalkulierbarer Risiken, Lebenserwartung, Beteiligung u. a. Optionen im Blick auf den "Istzustand", während Unternehmenssicherung, Lebenserhaltung der Menschheit, Vermeidung unkalkulierbarer Risiken, Minimierung von mittelbaren Belastungen, · Ressourcenschonung, Handlungsfreiheit, Transparenz und Öffentlichkeit Optionen darstellen, die unsere Handlungskompetenz unter längerfristiger (auch unsicherer) Perspektive/"Kannzustand" gewährleisten (die Auflistung ist exemplarisch und unvollständig, Überschneidungen sind möglich).

Wie soll man bei solch grundlegenden Konflikten zwischen dem Charakter als Vermächtniswert und dem als Optionswert bei den Grundwerten entscheiden, bzw. wie soll man entscheiden, wenn konkrete Ist-Optionen längerfristigen Kann-Optionen zuwiderlaufen oder konkrete Ist-Vermächtnisse der Vermächtnissicherung auf längere Sicht im Wege stehen?

Angesichts der Notwendigkeit, unser Handeln immer zugleich auf die Gewährleistung unserer Handlungsfähigkeit ausrichten zu müssen, schlage ich folgende Vermittlungsregel vor:

— Bei Konflikten zwischen der Ist- und der Kann-Perspektive ist die letztere zu favorisieren, d. h. also jeweils die differenziertere, mehr Alternativen eröffnende, mit geringerer Eingriffstiefe arbeitende Lösung vorzuziehen. Dies entspricht der Favorisierung von sittlichen Grundwerten gegenüber faktischen Nutzenserwägungen.

— Bei Konflikten zwischen dem Vermächtniswertcharakter und dem Optionswertcharakter von Werten, ist die Vermächtniswertperspektive zu favorisieren. Dieser auf den ersten Blick konservativ erscheinenden Lösung liegt die handlungstheoretische Überlegung zugrunde, daß ein Entscheidungsträger ohne Identität (die ja durch die Vermächtnisse gewährleistet wird) auch bei einer Vielzahl von gegebenen Handlungsoptionen nicht entscheidungsfähig ist und angesichts der Überforderung kapituliert, umgekehrt aber ein Subjekt mit gesicherter Identität im Bedarfsfalle in der Lage ist, sich Optionen zu schaffen, indem es seine kurzfristigen Interessenserfüllung zugunsten langfristiger Gratifikationen zurückstellt.

Materiale Wertethiken werden im allgemeinen als Konkurrenz zu den utilitaristischen Ethiken oder der Diskursethik angesehen. Im Blick auf die vorgeschlagenen Regeln ist zu betonen, daß hier nur ein Verfahren der Bewertung, nicht aber ein Verfahren der Bewertungsbegründung vorgeschlagen ist. Sowohl ein regelutilitaristischer Ansatz als auch die Diskursethik stellen Rechtfertigungsstrategien vor, haben aber ihr Defizit in der konkreten Umsetzung, bei der konkrete Selektionsstrategien (Werte) die Wahl der Mittel und Zwecke leiten müssen. Der Diskurs als Rechtfertigungsinstanz, der mir insofern problematisch erscheint, als er den guten Willen aller Beteiligten bereits voraussetzt, hat jedoch heuristischen Wert, wenn er als Beratungsforum begriffen wird, in der durch die Konfrontation konkreten Wissens und konkreter Einschätzungen mit der Präsentation von Alternativen Standpunkte relativiert und ergänzt werden können bzw. Defizite und Inkonsistenzen zur

Aufklärung gelangen. Insofern ist der Diskurs als Hort von Optionen und ihrer Erhellung unverzichtbar.

Der Appell an die Vernunft ist eben bloß ein Appell, dem sich jeder verweigern kann, auch wenn er dabei irrational agiert. Die Rückführung von Bewertungsstrategien auf die basalen Werte der Options- und Vermächtniswerte appelliert demgegenüber nicht an Vernunft überhaupt, sondern an die Interessenwahrung beim Abwägen im konkreten Fall. Insbesondere muß immer darauf hingewiesen werden, daß solche Bewertungen bereits bei den elementarsten Schritten eines wissenschaftlichen Methodeneinsatzes oder technischen Konstruktionsvorganges einsetzen. In gewisser Hinsicht bestehen die Regeln der Options- und Vermächtniswertrespektierung darin, daß der Wertpluralismus "ausgereizt" wird. Sie bringen das zur Sprache, was derjenige, der Wertpluralismus für sich reklamiert, selbst voraussetzt. Sie appellieren – bescheidener – an das *strategische* Denken selbst, das der Bewertungen vornehmende Mensch praktiziert. Somit wirken sie der Verengung einerseits des Denkens durch einseitige Methodisierung und andererseits des Handelns durch einseitige Technisierung entgegen.

Wenn Institutionen, wie anderenorts gezeigt, Options- und Vermächtniswahrung vornehmen, kann der Eindruck entstehen, daß bei der Modellierung institutionellen Handelns dessen Struktur einfach aus der individuellen Handelns übernommen oder abgeleitet würde. Soweit es sich um allgemeine Handlungscharakteristika dreht, ist dies nicht weiter problematisch, wie ja auch umgekehrt Individuen in Wahrnehmung einer Rolle und/oder unter legalistischem Anspruch auch institutionelles Handeln übernehmen können. Freilich ist bei beidem (individuellem und institutionellem) Handeln die Letztbegründung eine andere: individuelles Handeln als konkretes act-token setzt immer, auch wenn es unter institutionellem Anspruch steht, eine individuelle Anerkennung dieses Anspruches durch das Individuum voraus. Umgekehrt müssen Strategien institutionellen Handelns als act-types, als Schemata, daran bemessen werden, wie sie die Möglichkeiten individuellen Handelns, also dessen Optionen und Vermächtnisse, respektieren und regulieren. Sie lassen sich also von einem übersubjektiven Standpunkt diskutieren, den Individuen anerkennen müssen, wenn sie unter institutionellen Ansprüchen handeln, als Verkörperung von Institutionen auftreten.

Beim konkreten Abwägen, für das die materiale Ethik Begriffsangebote vorstellt, mittels derer Präferenzen im Konfliktfall bezeichnet werden können, wird immer deutlich werden, daß die Charakterisierung von Werten unter Options- oder Vermächtniswertgesichtspunkten "lose Enden" und unscharfe Ränder aufweist. Dies ist darin begründet, daß sie unmittelbare und mittelbare Voraussetzungen der Praktizierung ein und desselben Prinzips, der Erhaltung von Handlungskompetenz, formulieren, so daß ein und derselbe materiale Wert oder Grundwert Qualitäten sowohl eines Optionswertes als auch eines Vermächtniswertes oder sich überschneidende Aspekte beider aufweisen kann. Options- und Vermächtniswerte sind nicht oberste Werte – wie ja überhaupt Werte nur in Ausnahmefällen in Hierarchien einzuordnen sind, wie gezeigt wurde – , sondern Werte überhaupt sind (wie auch diese beiden) Charakteristika des jeweils konkreten Selektionsprinzips, durch das wir die Mittel und Zwecke unseres Handelns gewinnen. Sie sind die jeweiligen Bündel von allgemeinen Regeln, die in einem konkreten Präferenzverhalten aktualisiert werden, fachtechnisch gesprochen, die "Intentionen"/Qualitäten der Hand-

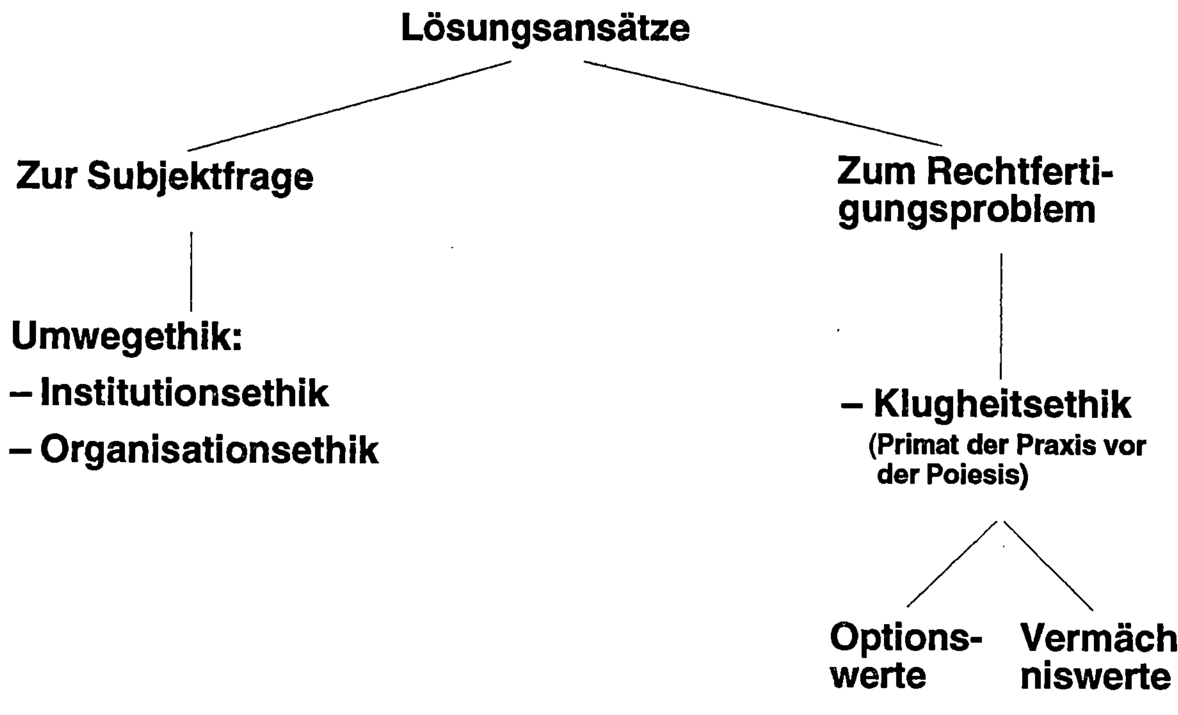

Abb. 20. Lösungsansätze

lungsregeln. Wenn Mittel und Zwecke unter einer konkreten Regel als handlungssinnstiftender Regel identifiziert werden, entsteht das *Ziel* der Handlung: Es wird sozusagen grünes Licht dafür gegeben, daß der Zweck durch dieses Mittel realisiert werden kann (vergl. zum vorigen Abb. 20, S. 145).

8.3 Technik- und Wissenschaftsethik als Ethik institutionellen Handelns

Wenn der Gegenstand der Verantwortung die möglichen Folgen sind, sind Wissenschafts- und Technikethik als Ethik der Handlungsmöglichkeit zu entwerfen.

8.3.1 Grenzen der Diskurse

Generell gilt, daß ein Diskurs über die positiven oder negativen Aspekte dieser möglichen Folgen nur im Rahmen und auf der Basis des gegenwärtigen Wissensstandes geführt werden kann. Allerdings sind die Ansprüche an diesen Wissensstand in unterschiedlicher Radikalität zu formulieren, wenn es um die einzelnen Ebenen dieser Möglichkeiten geht. Realen Möglichkeiten gegenüber, die für begrenzte Bereiche kalkulierbar sind, gilt, daß eine Verantwortung der kollektiven Subjekte denjenigen gegenüber besteht, die von diesen realen Gratifikationen oder Risiken betroffen sind. Es muß diesen die Möglichkeit gegeben werden, im Sinne einer Güterabwägung zu entscheiden, ob sie die Gratifikationen in Anspruch nehmen und/oder sich den Risiken unterwerfen wollen, wobei dieser Diskurs nur dann diese Bezeichnung verdient, wenn den Betroffenen die Möglichkeit einer alternativen Wahl zugestanden wird. Auch kann im Rahmen solcher (einer Güterabwägung zugänglichen) Risikoüberlegungen den Betroffenen zugemutet werden, daß sie sich einem demokratischen Konsens unterstellen, wenn damit nicht das Verbot der Weiterführung jener Überlegungen bzw. politischen Kampagnen verbunden ist, die einen solchen Konsens herbeigeführt haben, und diesen potentiell auch wieder aufheben können.

Reale Möglichkeiten können also Gegenstand allgemeiner Diskurse werden, in denen Güterabwägungen stattfinden, wobei den Betroffenen dieser Risikodiskurse als deren praktischer Konsequenz die Möglichkeit eingeräumt werden muß, sich Risiken zu entziehen und symmetrisch dazu auch Nutzenserwartungen abzulehnen. Jene "Herrschaftsfreiheit", die einhergeht mit der Zulassung eines Pluralismus der Werte, findet dort ihre Grenzen, wo Werthaltungen zur Diskussion stehen, deren Praktizierung die Möglichkeiten der Selbstbezüglichkeit potentiell Betroffener tangieren (z. B. Gentechnologie) oder wo Maßnahmen realisiert werden, die möglichen kritischen Einwänden aus der Sicht einer Verteidigung der Selbstbezüglichkeit der betroffenen Individuen voranliegen, so die Institutionalisierung und Organisation der Aufrechterhaltung der elementaren Lebensfunktionen.

Theoretische Möglichkeiten können naturgemäß nur Gegenstand von Expertendiskussionen sein, die ihrerseits institutionalisiert sein müssen unter einer Idee der Repräsentation der Anliegen der Gesamtgesellschaft. Auf diesem Gebiete besteht von der Einrichtung einer entsprechenden Gerichtsbarkeit bis hin zu von den zufälligen politischen Mehrheiten relativ unabhängigen, längerfristig arbeitenden Einrichtungen, ein Nachholbedarf. Ein überhaupt rechtfertigbarer Umgang mit theoretischen Möglichkeiten ist negativ eingrenzbar zum einem unter der Forderung, daß die Kontrollfähigkeit überhaupt erhalten bleiben müsse, da sonst die disponierenden Institutionen und Organisationen ihren Subjektstatus aufgäben, was insbesondere eine Verlangsamung des Innovationsrhythmusses erfordert. Konsequenz wäre, daß die Innovationsverfahren im Bereich ethisch sensitiver Wissenschaft und Technologie aus den Mechanismen des Marktes herausgenommen werden müßten. Zum anderen kann unter dem Postulat eines Ausschlusses auch nicht quantifizierbarer, also bloß theoretisch möglicher Makrorisiken, eine Eingrenzung qua Beweislastumkehrung gerechtfertigt werden: wenn eine Simulation besteht, die ein solches Risiko erscheinen läßt, ist eine entsprechende Forschungsstrategie institutionell nicht mehr rechtfertigbar.

Für den zweiten Typ von möglichen Folgen, der nur im Zuge einer Simulation zugänglich ist, gilt also, da eine allgemeine und allgemeiner Anerkennung zu unterstellende rationale Basis der Kalkulation fehlt, daß deren Basis zur Zustimmung sehr viel allgemeiner gefaßt werden muß: Nicht mehr gesellschaftliche Mehrheiten können für sich beanspruchen, im Recht zu sein, wenn es um die Anerkennung einer fragwürdigen, weil mit unwiderlegter wissenschaftlicher Gegenposition versehenen Einschätzung geht. Vielmehr muß ein transparenter Diskussionszusammenhang, der sich über alle gesellschaftlich relevanten Gruppen erstreckt, zu diesen Punkten hergestellt werden, und die Verantwortung gegenüber der Gesamtgesellschaft nicht von angemaßten Positionen her, sondern nur durch diese selbst wahrgenommen werden. Das ist leichter gesagt als getan.[2]

Was den Umgang mit Metamöglichkeiten angeht, greift hier das diskursethische Grundprinzip der notwendigen Vermeidung performativer Widersprüche (z. B. der Abschaffung von Freiheit aus Freiheit, der Unterstellung der Wahrheit qua Lüge etc.), das zwar gerade individuellen Diskursteilnehmern nicht per se, sondern nur als Folge einer von ihnen allein zu verantwortenden Grundentscheidung zugemutet werden darf. Institutionen und Organisationen hingegen geraten unausweichlich in einen performativen Widerspruch, wenn sie die Autonomie (nicht Entscheidungsfreiheit) individuellen Handelns in und unter ihnen aufs Spiel setzen, denn die kontrafaktische Unterstellung notwendiger Erhaltung und Fortschreibung von Freiheit als Autonomie und Selbstbezüglichkeit ist Institutionen und Organisationen zuzumuten, weil sie sich sonst ihrer einzigen Existenzberechtigung begeben und das Widerstandsrecht im Blick auf ihre Abschaffung herausfordern (Individuen kann man nicht prinzipiell die Möglichkeit absprechen, sich in solche Widersprüche zu begeben, da sie sich als Individuen dadurch nicht aufheben). Die Fassung des Kategorischen Imperativs, in der gefordert wird, Menschheit (heute zu erweitern um ihre Verortung in der Natur) nicht bloß als Mittel, sondern immer auch als Zweck anzusehen, gilt vorzüglich für Institutionen und Organisationen.

Hinsichtlich der Makrorisiken kann auch die faktische Gesellschaft, so wie sie zu einem historischen Zeitpunkt existiert, sich offensichtlich nicht als das alleinige Subjekt selbst installieren, demgegenüber Verantwortung besteht. Vielmehr muß die Idee der menschlichen Natur als die Idee der Erhaltung der Freiheit des

---

[2]Vergl. hierzu oben Kap. 6.3.

Handelns überhaupt hier in Rechnung gestellt werden, gerade im Blick auf künftige Generationen. Eine solche Idee ist nicht zu relativieren und auch nicht in irgendeinem politischen Prozeß zu operationalisieren. Solange begründete Verdachtsmomente für das Zusammenbrechen eines bestimmten Gesamtsystems durch konkrete Innovationen nicht explizit und unter allgemeiner Anerkennung ausgeschlossen werden können, hat jeder das Widerstandsrecht, sich auf solche Standpunkte zu berufen und damit denjenigen die Loyalität zu verweigern, die diese Innovation durchsetzen wollen.[3]

8.3.2 Die Aufgabe der Institutionen und Organisationen

Institutionelles Handeln, so hatten wir gesehen, bestimmt die Möglichkeitsspielräume der Wahl und Setzung von Zwecken durch Individuen. Es gerät in Widerspruch zu sich selbst, wenn es die Kompetenzen der Individuen, diese Wahl vorzunehmen, beschädigt. Das bedeutet nicht, daß *faktische* Zwecksetzungsmöglichkeiten nicht eingeschränkt werden dürften.

Organisatorisches Handeln stellt das Feld der Mittel für die Individuen bereit. Es ist kritisierbar, wenn die – notwendig zu befördernden – Interessen der Mitglieder der jeweiligen Organisation gegenüber dem Organisationszweck die Oberhand gewinnen, oder umgekehrt der Organisationszweck unter Mißachtung elementarer Mitgliederinteressen realisiert werden soll, was ja zur Gefahr führt, daß durch die Demotivation der Akteure die Ziele verfehlt werden.

Institutionen haben angesichts des individuellen Wertpluralismus orientierungsstiftende Funktion. Sie sind auf die Optionen künftigen Handelns ausgerichtet – "planning for diversity and choice", gerade etwa die Option der biologischen Offenheit des Menschen angesichts der gentechnischen Möglichkeiten zu ihrer Manipulation oder die Option auf eine Natur, zu der jeder einzelne dann in ein Verhältnis treten kann. Das vermag im Einzelfall zu ganz gegensätzlichen Maßnahmen führen: Eine Lawinenverbauung kann zum Landschaftserhalt notwendig sein; sie kann im anderen Fall zugunsten einer Option 'Natur-Landschaft' fraglich werden.

Diese Überlegungen bezüglich der Grundwerte stoßen auf große Realisierungsschwierigkeiten. So kann eine Güterabwägung selbst bis in den Umgang mit Makrorisiken hineinreichen, wenn es z. B. darum geht, klimagefährliche Energiequellen stillzulegen, was nur möglich ist, wenn andere, langfristig als bedenklich eingestufte Energiequellen mit noch nicht übersehbaren Folgelasten eingesetzt werden. Die in der menschlichen Begrenztheit auf der Ebene organisatorischen Handelns gegründete prinzipielle Fehlerhaftigkeit unseres Tuns darf jedoch nicht als Rechtfertigung des *institutionellen*, des Werte verkörpernden Umgangs mit solchen Risiken mißbraucht werden. Insofern wird "Güterabwägung" beim Umgang mit Makrorisiken niemals zur Rechtfertigung des Handelns eingesetzt werden können, auch nicht zu dessen adäquater Beschreibung, sondern allenfalls als Ausdruck einer aporetischen Situation, sozusagen als Notbehelfs-Begriff in die politische Diskussion eingeführt werden können. Die Selbstvergewisserung über jene aporetische Situation kann dann zumindest dazu verhelfen, bestimmte "selbstverständliche" Lebensgewohnheiten grundlegend in Frage zu stellen – als

---

[3]Vergl. oben Kap. 1.4.

bescheidene menschenmögliche Reaktion auf die prinzipielle Unmöglichkeit der Übernahme einer Beweislast, Folge einer Einsicht, daß eine prinzipielle ethische Rechtfertigung des entsprechenden Tuns nicht möglich ist. Auf dieser Basis könnte eine neue Bescheidenheit entstehen.

Die für Institutionen erhobene Forderung, daß sie, vermöge ihrer Dispositionskraft über Handlungsspielräume, die vorzüglichen Garanten der Erhaltung von Options- und Vermächtniswerten seien, Werten also, die nicht unmittelbar zur individuellen Selektion von Zwecken führen, sondern die Spielräume der Zweckwahl offenhalten und die Möglichkeiten der Identitätsbildung qua Bezugnahme auf ein Vermächtnis erlauben, gilt also vorzüglich für Wissenschaft und Technik: Denn Wissenschaft ist diejenige menschliche Praxis, die unter dem Ideal ihres beständigen Fortschreitens steht, weil einzig in ihr die Kritik an sich selbst essentiell institutionalisiert ist; und die Technik ist letztendlich neben ihrer utilitaristischen Interpretation diejenige Domäne des Menschen, in der er sich objektiviert und über seine Objektivierungen erkennt, so daß eine Technik, die ihm dieses Vermächtnis rauben würde, indem sie sich selbst als Instrument der Herstellung menschlicher Selbstbezüglichkeit desavouiert (z. B. in bestimmten Bereichen der Genkombinationstechniken), die institutionelle Verantwortung zur Wahrung von Vermächtniswerten verletzen würde.

Die Berücksichtigung von Options- und Vermächtniswerten als Prüfstein für die Legitimation technischen und wirtschaftlichen Handelns soll abschließend in vier Testfragen exemplifiziert werden. Zuvor ist aber noch eine vorschnelle Lösungsstrategie zurückzuweisen, die sich darauf beruft, daß der Rekurs auf Aspekte der Ökologie oder einer ökologischen Ethik das Allheilmittel sei, um eine Orientierung aller anderen Handlungstypen zu gewährleisten. Die Schwierigkeit besteht nämlich darin, daß eine rein ökologische Ethik eines sicheren Begriffes von der Natur bedarf, die dann Orientierungsinstanz für unser Handeln wäre. Über einen solchen Begriff von Natur verfügen wir jedoch nicht.

8.4 Ökologische Ethik

Daß wir die Verantwortung für die Natur in unseren Horizont miteinbeziehen müssen, ist in Zeiten der Naturkrisen und des rapiden Naturverlusts Common sense. Bei der Begründung dieses Common sense besteht jedoch ein Widerstreit zweier Argumentationsstrategien: Die einen begründen unsere Verantwortlichkeit für die Natur mit deren Autonomie, Heiligkeit und Selbstzweckhaftigkeit. Die Natur wird gedacht als ein Subjekt, *demgegenüber* wir verantwortlich sind. Die anderen begründen unsere Verantwortlichkeit gegenüber der Natur mit unserem eigenen Interesse, dem wir langfristig nicht nachkommen können, wenn wir die Natur zerstören. Wir sind nur der Menschheit gegenüber verpflichtet, auch *in Ansehung* der Natur.

Der Begriff der Umwelt hat im Rahmen der Ökologie zentrale Bedeutung gewonnen. Jene, von Ernst Haeckel 1866[4] entworfene Forschungsrichtung, erfaßt die Beziehungen eines Lebewesens zu seiner Außen- und Umwelt, also seine Lebensbedingungen als Umweltfaktoren. Die Gesamtheit dieser Faktoren ist das Ökosystem. Insofern ist die Ökologie eine beschreibende Wissenschaft. Für die gegenwärtige Situation erfährt ihr Ansatz in zweifacher Hinsicht eine Radikalisierung: Erstens wird Umwelt mit "natürlicher Umwelt" gleichgesetzt, so daß sie als etwas erscheint, was dem Menschen als Natur gegenübersteht und durch seine Eingriffe verletzt wird. Zweitens wird dieser Naturbegriff so gefaßt, daß von ihm aus ein normativer Anspruch erhoben wird, er eine Vorbild- und Orientierungsfunktion erhält, der der Mensch entsprechen soll.

Die nachfolgend zunächst vorgestellten Idealtypen einer unmittelbaren Erfahrung der Natur werden in Anspruch genommen zur Begründung einer direkten Verantwortlichkeit ihr gegenüber, insofern diese Erfahrung eine Erfahrung von Normen sein soll. Alle gehen davon aus, daß es eine Klasse von Erlebnissen gibt, die eine bestimmte Anmutung des Menschen jenseits der Festlegung auf Angenehmes oder Nützliches begründen, eine Erfahrung einerseits von Nähe und Verbundenheit mit der erfahrenen Natur (ohne daß diese einfach eine Projektion des Menschlichen wäre), und gleichzeitig eine Erfahrung von Übermacht, Ferne und Abgestoßensein (ohne daß das Erfahrene aber als feindlich empfunden würde). Arnold Gehlen nannte das Feld jener Erfahrung, die dem tierischen Instinkt entspricht, den Bereich "archaischer Metaphysik".

8.4.1 Erste Strategie: Orientierung an der Natur

Mythische Naturerfahrung. In der philosophischen Anthropologie wird mythische Naturerfahrung als Erfahrung von den Gesten der Natur beschrieben: als eine Erfahrung von Ferne artikuliert sie sich in der Wahrnehmung einer Übermacht der Natur (Donner, Erdbeben, Jahreszeiten), der wir ausgeliefert sind. Die Erfahrung der Nähe resultiert daraus, daß wir die Gesten im Kleinen nachahmen können, und durch diese Nachahmung – mimetisches Verhalten – unser Leben in Einklang mit der Natur regulieren können (Jagd, Nahrungsgewinnung, Vorratshaltung, Feste, Ritualisierung des Heiratens und Wohnens, Garten). Die Übermächtigkeit der erfahrenen Geste begründet ihre Zuschreibung an die Götter, die in einem harmonisch politheistischen Himmel als leitende Instanzen gedacht werden. Dieses Naturbild zerfällt in dem Moment, in dem infolge der notwendig gewordenen Arbeitsteilung eine Zersplitterung der menschlichen Erfahrung und eine Regionalisierung der Erfahrungsinhalte stattfindet. Um weiterhin eine orientierungsstiftende Einheit zu garantieren, sind Abstraktionsprozesse notwendig, die auf einen vernünftigen Monotheismus, den Appell an eine abstrakte Regulierungsinstanz, hinauslaufen. Der alte Erfahrungstyp lebt aber in solchen Säkularisierungen fort. Diesen Prozeß haben die philosophischen Anthropologen von Gianbattista

---

[4]E. Haeckel, Generelle Morphologie der Organismen, Berlin 1866; ders., Die natürliche Schöpfungsgeschichte, Berlin 1868, vergl. hierzu auch A. Gehlen, Urmensch und Spätkultur, Frankfurt/M. 1977, S. 165; sowie H. Blumenberg, Arbeit am Mythos, Frankfurt/M. 1969, S. 13ff.

Vico bis Ernst Cassirer rekonstruiert. Max Horkheimer bemerkt zu diesem Problem:

> "Die alten Lebensformen, die unter der Oberfläche der Zivilisation schwelen, liefern in vielen Fällen noch die Wärme, die einem jeden Entzücken innewohnt, jeder Liebe zu einem Ding, die mehr um seiner selbst als um eines anderen Dinges willen besteht. Das Vergnügen, einen Garten zu pflegen, geht auf alte Zeiten zurück, in denen Gärten den Göttern gehörten und für sie bebaut wurden. Der Sinn für Schönheit in der Natur wie in der Kunst ist durch tausend zarte Fäden mit dieser abergläubischen Vorstellung verknüpft. Wenn der moderne Mensch die Fäden zu ihm durchschneidet, indem er sie entweder verspottet oder mit ihnen prunkt, so mag das Vergnügen noch eine Weile anhalten, aber sein inneres Leben ist ausgelöscht."[5]

Diese Nachahmung erlaubt nicht, zwischen einer Deskription der Natur und ihrer Auffassung als Regelsystem zu unterscheiden. Das Anlegen eines Gartens als Bild unseres Umgangs mit Natur ist eine Schöpfung im Kleinen, in der der Mensch die Schöpfung sowohl darstellt als auch nachahmt, indem er ihre Kreisläufe simuliert und im Kleinen die Prinzipien seines allgemeinen Umgangs mit der Natur gleichsam verdichtet.

"Ganzheitliche" Naturerfahrung. Dieser Typus der Naturerfahrung findet sich in der Tradition, die sich auf Baruch de Spinozas Ethica und Johann Wolfgang von Goethe beruft. Jedes einzelne Element der Natur wird nicht als einzelnes, sondern als Symbol des Allgemeinen betrachtet. Es wird zwar isoliert und erscheint unter einem bestimmten Modus, dieser aber ist notwendig als eine Modifikation einer vorauszusetzenden unendlichen Substanz zu denken, die die Gesamtheit aller Einzelheiten ausmacht. Die Autorität einer fernen Natur als Inbegriff des Ganzen wird nur noch indirekt ersichtlich dadurch, daß eine einzelne Erfahrung zwar beschränkt und vereinzelt ist, daß diese Erfahrung aber über sich hinauszuweisen vermag und somit Symbol wird. Natur wird interpretiert als ein Gesamtsystem, an dem unsere Erfahrung auf diese Weise teilhat, und auf das unsere Erfahrung, soweit sie mit ihrer eigenen Begrenztheit und Negativität konfrontiert wird, ex negativo in einen Bezug treten kann. Jegliche Geste im Umgang mit Natur ist dann gerechtfertigt, wenn sie geeignet ist, jene erfahrene Negativität wenigstens im kleinen aufzuheben:

> "Wenn ich ein Insekt aus dem Tümpel rette, so hat sich Leben an Leben hingegeben, und die Selbstentzweiung des Lebens ist aufgehoben." (Albert Schweitzer)[6]

Pragmatische Naturerfahrung. Der dritte Typ einer unmittelbaren Naturerfahrung mit normativem Gehalt ist – und das mag überraschen – in der Tradition des amerikanischen Pragmatismus zu finden. Die ästhetische Erfahrung der Natur wird gefaßt als eine Erfahrung von "Expressivität" (John Dewey)[7], an deren Vorbild sich der Mensch überhaupt über die Möglichkeit, etwas zu bewirken, vergewissern kann. Das "Summum bonum" jeglicher Erfahrung als Erfahrung gelingenden Handelns, des Nichtwiderstrebens, des Nichtscheiterns von Entwürfen, also

---

[5] M.Horkheimer, Kritik der instrumentellen Vernunft, Frankfurt/M. 1974, S. 43.

[6] A. Schweitzer, Kultur und Ethik, in: ders., Ges. Werke II, München o.J., S. 382.

[7] J. Dewey, Art as Experience, New York 1980.

die Erfahrung praktischer Vollkommenheit, ist uns, so Charles Sander Peirce, nur unter dem Typus "ästhetischer" Erfahrung möglich, die dann Vorbild für unser Handeln wird (Ethik) und schließlich die Logik als Wissenschaft des Stetigen leitet.[8]

Allen drei Typen der ersten Strategie der Naturerfahrung ist gemeinsam: Der Mensch erfährt sich in der Natur als deren unvollkommener Teil. An den Gesichtspunkten, an denen er Natur nachzuahmen vermag, erfährt er deren Wirken. Diese Wirkung liegt in der Verdeutlichung der Regeln der Natur durch diese selbst. Während der erste Typus noch konkrete Gesten der Natur in Bezug setzt zu konkreten Handlungstypen der Menschen, wird im zweiten Typus die Natur nur noch indirekt als Ganzheit erfahren und somit zur Orientierungsinstanz für Handlungen, die dieses Ganzheitspostulat entweder verletzen oder ihm genügen. Unter dem dritten Typus wird eine unmittelbare Erfahrung von Natur lediglich noch als Erfahrung eines allgemeinen Ideals gedacht, das als Richtschnur nicht mehr für konkretes Handeln, sondern für eine Ausrichtung des Menschen auf Handeln überhaupt zu denken ist. Dieses allgemeine Konzept des Handelns weist allerdings bestimmte Züge auf, insbesondere den Grundzug seiner Selbsterhaltung, seiner Regenerierung sowie der Vermeidung von Kontrafinalitäten, die dann entstehen können, wenn einzelne Züge eines solchen Handelns mit den Grundbedingungen des Gesamtsystems in Widerstreit stehen würden. Eine auf diesen Erfahrungskonzepten begründete Forderung einer Nachahmung der Natur wäre abzugrenzen vom Postulat des Gehorchens, wie die frühneuzeitlichen Naturwissenschaftler programmatisch behauptet haben "Natura non nisi parendo vincitur" (Francis Bacon) –, was besagt, daß man der Natur zum Zwecke ihrer Beherrschung insoweit folgt, als unter der Voraussetzung von Naturgesetzen deren Wirkungsbedingungen realisiert werden, so daß unter diesen Gesetzen bestimmte Resultate gezeitigt werden, die dem Willen der Subjekte entsprechen.

Die Natur, so wie sie vor uns steht, präsentiert sich jedoch als ein vielfältiges, gar widersprüchliches Gebilde. Einerseits weist sie Züge auf, denen unter allgemeiner Zustimmung leicht eine Vorbildfunktion zugesprochen werden könnte, so z. B.

— das Prinzip des kleinstmöglichen Aufwands
— das Prinzip der Ressourcenregenerierung sowie
— das Prinzip des Funktionierens in Kreisläufen.

An dieser Stelle wäre darauf hinzuweisen, daß, wenn unter einem solchen technischen Ideal des Gehorsams gegenüber der Natur sich beispielsweise so etwas wie eine Tomoffel (Tomate/Kartoffel) oder eine Schiege (Schaf/Ziege) realisieren läßt, diese durchaus im Sinne des ersten mimetischen Naturverhaltens als genetische Absonderheit, die im Spielraum der Möglichkeiten (der Launen) der Natur liegt, gerechtfertigt werden könnten. Sind denn nicht eine Tomoffel oder eine Schiege natürlich im Sinne des mimetischen Verhaltens, weil doch in der natürlichen Evolution der Arten ähnliche Sprünge stattfanden, die dann, einer späteren Selektion ausgesetzt, zwar unter Umständen eliminiert wurden, was aber an der Natürlichkeit

---

[8]Ch. S. Peirce, 5.129 sowie 5.433, in: ders., Schriften II, Frankfurt/M. 1970, S. 346-350 sowie S. 410.

ihres Zustandekommens nichts geändert hätte. Eine Natürlichkeit, an der sich ein Gentechnologe orientieren könnte, indem er darauf verweist, daß die Natur seine Manipulationen doch "erlaubt" habe. Auch wäre unter jenen Ansätzen eine Selbstausrottung der Menschheit im Sinne der Natur durchaus zu rechtfertigen, und Ethik verlöre also ihren Sinn, weil die Problemlage verschwände, die ihren Entwurf begründete. Schließlich: Wie wären unter diesem Ideal Naturphänomene wie die natürliche Ausrottung der Arten (98%) oder die Elimination schwacher Nachkommen (Auffressen durch ihre Eltern) zu behandeln?

Dies überrascht nicht, wenn man sich darüber vergewissert, daß wir die Natur als Gesamtheit nie erfassen, sondern uns auf dem Wege der Modellierung immer nur bestimmte Ausschnitte von ihr vergegenwärtigen. Dies wäre nicht weiter problematisch, wenn nicht aus dieser selektiven Perspektive gleichzeitig normative Ansprüche aus einer jeweils so gefaßten Natur abgeleitet würden: So können sich Gentechnologen auch darauf berufen, daß bestimmte Bodenbakterien Pflanzen auf dem Wege der "Genmanipulation" zur Nährstoffbildung anregen und dies als natürliches Vorbild zur Veränderung von Organismen reklamieren. Oder diejenigen, die mittels Phosphatdüngung das Wachstum optimieren und in den Entphosphatisierungsanlagen mittels Phosphatfällung qua Kalkmilch das Phosphat wiedergewinnen zur erneuten Düngung, können dieses Vorgehen als "Kreislauf" nach dem Vorbild der Natur deklarieren.

Dem Erkenntnisproblem folgt ersichtlich ein Rechtfertigungsproblem: Welche Aspekte der Natur sollen überhaupt Vorbildfunktion gewinnen, und mit welchem Recht wird gerade diesen Aspekten (und nicht irgendwelchen anderen) Vorbildfunktion zugesprochen? In der Philosophie bezeichnet man ein derartiges Vorgehen (den Übergang von einer Seinsbehauptung zu einer Sollensbehauptung) als naturalistischen Fehlschluß.

Sind also, so ist bereits an dieser Stelle zu fragen, jene Erfahrungstypen, die hier ins Feld geführt werden, argumentativ nicht zu "schwach", zu mehrdeutig, um in den krisenhaften Situationen, die anfangs skizziert wurden, Entscheidungshilfen abzugeben?

8.4.2 Zweite Strategie: Orientierung am Menschen

Die Heiligkeit der Natur im Interesse des Menschen.
"In Ansehung des Schönen obgleich Leblosen in der Natur ist ein Hang zum bloßen Zerstören...der Pflicht des Menschen gegen sich selbst zuwider: weil es dasjenige Gefühl im Menschen schwächt, oder vertilgt, was zwar nicht für sich allein schon moralisch ist, aber doch diejenige Stimmung der Sinnlichkeit welche die Moralität sehr befördert, wenigsten dazu vorbereitet, nämlich auch etwas ohne Absicht auf (partiellen oder egoistischen) Nutzen zu lieben (zum Beispiel die schönen Kristallisationen, das unbeschreiblich Schöne des Gewächsreichs). In Ansehung des lebenden, obgleich vernunftlosen Teils der Geschöpfe ist die gewaltsame, obgleich grausame Behandlung der Tiere, der Pflicht des Menschen gegen sich selbst weit inniglicher entgegengesetzt, weil dadurch das Mitgefühl an ihrem Leiden im Menschen abgestumpft und dadurch eine der Moralität im Verhältnis zu anderen Menschen sehr diensame natürliche Anlage geschwächt und nach und nach ausgetilgt wird; obgleich ihre behende (ohne Qual verrichtete) Tötung oder auch ihre, nur nicht bis über Vermögen angestrengte Arbeit (dergleichen auch wohl Menschen sich gefallen

lassen müssen) unter die Befugnisse des Menschen gehören; dahingegen die martervollen physischen Versuche zum bloßen Berufe der Spekulation, wenn auch ohne sie der Zweck erreicht werden könnte, zu verabscheuen sind. – Selbst Dankbarkeit für lang geleistete Dienste eines alten Pferdes oder Hundes (gleich als ob sie Hausgenossen wären) gehört indirekt zur Pflicht des Menschen, nämlich in Ansehung dieser Tiere, direkt betrachtet aber ist sie immer nur die Pflicht des Menschen gegen sich selbst." (Immanuel Kant)[9]

Die Erfahrung der Natur eröffnet uns die Möglichkeit der Selbstvergewisserung gegenüber uns selbst. Einer solchermaßen gedachten Natur sind wir nicht ihr gegenüber direkt verantwortlich; vielmehr sind wir in Ansehung der Natur uns selber gegenüber für ihre Erhaltung verantwortlich. Wer Natur zerstört, macht sie von seinen zufälligen Bedürfnissen und seinen momentanen Begierden abhängig. Daher ist die Natur im Interesse der Sittlichkeit zu bewahren.

Eine Radikalisierung der Kantischen Argumentationsstrategie wird von den Vertretern derjenigen Ansätze verfolgt, die fordern, im Interesse des Menschen die Natur als eine Heilige zu betrachten. Da, wie Hans Jonas bemerkt, der Mensch nicht ein Teil der Natur, sondern Herrscher über die Natur ist, ist ihm die Natur als "Treugut" überlassen. In seinem eigenen Interesse muß er mit diesem Treugut so umgehen, daß die Basis seiner eigenen vorgefundenen Existenz als zweiter Gott nicht zerstört wird.

"Es ist die Frage, ob wir ohne die Wiederherstellung der Kategorie des Heiligen, die am gründlichsten durch die wissenschaftliche Aufklärung zerstört wurde, eine Ethik haben können, die die extremen Kräfte zügeln kann, die wir heute besitzen und dauernd hinzu erwerben und auszuüben beinahe gezwungen sind."[10]

Wenn ein Herrscher kraft seiner Herrschaft etwas tabuisiert, es zum heiligen Bezirk erklärt, konstituiert er sozusagen einen Als-Ob-Begriff des Heiligen, eine Quasi-Heiligkeit. Auf einem ähnlichen Konzept basiert die Forderung Klaus Michael Meyer-Abichs, einen "Frieden mit der Natur" zu schließen, denn sie setzt voraus, daß die natürlichen Wesen bis hin zu unbelebten Naturdingen wie etwa Flüssen ein "Eigenrecht" haben, das als solches nur auf einer unterstellten Autonomie, also einer Quasi-Heiligkeit beruhen kann. Die Forderung, die Natur als anthropomorph, als eine Art autonomes Subjekt zu betrachten, wird auch von Robert Spaemann und Reinhard Löw explizit dadurch begründet, daß unsere Gattung für ihre eigene Existenzsicherung verantwortlich sei:

"Entweder es gelingt, das Herrschaftsverhältnis über die Natur zu integrieren in ein neues sich erst in vagen Zügen abzeichnendes Verhältnis von Mensch und Natur, oder der Mensch selbst wird zu einem Opfer seiner eigenen Naturbeherrschung. Entweder wir entschließen uns, die lebendige Natur anthropomorph zu interpretieren, oder wir werden selbst... zu weltlosen Subjekten, die sich den Boden unter den Füßen wegziehen."[11]

Wir sind also gezwungen, die Natur quasi als Menschen zu betrachten, weil wir sonst nicht mehr reale Menschen sein können. Das Grundproblem dieser Argumentationstrategie liegt darin, daß zwei Ebenen der Argumentation, eine normative und eine deskriptive, in unzulässiger Weise aufeinander bezogen werden: Der klas-

---

[9] I. Kant, Metaphysik der Sitten, Hamburg 1966, § 17.
[10] H. Jonas, Das Prinzip Verantwortung, Frankfurt/M. 1979, S. 57.
[11] R. Spaemann/R. Löw, Die Frage WOZU?, München/Zürich 1981, S. 288.

sische sogenannte naturalistische Fehlschluß bestand darin, daß auf der Basis von Tatsachenbehauptungen logisch auf Normen übergegangen werden sollte. Hier liegt sozusagen ein umgekehrt naturalistischer Fehlschluß vor. Aus der Annahme einer Grundnorm – daß die Menschheit ihr eigenes Überleben garantieren müsse – wird auf eine Bedingung der Realisierung dieser Norm, nämlich die Heiligkeit der Natur geschlossen, aus der sich bestimmte Ansprüche an menschliches Verhalten dann begründen lassen.

Utilitaristische Begründungsansätze.

"Wüßten wir mit Gewißheit, daß der Planet Erde vom Jahre 2000 an bis in alle Ewigkeit für den Menschen unbewohnbar wäre, gäbe es keinen ästhetischen oder ethischen Grund, warum wir die Welt nicht als Müllhalde hinterlassen sollten."[12]

Diese Formulierung Dieter Birnbachers spiegelt eine weitere Eingrenzung, Konkretisierung und Radikalisierung der Problemsicht. Nicht mehr der Mensch als transzendentales Subjekt (Kant) noch die Menschheit als Gattung (Jonas, Spaemann, Löw) sind Bezugspunkt des Verantwortungskonzepts, sondern die real existierenden Menschen. Deren Leiden ist zu minimieren, deren maximaler Nutzen ist zu befördern. Dies bedingt, daß auch nur leidensfähige und gratifikationsfähige Lebewesen in den Definitionsbereich einer solchen Ethik fallen können, daß also eine solche ökologische Ethik nur im Hinblick auf Bewußtseinsträger begründet werden kann. Die ökologische Ethik würde sich also insoweit auf Tiere und Pflanzen erstrecken, als ihnen unter bestimmten Paradigmen elementare Stufen des Bewußtseins und der Wahrnehmung unterstellt werden können. Was aber, so wäre einzuwenden, geschähe, wenn diese Unterstellung der Bewußtseinshaftigkeit mit den obersten Maximen der Leidensminimierung oder Gratifikationsfähigkeit kollidiert? Wenn also Leiden minimiert werden können im Zuge einer Abrichtung bis zur Bewußtlosigkeit, also bei Desensibilisierungskonzepten jeglicher Art? Der Utilitarist verweist über die oberste Maxime der Leidensminimierung an die Instanz des Bewußtseins, er hat aber keine Argumente gegenüber den Befürwortern lustvoller Bewußtlosigkeit (wie sie die Kulturindustrie in unseren verödeten Innenstädten exemplifiziert).

Allgemein läßt sich gegen diese zweite Strategie, ökologische Ethik zu begründen, folgendes einwenden:

Natur wird zwar durchaus plausibel als hinreichende, nicht aber als notwendige Voraussetzung der Überlebensfähigkeit unserer Gattung auf einem bestimmten moralischen Stand erwiesen. Ähnliches kann im Bereich der Kultur und der Kunst geleistet werden oder durch Surrogate der Natur. Damit aber die geforderte Begründungsleistung erbracht wird, müßte die Notwendigkeit eines derartig als heilig oder wie auch immer unterstellten Naturkonzeptes erwiesen werden.

Es gibt, so ist darüberhinaus einzuwenden, in der Natur Häßlichkeit, Gewalt und Chaos. Die Übertragung jener Mechanismen oder gar ihre Nachahmung (was leicht ermöglicht wird, wenn sie als Heilige tabuisiert werden) würde auf absehbare Zeit zur Ausrottung der Menschheit als Gattung führen. Der zynische Vertreter dieser Position würde dies eventuell in sein Kalkül miteinbeziehen.

---

[12] D. Birnbacher, Sind wir für die Natur verantwortlich?, in: ders. (Hrsg.), Ökologie und Ethik, Stuttgart 1980, S. 132.

In gewisser Weise gehen aber die Vertreter jener Position gar nicht von einer – uns ja auch nicht mehr zugänglichen – Original-Natur aus, sondern von einer kultivierten Natur. Erst dieser kommt der Charakter eines Analogons zur Sittlichkeit zu, wie es sich ja für Kant beispielsweise im Vorbild des Englischen Gartens manifestierte. Dann tritt aber das Prinzip der Verantwortung der Menschheit sich selbst gegenüber mit dem Konzept einer unterstellten Heiligkeit der Natur in Widerstreit. Denn eine Heiligkeit, die nicht mehr durch Ausgrenzung konstituiert wird, sondern sozusagen auch manifest durch Menschen erst *hergestellt* wird (kultivierte Natur), verliert den Anspruch auf Verbindlichkeit und sinkt in das Feld historischer Relativität zurück.

Schließlich wäre zu fragen, was aus jener Argumentation würde, wenn es gelänge, zu zeigen, daß in einer künstlichen Welt das Überleben der Gattung Mensch eher garantiert wäre, wie es durchaus in bestimmten utopischen Geschichtsmodellen unterstellt wird, die für die Individuen wie für die Menschheit das Drei-Phasen-Modell einer ursprünglichen Natur (1), deren Verlust durch einen mühsamen Prozeß des Versuchs eines Ersetzens dieser Natur aufgefangen wird (2), um schließlich in einer vollendeten Natur (3) zu kulminieren, die alle Leistungen der alten erbringt (vergleiche Kleists "Marionettentheater") annehmen.[13]

Wir stellen also fest, daß weder die Argumentationsstrategien, die eine direkte noch die, die eine indirekte Verantwortung der Natur gegenüber zu begründen suchen, ohne Dogmatik auskommen. Eine Konsequenz aus diesem Befund wäre, zu untersuchen, ob die Erkenntnis dieser Ausgangssituation und ihre skeptische Relativierung nicht ihrerseits Ausgangspunkt für die Begründung einer ökologischen Ethik sein könnte.

8.4.3 Dritte Strategie: Ökologische Ethik als Ethik der Selbstbescheidung

Die Unmöglichkeit, einen objektiven Begründungsstandpunkt für eine ökologische Ethik zu finden, kann ihrerseits zum Entwurf einer Begründungsstrategie führen, wenn diese als eine Begründung für eine notwendige Selbstbescheidung gedacht wird. Diese Problemsituation war bereits einmal in der Ideengeschichte präsent. Unter dem Eindruck des Zusammenbruchs der Ordnung des mittelalterlichen Weltbildes, das in viele Dogmatiken mit universalem Erklärungsanspruch aufgesplittert war, ging die Vorstellung der Schöpfung als geschlossenes System und dem Menschen als Teil in ihr verloren. Dementsprechend konnte das Individuum nicht mehr auftrumpfend auf seine beherrschende Stellung im göttlichen Weltenplan verweisen, sondern mußte sich als "Idiota", als "Laie", als "Narr" neu begreifen lernen. Der gesunde Menschenverstand, der als Begründungsinstanz an die Stelle der theologischen Vernunft trat, ist aber einer, der nur *regional begrenzt* wirksam werden kann. Diese Einsicht wurde in der Tradition der "devotia moderna" zu einer Philosophie, der die meisten großen Philosophen und Naturforscher des Renaissance-Humanismus angehörten oder zuneigten (Nikolaus von Kues, Agricola, Erasmus, Thomas Morus u. v. a.). Im italienischen Renaissance-Humanismus entsprach

---

[13]H. v. Kleist, Über das Marionettentheater (1810), in: Werke Bd. 4, München 1972, S. 121ff.

dieser Haltung der Selbstbescheidung die "pietas" (Petrarca) bzw. die Haltung der Melancholia, die die großen Genies kultivierten (Leonardo da Vinci, Marsilio Ficino, Alberti, Michelangelo usw.). Das Vermögen des Menschen, technische Konstrukte ohne Vorbild in der Natur zu realisieren, ließ ihn zwar die Möglichkeit seiner Individualität und Herrschaft erkennen. Zugleich wurde aber immer wieder hervorgehoben, daß diese Herrschaft nur in einer Nische, die durch ihre Perspektivität und Begrenztheit definiert ist, realisiert werden kann. Ein Denken, in dem sich der Mensch als Idiota auf seine eigene Nische (Oikos) beschränkt, wäre im eigentlichen Sinne ein ökologisches Denken.

Es wäre eine Ethik, die Handlungen im Umgang mit der Natur nur insoweit zuläßt, als ihre Folgen in einem begrenzten Bereich vorhersehbar und registrierbar sind. Die Rückmeldung der Natur über die Wirkungen unserer Eingriffe dürfte nicht verfälscht werden durch neue Eingriffe, da sonst ein System in einem Ausmaß verletzt werden kann, das für den einzelnen – eben wegen der fehlenden Rückmeldung – nicht mehr zu überschauen ist.

Es wäre eine Ethik, die darauf abzielt, Risiken nur insoweit einzugehen, als sie dem eigentlichen Risikobegriff genügen, der sich als Produkt der Schadenshöhe und Auftrittswahrscheinlichkeit bestimmen läßt. Über solche Risiken läßt sich disponieren, nicht hingegen über solche, in der die Schadenshöhe unermeßlich groß sein kann, weil der Definitionsbereich des Schadens nicht in seinen Grenzen bekannt ist, oder die Auftrittswahrscheinlichkeit eine unbekannte Größe bleibt, weil die Bezugsbasis zur Errechnung der Wahrscheinlichkeit nicht definiert ist. Der Zugriff auf die genetische Struktur des Menschen, auf die Biosphäre der Erde, auf den Energiehaushalt der Natur und vieles andere läßt sich nicht mehr im Blick auf einen begrenzten Definitionsbereich diskutieren. Solche Globalrisiken sind unter keinem Konzept verantwortbar.

Insgesamt gilt, daß das Postulat der Selbstbegrenzung ins Feld geführt werden muß gegenüber der Maßlosigkeit jeglichen Erkenntnisanspruchs. Diese äußert sich dahingehend, daß überhaupt die Forderung erhoben wird, diejenigen, die im ökologischen Sinne argumentieren, hätten die Ursachen und Folgen der monierten Eingriffe aufzuzeigen und auf einer wissenschaftlich gesicherten Basis in den Diskurs einzuführen. Vielmehr muß umgekehrt gelten, daß jeder, der eine Innovation wissenschaftlicher oder technischer Art vorstellt, nachzuweisen hätte, daß diese Innovation in begrenzten Definitionsbereichen wirksam wird und hinsichtlich dieser Definitionsbereiche einschätzbar bleibt. Das bedeutet insbesondere, daß gezeigt werden muß, daß durch solche Innovationen nicht gesamte Systeme in einen neuen qualitativen Zustand versetzt werden können (vergl. Katastrophen-Theorie) im Sinne eines "Umkippens" der Systeme, so daß also hier eine Umkehrung der Beweislast zu fordern wäre. Es darf nicht etwa in der Hoffnung auf zukünftige Möglichkeiten, die Beschädigungen der Natur wieder aufzuheben, operiert werden, sondern es ist dafür zu sorgen, daß die Natur nicht mit Risiken belastet wird, die sich der natürlichen Begrenztheit menschlicher Planung und Kalkulation per definitionem entziehen. Das heißt insbesondere, daß biologische oder physikalische Techniken nur insoweit zugelassen werden können, als sie in der Nische realisierbar sind und nicht direkt in den Kreislauf der Natur möglicherweise eingreifen, wie etwa nicht mehr kontrollierbare Freilandversuche mit genetisch manipulierten Organismen. Zu einer solchen Natur, deren Gesamtsystem wir nicht kennen, gehören auch wir selbst als Menschen. Deshalb gilt dasselbe Postulat zur Einschätzung von Globalrisiken auch für die Innovationen auf dem Gebiet der Künstlichen Intelligenz und den Umgang mit intelligenten Systemen, die wir selbst herstellen.

Wenn man sich klarmacht, daß Umwelt nicht etwas ist, was unabhängig existiert, sondern immer schon gestaltet ist, dann läßt sich der Unterschied zwischen natürlicher und deformierter Umwelt nicht mehr einfach aufrechterhalten. Umweltschutz bedeutet vielmehr, daß die Beziehungen eines Lebewesens zu den Umweltfaktoren, die seine Existenz bedingen, "vernünftig" gestaltet werden muß. "Unvernünftige" Gestaltungsverhältnisse (aus der Perspektive einer Gattung) finden wir auch in der Natur (z. B. den Säbelzahntiger). Und die Menschheit könnte sich durchaus auch zu einer Gattung entwickeln, die ihre Selbstzerstörung bewerkstelligt. Ein Kriterium des Vernünftigseins der Umweltgestaltung ist sicherlich die Selbsterhaltung.

Wenn man dies berücksichtigt, relativiert sich auch die verbreitete Behauptung vom Spannungsverhältnis zwischen Ökologie und Ökonomie bzw. vom Gegensatz zwischen ökologischer und ökonomischer Verantwortung. Der zweieinhalbtausendjährige Begriff der Ökonomia bezeichnete bei den Pytagoräern die Gesamtheit der Gesetze des vernünftigen Haushaltens unter knappen Ressourcen.(Damals war allerdings für die Gebildeten die einzige knappe Ressource diejenige der Zeit.) Im Mittelalter bezeichnete Ökonomia die Heilstätigkeit Gottes in der Geschichte, also sein vernünftiges Wirken im "Haushalt" des Kosmos. Seit dem Humanismus wird unter der neuzeitlichen Skepsis der Vollzug dieses Anspruches den Menschen zugewiesen und gleichzeitig eingeschränkt: Die Bedeutung des Oikos als Nische (nicht bloß als Haus) wird stärker betont und damit die Forderung verbunden, daß das menschliche Haushalten sich auf die Bereiche beschränken soll, die überschaubar und in denen die Auswirkungen menschlichen Handelns nachvollziehbar und kontrollierbar sind. (Der humanistische Laie – "Idiota" – verspottet bei Nikolaus von Kues die mittelalterliche Anmaßung der spekulativen Naturerfassung und fordert ja die "devotia moderna", die moderne Selbstbeschränkung auf die Bereiche der Natur, die wir mittels der Technik erschließen und gestalten.)

Aus dieser Haltung lassen sich zweierlei Vorbildfunktionen gewinnen, die nicht dem oben kritisierten naturalistischen Fehlschluß unterliegen:

— Eingriffe, deren Folgen sich verselbständigen können, und die das Ganze gefährden, die also nicht mehr im Bereich begrenzter Überschaubarkeit liegen (Oikos), sind nicht zu verantworten.
— Eingriffe, die im Blick auf kurzfristige Gratifikation langfristig die Existenzbedingungen des Handelns und des Überlebens gefährden, sind ökologisch *und* ökonomisch unvernünftig.

Das Problem läßt sich also als Spannung zwischen kurzfristigem und langfristigem Denken modellieren.

Es wäre voreilig, Selbstbescheidung mit dem Slogan "small is beautiful" gleichzusetzen. Vielmehr kann eine Bereicherung unseres Lebens und Erlebens eintreten (und auch als Basis für entsprechende Marketingstrategien dienen), wenn die Umgestaltung unserer Zivilisation von einer stärkeren Zurücknahme der Ansprüche auf "Alles jederzeit" geprägt wäre. Viele Techniken werden überflüssig, wenn das Leben mit seinen Konsumgewohnheiten mehr an die Jahreszeiten angepaßt und stärker (re-)regionalisiert würde. Das Erleben der Zeitabläufe und des Ortswechsels würde intensiviert (Ernährung, Reisen). Und die allseits beklagte, technisch indizierte Monotonie unserer Welt bedürfte nicht mehr in diesem Maße der kompensatorischen Ersatzbefriedigung durch technisch aufwendige Unterhaltungs-(ersatz)industrien.

9 Konsequenzen für die Technikbewertung – vier Testfragen

Begründungsansätze einer Technik- und Wissenschaftsethik lassen sich nicht in Form von Rezepten umsetzen, in Form einer "Lebenssoftware" etwa im Blick auf feste Entscheidungsalgorithmen. Eine Ethik der Technik kann nicht in eine Technik der Ethik münden. Zur Umsetzung der ethischen Ansprüche können lediglich Orientierungsvorschläge unterbreitet werden; diese sollen hier in vier Fragestellungen, die die unterschiedlichen Ebenen der Umsetzung betreffen, zusammengefaßt werden. Auf diese Weise kann das *kluge Abwägen* bei der Bewertung der Innovationen und Handlungsstrategien systematisiert werden, so daß man an der jeweiligen Stelle des Diskurses auch weiß, wo man sich befindet. Wie wir gesehen haben, muß der Diskurs mehr sein als eine unverbindliche Diskussion, in der verschiedene Standpunkte dargestellt werden, er kann aber auch nicht die verbindliche Kraft beanspruchen, die Habermas ihm zuschreibt, einerseits wegen der faktischen Unmöglichkeit, die lebensweltlichen Interessen auszuklammern und vorurteilslos zu prüfen, andererseits wegen der nichterzwingbaren, aber erforderlichen Grundentscheidung, in den Prozeß einer sittlichen Bewertung überhaupt einzutreten. Ist diese Grundentscheidung erst einmal gefallen, kann der Diskurs jedoch vielerlei Möglichkeiten eröffnen. Die wichtigste liegt sicherlich darin, daß der Diskurs nicht seinerseits auf eine reaktive Technikfolgenabschätzung (beispielsweise) reagiert, sondern daß er, indem die unterschiedlichen Interessenlagen, Perspektiven, Kompetenzen und Einsichten eingebracht werden, auf Versäumnisse hinweisen, Alternativen aufzeigen, Relativierungen vornehmen kann etc. und somit zum Anwalt der Options- und der Vermächtniswerte wird, der Werte also, die die Technikbewertung leiten können.

9.1 Erste Testfrage: Wie weit sollen Optimierungen vorangetrieben werden?

Sowohl technisches als auch wirtschaftliches Denken ist ein Denken in Optimierungszusammenhängen. Allgemeines und anerkanntes Regulativ ist dabei das Prinzip des abnehmenden Grenznutzens (bzw. Grenzertrages), dasjenige Prinzip, mittels dessen wir erfassen, daß von einem bestimmten Punkt an Verbesserungen

Vier Testfragen (Operationalisierung)

1. Wollen wir eine Optimierungsstrategie fortsetzen?

2. Kompensiert der Leiheffekt (Nutzen) unseren Kompetenzverlust?

3. Wollen wir das System?
   (Falsifikationistische Asymmetrie)

4. Identifizieren wir uns über die Technik?
   (Verlieren wir uns im Produkt/Hegel)

Abb. 21

nur noch mit einem unproportional hohen Aufwand zu erzielen sind, und deshalb eine weitere Optimierung abgebrochen werden soll. Dies gilt sowohl für die Rechtfertigung von Innovationen als auch (problematischerweise) für den Umgang mit Risiken: Wenn ein zusätzliches Maß an Sicherheit nur durch unproportional hohe Kosten erkauft werden kann, ist man geneigt, Restrisiken eines bestimmten Typs zuzulassen. Kriterium (auch der Mehr-Güter- oder Mehr-Faktoren-Tabelle) – "die Optimalbedingung" – ist, daß ein Ausgleich der mit den Preisen bzw. Grenzkosten gewogenen Grenznutzen (bzw. ausgewogene Preis-Leistungs-Verhältnisse) erzielt werden soll.

Ein ethisch orientierter Umgang mit diesem Modell hätte sich zunächst der Aufgabe zu stellen, den Problemhorizont schrittweise zu erweitern:

Der Kostenaufwand muß so modelliert werden, daß die externen Kosten, zu denen die Kosten für die Umwelt, indirekte Folgekosten (z. B. der Erschließung alternativer Ressourcen bei Nutzung begrenzter Ressourcen), soziale Folgekosten etc. gehören, in die Gesamtbilanz mit einfließen. Eine solche Internalisierungsstrategie hätte zur Folge, daß z. B. der "Entsorgungstourismus" zu teuer wird, daß ein Just-in-time-Anlieferungsverfahren, das die Lagerhaltungskosten spart und Schienenanlieferung obsolet werden läßt, unrentabel wird oder daß es zu teuer wird, Produkte aus Attraktivitätsgründen aufwendig zu verpacken. Unter solchen Gesichtspunkten wäre das duale System der Entsorgung abzulehnen, weil es optimal nur greifen könnte, wenn die zu entsorgenden Produkte bereits unter Recycling-Gesichtspunkten konstruiert wären und weil es die Einsparung von Verpackung nicht honoriert (was inzwischen sogar von der Verpackungsindustrie moniert wird) – ein Strukturmangel mit Folgelasten im Blick auf Transportkapazitäten und Energieaufwand, die in externen Kosten versteckt sind. Die Optimierungskalkulation müßte auf eine breitere Basis gestellt werden.

Ein Nachdenken im Blick auf Alternativen einer Optimierung ist dann angebracht, wenn die Optimierungsstränge auseinanderlaufen. Ein typisches Beispiel hierfür ist der Stand der gegenwärtigen Entwicklung in der Automobilindustrie: Sicherheit, Sparsamkeit, Schnelligkeit, Transportkapazität und Komfort lassen sich nicht mehr parallel zueinander optimieren, sondern das eine kann nur noch auf Kosten eines anderen erkauft werden. Kontinuierlich weiter optimierte Fahrzeuge z. B., wie etwa diejenigen der Mercedes S-Klasse, erscheinen dann als technische Dinosaurier, die in Energieverbrauch, Zulademöglichkeit und Transportkapazität nicht mehr in sinnvollem Bezug zu dem technischen Leitbild des Nutzens eines Automobils stehen. Auch verlangen sie eine derart hohe Anpassung der sie umgebenden Systeme an sie selbst (vom Straßenbau bis zur Umrüstung der Autoreisezüge), daß der Aufwand, der die ursprüngliche Zielsetzung ermöglichen soll, in kein Verhältnis zu dem erbrachten Effekt zu bringen ist. Ähnliches gilt auch für andere Optimierungsfelder: Informiertheit, Bequemlichkeit der Abwicklung und Datenschutz sind im Bereich der Datenkommunikation nicht mehr zu harmonisieren; universeller Lebensmittelkonsum zu jeder beliebigen Zeit an jedem beliebigen Ort ist nicht mehr mit Produktqualität und Verpackungseffizienz zu vereinbaren. An solchen Stellen sollte, um einer Vereinseitigung und der Produktion von neuen Abhängigkeiten vorzubeugen, das Optimieren abgebrochen werden, und es sollten alternative Produkt- und Systemkonzeptionen in Erwägung gezogen werden: Soll ein neues Automobil entwickelt werden oder soll Mobilität erreicht werden? Sollen bestimmte Informationen überall verfügbar sein oder soll die Kommunikation auf eine neue Basis gestellt werden? Wollen wir eine homogenisierte Lebensmittelversorgung überall oder soll die Lebensmitteltechnologie andere (vergessene?) Produktqualitäten garantieren?

Aber nicht nur am selben Produkt können Optimierungen auseinanderlaufen, sondern es können sich auch für eine Produktklasse Optimierungen so widersprüchlich darstellen, daß es ratsam wird, den Produkttypus zu überdenken. Beispiel Verpackung: Laut Umweltbundesamt 1988 sind Polyethylentüten weniger umweltbelastend als Altpapiertüten, 1990 verlautbart das UBA Gegenteiliges. Dahinter steht, daß einmal die Luftbelastung, das andere Mal die Abwasserbelastung als Parameter favorisiert wurde. Beispiel phosphatfreie Waschmittel: Die Experten schätzen die Auswirkungen der Phosphathaltigkeit oder der Phosphatersatzstoffe (Schwermetallremobilisierung, Algenwachstum) unterschiedlich ein. Konsequenz müßte sein, die gesamte Produktklasse durch Einsparungstechnologien in den Auswirkungen ihrer Nutzung einzuschränken (siehe auch Frage 3).

Hier ist also ein Denken in zusätzlichen Alternativen angebracht, das die erreichten Optimierungseffekte konfrontiert mit u. U. nicht monetär erfaßbaren Verlusten, die mit ihnen einhergehen, und das fragt, ob nicht durch eine weitergehende Optimierung Optionen verletzt und Vermächtnisse zerstört werden.

Im Blick auf die technisch- und wirtschaftsethisch problematischen Pilot-Disziplinen soll diese Frage weiter erläutert werden:

Beispiel künstliche Intelligenz. Unter dem Einsatz künstlicher Intelligenz (hier: wissensbasierter Systeme, strukturierter Datenbanken) kann sicherlich ein Plus an Information und verbesserter Kommunikation stattfinden, Information insoweit, als unübersichtliche Handlungsalternativen modellhaft vorgestellt werden, als Kombinationsmöglichkeiten von Wissen dem Entscheidenden zur Auswahl unter bereits vorab geprüften Präferenzregeln und Präventionsmaßstäben angeboten werden können. Das Subjekt ist dadurch wissensmäßig autonomer. Gleichzeitig können bestimmte Systeme die Kommunikation verbessern, weil unabhängig von Ort und Zeit Daten verfügbar sind und auch strukturierte Datenkomplexe schnell aufbereitet und übertragen werden können, je nach unterschiedlicher Zwecksetzung. Einer hemmungslosen Optimierung dieses gewiß wünschbaren Effektes steht allerdings entgegen, daß sie durch semantische Einschränkungen erkauft wird, d. h. durch Einlassen auf die entsprechenden Sprachen und Modelle der Rechner, weiterhin, daß mit den Systemen eine Monopolisierung des Wissens bei denjenigen einhergeht, die über die entsprechenden Informationskapazitäten verfügen; schließlich, daß die Kriterien des Datenschutzes leicht verletzt werden können, wenn eine solche Monopolisierung unterlaufen werden soll. Das Vorantreiben der Optimierung ist also durch ein kluges Abwägen im Blick auf die gleichzeitig damit gezeitigten Nachteile zu flankieren, wobei dieses Abwägen gestaltende Kraft auf die Optimierung selbst haben muß, wenn nicht die Nachteile in einer ständig nachhinkenden Reparaturstrategie immer wieder kompensiert werden sollen, so daß am Schluß die Sachzwänge größer werden als der ursprünglich erzielte positive Effekt.

Beispiel Energiebereitstellung. Im Rahmen der Energiebereitstellungstechnologien ist die Optimierung als Erhöhung des Wirkungsgrades zu fassen. Die Erhöhung des Wirkungsgrades läßt sich zur Zeit am ehesten in fossil betriebenen

Kraftwerken kleinerer Bauart (Blockheizkraftwerke) realisieren, weil dort die Möglichkeit der Kraft-Wärme-Kopplung im Gegensatz zu den großen Kernkraftwerken gegeben ist, bei denen zu viel Wärme an zu entlegenen Orten für eine solche Kopplung anfällt. Andererseits verstärken die fossilen Kraftwerke durch die CO_2-Belastung den Treibhauseffekt und lassen außerdem das Ressourcenproblem ungelöst. Auch die Solarkraftwerke können noch in hohem Maße weiter optimiert werden. Aber einer Optimierung der Photovoltaik steht entgegen, daß beim gegenwärtigen Stand der Technik die Ökobilanz sowohl für die eingesetzten Materialien als auch hinsichtlich der Recyclebarkeit noch negativ ausfällt. Eine Optimierung, die rein auf die Erhöhung des Wirkungsgrades abzielt, ist also mit der Forderung nach einer Verbreiterung der Palette des Energie*dienstleistungs*angebotes zu konfrontieren; dies betrifft einerseits die Weiterentwicklung von Kraftwerkstypen, die bei verringertem Risiko und verbesserter Verfügbarkeit in kleineren Einheiten diejenigen Leistungen ersetzen, die jetzt durch die "großen" Kernkraftwerke erbracht werden (z. B. die Kugelhaufenreaktoren mit u. U. besseren Möglichkeiten der Entsorgung), andererseits vor allem aber Energiedienstleistungen wie Wärmedämmung u. v. a. mehr.

Beispiel Gentechnologie. Hier erscheint im Blick auf die Optimierungserfordernisse die Situation noch in drei Bereichen überschaubar und eindeutig bewertbar: im Bereich der somatischen Gentherapie (der unter dem Einverständnis des Patienten eingesetzten manipulierten Zellkultur oder Mikroorganismen zur Bekämpfung eines Leidens), der Gewinnung von Medikamenten durch genmanipulierte Organismen und der Diagnose durch sogenannte DNA-Sonden (manipulierte Organismen zum Nachweis des Vorliegens eines bestimmten pathologischen Effektes). Dem steht entgegen, daß Nebenfolgen als Restrisiko des oben genannten ersten Typs auftreten können, d. h. ein Restrisiko, das gegen den jeweiligen Nutzen abwägbar erscheint. Dies betrifft aber nur einen kleinen Ausschnitt der gentechnologischen Innovations- und Verwertungsmöglichkeiten, auf die im Zuge der weiteren Fragen einzugehen sein wird.

Beispiel Medizin. Optimierungsprozesse abschreckender Art werden immer wieder im Bereich der Sportmedizin ersichtlich, aber auch in Einseitigkeiten technisch-verengter und selektiv orientierter Therapie bestimmter Leiden, die die Berücksichtigung der Gesamtlebensweise und eines allgemeinen Konzepts von Gesundheit (laut WHO "körperliches und psychisches Wohlbefinden") vermissen lassen. Die sog. Apparatemedizin ist in ihren anerkannten Leistungen in Blick auf vernachlässigte Optimierungsparameter zu relativieren und stärker mit den Defiziten zu konfrontieren, die mit ihrer technischen Verengung einhergehen.

9.2 Zweite Testfrage: Ist es zu befürworten, daß ein bestimmter technischer Nutzen erkauft wird durch einen Abbau von Handlungskompetenz?

Jegliche Inanspruchnahme eines fremdgewährten Nutzens bringt neben den damit verbundenen Vorteilen eine Einschränkung unserer ursprünglichen Kompetenz zur Problembewältigung mit sich. Ein einfaches Beispiel wäre die Inanspruchnahme eines Automobils, die neben Schnelligkeit und Bequemlichkeit des Transports auf Dauer Einbußen für unseren Gesundheitszustand zur Folge haben kann. Virulenter wird diese Fragestellung und die damit aufgezeigte Alternative bei der Inanspruchnahme komplexerer Systeme: Wollen wir den Altenpflegeroboter? Hier wird ein zweifellos vorliegender Optimierungseffekt erkauft durch den Verlust der Kompetenz zur Kommunikation und Auseinandersetzung mit alternden Menschen, die größtenteils über die abgezwungene Fürsorge und das persönliche Einlassen auf die entsprechenden Probleme gegeben ist. Oder die modularisierten technischen Kinderspielzeugwelten im Medienverbund zwischen Comics, Video, technischen Artefakten, Fan-Artikeln und weiteren angepaßten Warenangeboten: Neugier-, Kommunikations- und Lerneffektsverluste werden durch die Ablenkung und das Amüsement kaum aufgewogen.

Deutlicher wird dieser Effekt im Blick auf unsere Pilot-Disziplinen.

Beispiel Künstliche Intelligenz. Sicherlich sind wir in der Lage, durch den Einsatz von Rechnern bestimmte Erfahrungen der Zukunft zu antizipieren, indem wir sie simulieren, d. h. unter bestimmten Parametern große Datenmengen zur Repräsentation zukünftiger Kontexte einsetzen. Damit werden wir allererst in die Lage versetzt, bestimmte Trends wenigstens annäherungsweise verantworten zu können und eine kluge Vorschau auf weitere Entwicklungen zu halten. Dieser Nutzenseffekt, hier durch von der Technik geliehenes Wissen, geht aber einher mit dem Verlust bestimmter Kompetenzen, beispielsweise derjenigen der kreativen Anpassung und kreativen Gestaltung von Situationen, die uns nur noch in Form der vorgegebenen Elemente und der zwischen ihnen angebotenen Kombinationsmöglichkeiten erscheinen. Mit dem faktischen Realitätsgewinn geht also, was die Kompetenz angeht, ein Realitätsverlust einher, weil uns die Realität nur noch über die Simulationen überhaupt zugänglich erscheint. Ähnliches gilt für die empirisch nachgewiesenen Kreativitätsverluste beim Planen und Konstruieren, wenn hierbei wissensbasierte Systeme eingesetzt werden. Diese erlauben zwar schnellere und effektivere Routinekonstruktionen und -planungen, verstellen aber oft den Blick auf mögliche originellere Alternativen. Rechnergestützte Selbstlernsysteme verdrängen die Fähigkeit zu sozialem Lernen und den damit verbundenen Reflexions- und Problematisierungseffekt.

Beispiel Energiebereitstellung. Sicherlich liegt der Nutzen der technischen Energiebereitstellungssysteme in den Energien, die uns zur Verfügung gestellt werden. Genauer sind diese aber zu fassen als Energiedienstleistungen, denn wir benötigen nicht Energie, sondern einen entsprechenden Effekt, der durch Energie eines bestimmten Typs erreicht werden soll. Gegenüber der notwendigen Differenzierung des Nutzens durch Energiebereitstellungssysteme überhaupt ist in

Rechnung zu stellen, daß durch ihre Nutzung und die entstehenden Abhängigkeiten bestimmte Handlungskompetenzen des Menschen eingeschränkt werden – auch durch entstehende Makrorisiken, die sich durch die ungelöste Endlagerungsproblematik und drohende Klimaveränderungen ankündigen. Das Entscheidende bei der Favorisierung von Energieeinspartechnologien gegenüber Energiebereitstellungstechnologien kann daher nicht ausschließlich der Blick auf die Kosten-Nutzen-Bilanz sein, sondern der – erweiterte – Blick auf die Erhaltung menschlicher Handlungsspielräume muß sich immer mehr zur Entscheidungsgrundlage entwickeln.

Beispiel Gentechnologie. Sicherlich lassen sich enorme Nutzenseffekte dadurch erzielen, daß in gewissem Rahmen Genrekombination inzwischen möglich ist. Dies gilt für die Herstellung künstlicher Organismen zur Nahrungsproduktion oder zur Müllverarbeitung (durch neue Regler-Gen-Rekombination, die bestimmte Organismen auf neue Außenreize mit anderer Leistung reagieren läßt und sie somit für uns besser verfügbar macht), und es gilt – im Zuge möglicher Keimbahnintervention – im Extremfall auch zur Optimierung menschlicher Eigenschaften bzw. zur Verhinderung der Vererbbarkeit bestimmter Leiden. Allerdings kollidiert dieser Nutzen mit unserer Kompetenz zur Herausbildung einer eigenen Identität, mit der die Integrität der Person begründet wird. Die sich selbst steigernde Lern- und Leistungsfähigkeit, über die sich das Selbstwertgefühl des Menschen konstituiert, wird tangiert, ebenso die Kompetenz der Persönlichkeitsbildung in der Auseinandersetzung mit dem Leid. Eine fremdbestimmte Entwicklung und Konstituierung menschlicher Organismen ist unter diesem Gesichtspunkt zu hinterfragen: Leiden, die die Persönlichkeitsentwicklung unmöglich machen (z. B. unerträgliche Schmerzen) dürften wohl eher der Gegenstand der Intervention werden als Behinderungen, die überhaupt nur unter wechselnden Optimierungsstandards als solche erscheinen, und deren Kompensation eher ein gesellschaftliches als ein biologisches Problem darstellt.
Ebenso sind Manipulationen an nicht-menschlichen Organismen immer im Blick auf die Erhaltung unserer Handlungsspielräume zu diskutieren und ggf. zu begrenzen. Auch hierbei sind unsere Kompetenzen dem auf den ersten Blick offenkundigen Nutzen gegenüberzustellen: Eine Optimierung der Nahrungsmittelproduktion durch gentechnische Intervention überdeckt die eigentlichen Defizite der Versorgung, die sich in erster Linie als Verteilungsproblem darstellen, und läßt politische Kompetenz mangels klarer Herausforderung verkümmern.

Beispiel Medizin. Daß schnelle und bequeme Genesung aufgrund physiko-chemischer Therapiemittel ein Nutzen ist, der durch die Schwächung der Selbstheilungskräfte und des Immunsystems erkauft wird, ist eine Binsenweisheit. Allerdings ist der Abwägungswille im Einzelfall – und dies macht das Paradigmatische hier aus – nicht bloß auf die Güterabwägung gerichtet, sondern ist in der Regel abhängig von den äußeren Bedingungen gesellschaftlicher und wirtschaftlicher Art, die die Möglichkeitsspielräume bzw. Zwänge zur Genesung ausmachen: Da Gesundheit auch – sowohl aus der Sicht des einzelnen, der in Arbeitsprozessen steht, als auch aus der Sicht der Gesellschaft – ein Wirtschaftsgut ist (was ihren Optionswertcharakter zerstört), ist die Testfrage 2 hier zugleich eine Provokation an die herkömmliche Art der Zielbestimmung eines ganzen technisch geprägten Wirtschaftssektors und leitet zur Frage 3 über. Psychologie und Naturmedizin werden u. a. wohl auch deshalb aus den allgemeinen Therapieverfahren herausgehalten, weil sie nicht nur die therapeutischen Mittel, sondern auch die Ziele problematisieren. Das bedeutet natürlich nicht, daß der Patient sich dort, wo Selbstheilung nicht zu erwarten ist, Optionen also nicht bestehen, wo er die Interventionen explizit versteht, billigt und anerkennt (Grundbedingung utilitaristischen Denkens), also sein Vermächtnis nicht bedroht ist, nicht zum Gegenstand medizinischer Technik machen sollte.

9.3 Dritte Testfrage: Sollen bestimmte Systeme der Technik bzw. des Wirtschaftens weiter ausgebaut werden? Wollen wir diese Systeme?

Unter dieser Fragestellung scheint sich eine auf den ersten Blick sehr weltfremd räsonnierende Fragestellung zu verbergen. Bei genauerer Betrachtung werden wir hier jedoch mit einem sehr konkreten Problem politischen Entscheidens konfrontiert. Problemlösungen entwickeln sich in der Regel zu Selbstläufern, deren Folgenmanagement unabdingbar ist und große Ressourcen an sich bindet. Jegliche technische Lösung zeitigt nicht nur einen begrenzten Nutzen, sondern bestärkt das System, innerhalb dessen sie entwickelt und hervorgebracht wurde. Dieser systemtheoretische Effekt kommt dadurch zustande, daß jedes System durch seine Hervorbringungen effizienter wird, besser auf die Anforderungen seiner Außenwelt reagieren kann und damit sozusagen ein Stück immuner wird gegenüber Provokationen durch Systemalternativen. Jegliche technische Lösung schreibt dadurch (oft ungewollt) den Trend der Systementwicklung fort, was sich z. B. im Kleinen in der Redeweise von einer notwendigen Amortisation ausdrückt. Ein Engagement des Wissenschaftlers und Ingenieurs über seinen beruflichen Alltag hinaus sollte aber durchaus die Reflexion anderer Systeme riskieren.

Analog zur Attraktivität der Maschinen unter der Leitidee "Erhöhung des Wirkungsgrades" locken die Systeme durch Garantierung der Stabilität – jedenfalls eine gewisse Entwicklungsstrecke lang. Systemzusammenbrüche sind schwer prognostizierbar, treten aber immer dann auf, wenn die Systementwicklung nicht mehr beeinflußbar ist. Korrektiv und Leitbild der Kritik sollte daher die Berücksichtigung der Kriterien sein, die die Grundwerte der Options- und Vermächtniswerterhaltung auf systemischer Ebene aktualisieren: für die Institutionen die Wahrung der Balance zwischen Herrschaft und Ermöglichung von Freiheit, für die Organisationen die Wahrung der Balance zwischen Effizienz und Gratifikation für die Mitglieder der Organisation und Träger des organisatorischen Handelns. Diese Balance läßt sich nicht absolut bestimmen, lediglich das Ausschlagen des Pendels läßt sich im Einzelfall diagnostizieren (s. o. Kap. Ethik institutionellen Handelns).

Dies wird wiederum deutlich im Blick auf unsere Pilotdisziplinen:

Beispiel Künstliche Intelligenz. Sicherlich werden durch die Systeme der Datenverarbeitung grundlegend bessere Kontrollmöglichkeiten unserer Realität bereitgestellt, viele Bereiche unseres Lebens werden allererst kontrollierbar und somit deren Entwicklung verantwortbar. Dem ist jedoch zu entgegnen, daß die Delegation von Verantwortung an Entscheidungssysteme in vielen Fällen problematisch ist. Von den strittigen Fällen einer automatischen Diagnose bei Krankheitsfällen (etwa in der Situation der Notaufnahme) bis hin zu der Frage, ob bestimmte Verantwortungen an Verkehrsleitsysteme delegiert werden dürfen, von der Frage nach der Verantwortung für Fehlplanungen oder fehlerhafte Risikoeinschätzungen (etwa beim Accident-Management von Kernreaktoren) bis hin zu der Frage, ob bestimmte Selbstlernsysteme sozusagen die Verantwortung für die Weiterbildung von Individuen übernehmen sollten – hinter solchen Überlegungen steht die Frage, inwiefern genuine Teile menschlicher Verantwortungskompetenz durch technische Systeme übernommen werden dürfen, obwohl diese durch die Wucherungen im Zuge ihrer Kompetenzsteigerung auch fehleranfälliger werden. An solchen Punkten sollte die Systemleistung selbst in Frage gestellt werden, insbesondere dann, wenn bloß noch aus der Systemperspektive diese Leistung beeinflußbar oder gar beurteilbar erscheint, wenn also z. B. Rechner nur noch durch Rechner kontrollierbar werden.

Beispiel Energiebereitstellung. Jegliche Optimierung von Energiebereitstellungssystemen gleich welcher Art, die Energiedienstleistungen anbieten, schränkt unsere Kompetenz, Kreativität und Investitionsbereitschaft zur Erschließung von Energieeinspartechnologien ein, weil uns das Fortschreiben von Systemen unter Amortisationszwänge setzt. Dies wird eklatant deutlich am Mißverhältnis des Einstiegs in Energieeinspartechnologien zwischen den USA (bereits vor 15 Jahren) und den Energiebereitstellern der Bundesrepublik (erst vor kurzem) sowie im Blick auf die zunehmend unbewältigbaren Folgelasten.

Beispiel Gentechnologie. Insbesondere die Möglichkeiten einer neuen Regler-Gen-Rekombination, also der Konditionierung von Organismen, auf bestimmte Außenreize in einer ihnen fremden und neuen Art zu reagieren, tangieren in doppelter Weise Kompetenzen, nämlich die Kompetenz der Evolution zur Offenheit und Selbstregulation sowie unsere Kompetenz, darauf zu reagieren. Werden solche Mechanismen außer Kraft gesetzt, so entsteht ein Restrisiko, das dadurch gekennzeichnet ist, daß wir die Risikodimension überhaupt nicht mehr überschauen(s. oben). Deutlich wird dies am Einstieg in das System der Müllverarbeitung durch genmanipulierte Mikroorganismen, die bisher unter den schwierigen Lebensbedingungen einer Deponie (Temperaturdifferenzen, Säureanfall...) überleben konnten und nun mit den Eigenschaften, die Abbau oder Schadstoff-/Schwermetallbindung ermöglichen, versehen werden sollen. Solche Organismen werden wegen ihrer hohen Resistenz leicht zu "Selbstläufern", die dann ungeheuren Schaden anrichten können, wenn wir aus welchen Gründen auch immer ihre Leistungen nicht mehr benötigen oder nicht mehr beanspruchen wollen. Diesem System steht die Forderung nach Mülleinspartechnologien gegenüber. Diese gilt auch gegenüber anderen Systemen der Müllbeseitigung, die enorme Folgelasten nach sich ziehen (Transport- und Recyclingkapazitätsbereitstellung) und damit Kompetenzen im Umgang mit Gütern erheblich einschränken. Angesichts systemischer Wirkungen befinden wir uns immer in einer sogenannten "falsifikationistischen Asymetrie" (Walter Ch. Zimmerli). Sie besteht darin, daß wir über die globalen

Auswirkungen von Systemen grundsätzlich immer erst zu spät Kenntnis erlangen, und unser Verhalten daher eher als reagierend denn als gestaltend zu modellieren ist. An solchen Stellen sind Systemalternativen in der Umweltgestaltung zu bedenken, weil nur noch durch sie eine Gestaltung der Natur als Umwelt und nicht nur als Systemwelt denkbar ist: Energieeinspartechnologien, Müllvermeidungstechnologien, Substitutionstechnologien, die bei geringer Eingriffstiefe eine höhere Unmittelbarkeit des Naturkontakts ermöglichen, sollten an die Stelle der Systemoptimierung treten.

Beispiel Medizin. Medizinische Technologie steht im systemischen Verbund mit der Pharma-Forschung (somit der Pharma-Industrie), dem Gesundheitsverhalten der Bevölkerung und ihren Lebensbedingungen, dem Krankenversicherungssystem und den Aktionen der Ärzteschaft als straff organisiertem Berufsverband. Auf institutioneller Ebene haben wir hier ein sich selbst stabilisierendes System von Leitbildern, auf organisatorischer Ebene den Prozeß der Fortschreibung der Mitgliedergratifikation (einschließlich der Regulation von Interessenkonflikten) und des Erhalts der Effizienz der Subsysteme (Krankenkassen, Pharmaforschung etc.). Die Gesundheitsreform, die in Ansätzen verwirklicht ist, läßt erahnen, wie Systemalternativen aussehen könnten: Bessere Honorierung der Vorsorge und Reduktion der Eingriffstiefe auf das Notwendigste, neue Risikoverteilung und Abbau einseitiger Privilegierung von Chancen bezüglich der reparaturethisch orientierten Pharma-Forschung.

9.4 Vierte Testfrage: Identifizieren wir unsere Subjektivität, gewinnen wir unser Selbstbild zu sehr über die Technik?
("Verlieren wir uns in unseren Werken?" - Hegel -)

Wer sich über die Systeme der Technik selbst identifiziert, identifiziert sich über Produkte und nicht mehr über (soziale) Kompetenzen (Rolleneinnahme). Damit geht die Gefahr einher, daß einer Verengung und Vereinseitigung des Menschenbildes Vorschub geleistet wird. Selbstverständlich liegt jedem Menschenbild eine Modellierung zugrunde, die oft mit Hilfe der Technik oder unter dem Vorbild eines technischen Modells erfolgt. So konnten wir wesentlichen Einblick in die Funktionsweisen natürlicher Intelligenz gewinnen. Und so konnten bestimmte Verhaltensweisen von Gattungen durch die Erträge der Gentechnologie als Einblick in die Struktur der genetischen Codes erklärt werden. Fatal wird diese Erkenntnisstrategie aber dann, wenn sie Absolutheitsanspruch erhebt und die Verantwortung des Menschen für die Gestaltung seiner Umwelt dadurch unterläuft, daß er selbst nur noch als Teil oder Funktion dieser Umwelt erscheint. Gefährlicher als der "homo faber", der Wissenschaftler, der Ingenieur, der Produzent als Handwerker, der wertfrei Technik und Güter zu entwickeln vorgab, ist heute derjenige, der die gesamte Welt als technischen Mechanismus begreift und sich selbst nur unter den Kriterien der Effizienz organisierender Systeme modelliert. Er übersieht, daß er seine eigene Erkenntnisposition unter dieser Weltsicht nicht mitmodellieren kann und ist daher, wie wir alle, auf die Einsicht zurückzuführen, daß er zur Freiheit verurteilt ist. Das bedeutet aber, daß ihm, wie allen, die Verantwortung zur Umweltgestaltung obliegt und nicht an eine sich selbst organisierende "Natur" abgegeben werden kann, erst recht nicht an eine Natur, die wir anhand technischer Bildern erfassen und modellieren, durch die "Brille" technischer Konstrukte. Sonst verfällt der Begriff der Umwelt (s. o.) genauso wie derjenige der Verantwortung. Auch dies läßt sich im Blick auf die Pilot-Disziplinen besonders deutlich sehen:

Beispiel Künstliche Intelligenz. Eine geläufige Strategie der Selbstidentifikation natürlicher Intelligenz findet über die Modelle statt, die im Rahmen der künstlichen Intelligenz als Informationsverarbeitungs- und/oder Lernmodelle entworfen werden – von der Booleschen Algebra bis zum Arbeiten hochkomplexer neuronaler Netze - PDP-K.I.-Modelle. Solchen Auffassungen vom Menschen als Lern- und Entscheidungsautomat steht gegenüber, daß wir in der Lage sind, uns in praktischer Hinsicht, d. h. über die Verantwortungsübernahme und Entscheidung zur Freiheit, aus dem Bereich sich selbst regulierender Systeme herauszustellen, allein schon dadurch, daß wir uns nach unserem Verhältnis zu diesen Systemen fragen können bzw. fragen müssen.

Beispiel Energietechnologien. Der Psycho-Physiker Wilhelm Ostwald hat im Rahmen seiner Lehre vom "energetischen Imperativ" Vorschläge unterbreitet, die Logik der Verwaltung, des Rechts und der Gesellschaftsgestaltung auf die Logik der Thermodynamik zurückzuführen. In neueren Publikationen – auch aus ökologischer Sicht – wird der Mensch als "Kraftmaschine" analysiert im Blick auf Energie und Stoffströme, die er gestaltet und die ihn durchlaufen. Dem ist entgegenzuhalten, daß der Mensch sich *qualitativ* selbst identifizieren kann und muß, über die naturgesetzlichen Zusammenhänge, in denen er steht, hinaus.

Beispiel Gentechnologie. Im Rahmen der sogenannten evolutionären Moral ist es üblich geworden, den Menschen als genetisch programmierte Überlebensmaschine zu charakterisieren. Bei allen Erklärungsleistungen dieser Modellierung ist doch zu betonen, daß sie nicht selbstexplikationsfähig ist, insbesondere nicht zu erklären vermag, ob die Charakterisierung des Menschen als genetisch programmierte Überlebensmaschine selbst Resultat einer solchen genetischen Programmierung ist. Die Außensicht des Menschen auf selbst organisierende Systeme läßt sich nicht dadurch unterlaufen, daß man sich in sie hineindefiniert. Denn der Standpunkt des Definierenden ist damit noch immer nicht erfaßt. Demgegenüber ist die Transzendenz zu betonen, in die der Mensch in dem Moment geworfen ist, in dem er überhaupt Erkenntnis herstellt und Modelle von der Welt, von sich und seiner Stellung in der Welt entwirft. Die Definition des Menschen als Überlebensmaschine erlaubt keinerlei Schlüsse auf das Sinnvollsein oder Nichtsinnvollsein seiner Handlungen, auf ihre Legitimation und ihre sittliche Berechtigung. Solche Modelle können in erklärender Absicht für das Scheitern bestimmter Handlungen eingesetzt werden, nicht jedoch als Orientierungsmaßstab für die Zukunft, in die ihr der Blick aufgrund ihrer Anlage als Rekonstruktion von Selbstorganisationsprozessen grundsätzlich verstellt ist. Ein Determinist, gleich welcher Art, kann sein Selbstbild nicht zur Handlungsorientierung fruchtbar machen.

Beispiel Medizin. Es ist die Tendenz zu beobachten – eine falsche Konsequenz utilitaristischen Denkens – den Gesundheitsbegriff über dasjenige zu operationalisieren, was durch die medizinischen Technologien nachweisbar und/oder herstellbar ist. Der "eingebildete Kranke" erscheint unter dem Paradigma, das durch den Stand der instrumentellen Beherrschung unseres Körpers formuliert ist, als irrational. Die Unterdrückung "latenter" oder "nicht befriedigbarer" Bedürfnisse, die die utilitaristische Rationalität uns nahelegt, wird durch das Feld der Mittel geprägt. Demgegenüber ist die Notwendigkeit des Selbstbezugs des Subjekts einzuklagen, das seinen Gesundheitszustand, und zwar als "Wohlbefinden" (WHO-Definition), einzig selbst zu bestimmen vermag (vorausgesetzt es befreit sich von den Vorgaben der Technik). Ein solch umfassender Begriff von Gesundheit ist eine nicht von außen zu widerlegende Instanz, die die Verengung mancher technisch geprägter Medizin aufzusprengen erlaubt. Der Begriff des "eingebildeten Schmerzes" ist selbstwidersprüchlich, da Schmerz die Evidenz seiner selbst mit sich führt ("Vergeh!") und den "rationalen" Zweifel nicht erlaubt.

Zum Blick in die Zukunft sind wir verurteilt, weil wir zum Handeln verurteilt sind. Wenn dieses Handeln zunehmend unter unsicheren Prämissen stattfindet, sind wir aufgefordert, mit dieser Unsicherheit umzugehen. Das ist das Zentralproblem einer Technikethik in der modernen Zeit, und die angebotenen Lösungsansätze zielen im wesentlichen darauf, diese Unsicherheit mit der Notwendigkeit zu vereinbaren, ein gutes Leben im Sinne der Erhaltung von Handlungskompetenzen zu bewahren. Wenn daher der Schwerpunkt der ethischen Argumentation sich zunehmend auf die Legitimation von Verfahren im Gegensatz zur dogmatischen Begründung einzelner Werte richtet, bedeutet dies nicht, daß die Ethik formal (im Sinne von "leer") geworden ist.

Die Testfragen richten sich letztlich darauf, die Diskursbedingungen der Orientierung für einen Umgang mit Technik zu erhalten. Diese Bedingungen sind materialer Natur.

Beispiel Künstliche Intelligenz

		abzuwägen	
Testfrage 1	Mehr Information, Bessere Kommunikation	versus	Semantische Einschränkung und Monopolisierung des Wissens, Datenschutzverletzung
Testfrage 2	Antizipation von Erfahrung durch Simulation	versus	Kreativitätseinschränkung, Realtätsverlust
Testfrage 3	Bessere Kontrollmöglichkeit der Artefakte	versus	Kontrollverlust durch die Subjekte qua Delegation von Verantwortung, Programmwucherung
Testfrage 4	Selbstidentifikation der Natürlichen über Künstliche Intelligenz	versus	Verlust der Einsicht in die Notwendigkeit der Abgrenzung in praktischer Hinsicht

Abb. 22. Beispiel Künstliche Intelligenz

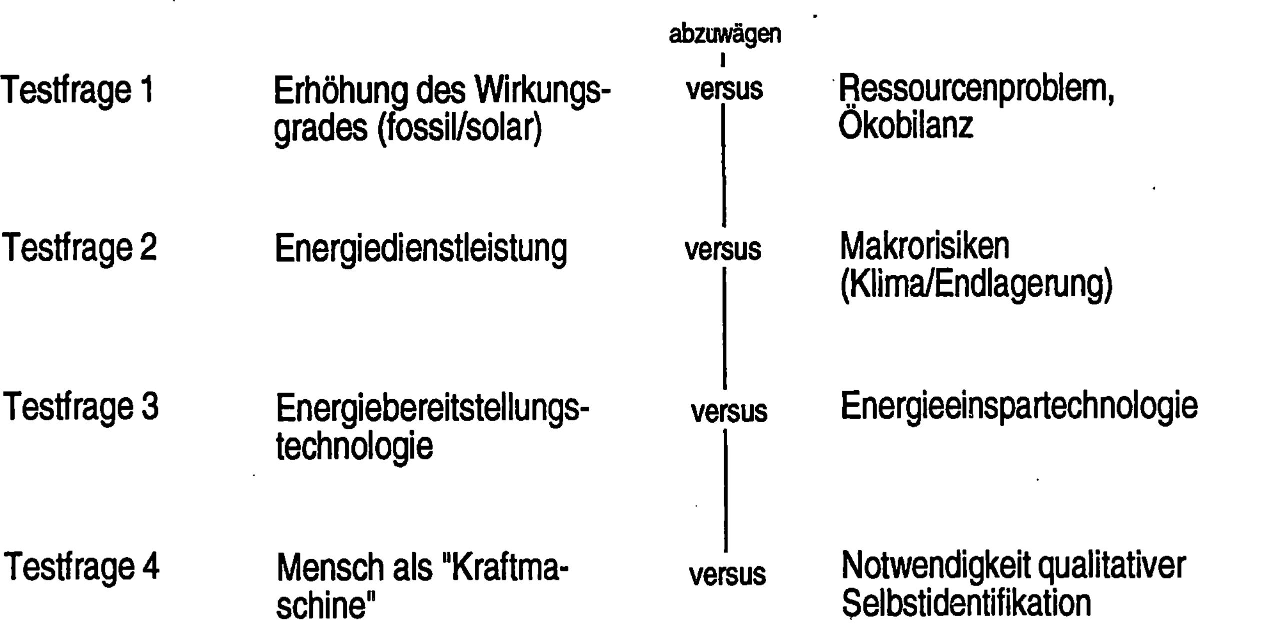

Abb. 23. Beispiel Energiebereitstellung

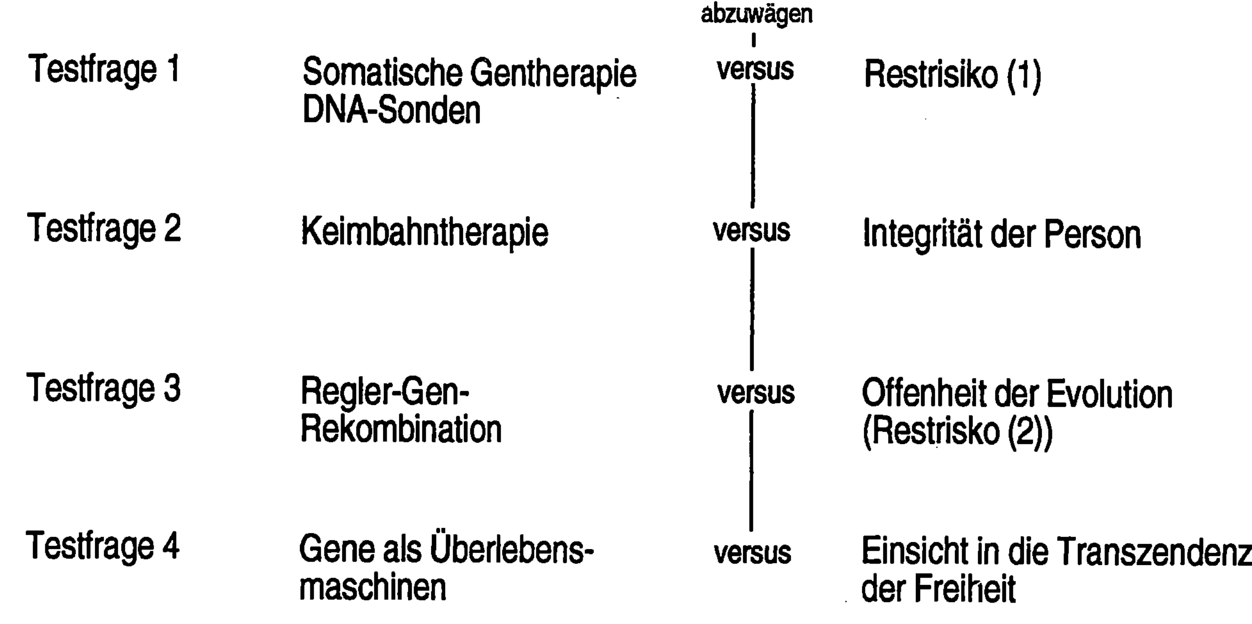

Abb. 24. Beispiel Gentechnologie

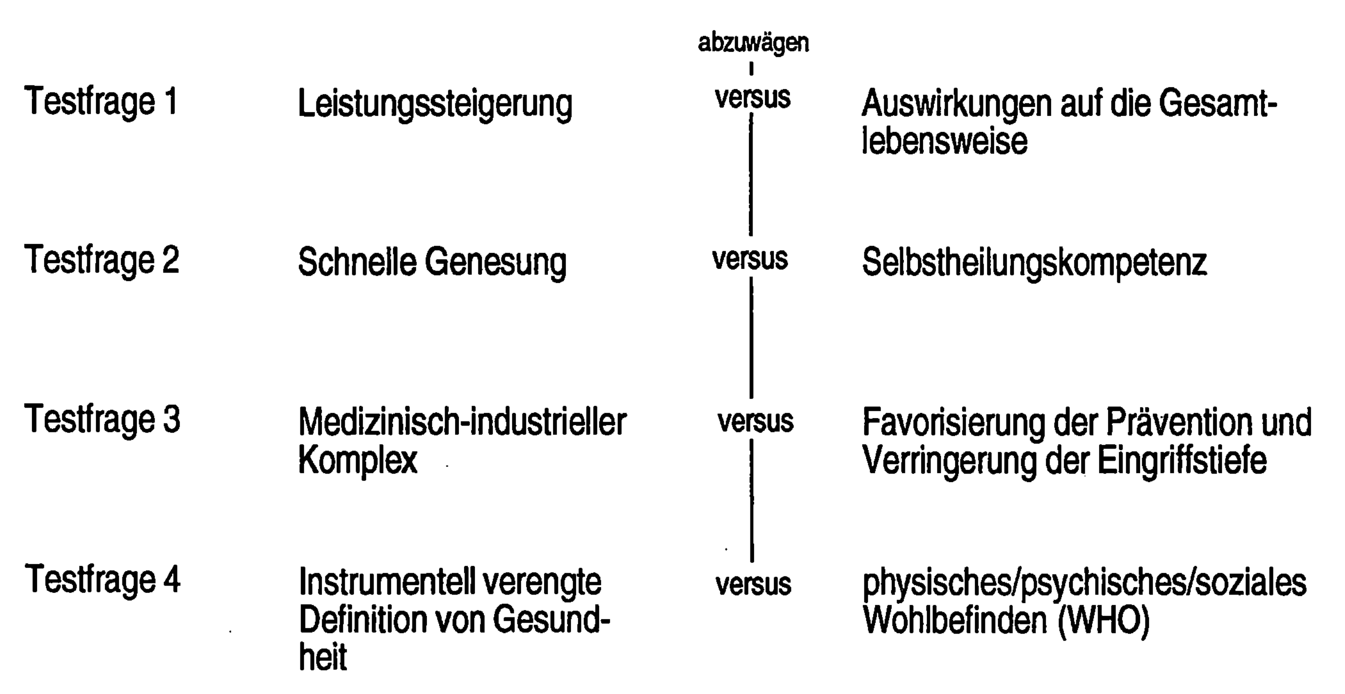

Abb. 25. Beispiel Medizin

10 Konsequenzen für die Wertungen in den Fachwissenschaften

Wenn abschließend wissenschaftsethische Konsequenzen für die Gestaltung fachwissenschaftlicher Tätigkeit diskutiert werden sollen, kann es nicht darum gehen, den Prozeß der Wissensgewinnung von außen zu normieren. Es gibt abschreckende Beispiele des Verfalls von Wissenschaften, die in ihrer eigenständigen Entwicklung durch dogmatische Vorgaben und funktionale Erfordernisse aus Politik und Wirtschaft behindert wurden.[1] Wissenschaften stehen unter dem Anspruch, ihren Gegenstandsbereich vollständig zu erfassen und Ereignisfolgen in diesem Gegenstandsbereich durch konsistente Theorien zu erklären. Hinsichtlich der Subjekte der Wissenschaft selbst wird die Wissenschaftlichkeit des Vorgehens durch den Anspruch auf universelle Nachvollziehbarkeit und Kontrollierbarkeit gewährleistet.

Allerdings ist – wie wir gesehen haben – mit diesen globalen Charakterisierungen das Problemfeld der Rechtfertigung wissenschaftlicher Entscheidungen im Forschungsprozeß keineswegs vollständig erfaßt. Wissenschaftsethische Überlegungen finden ihren Ansatzpunkt nicht in der Forderung, jene Ideale von Wissenschaftlichkeit zu verändern, sondern greifen dort, wo "Wissenschaftlichkeit" in einen allgemeineren Zusammenhang gestellt wird. Hier entsteht ein neuer Rechtfertigungsbedarf.

10.1 Die Grenze der wissenschaftsinternen Rationalität

Der bloße Hinweis darauf, daß durch die Steigerung der Erklärungs- und Prognoseleistung der Fachwissenschaften ein ungeheurer technischer Fortschritt (auch hinsichtlich der Sozialtechnologien) erzielt worden ist, reicht zur Rechtfertigung der Grundanlage der Wissenschaften nicht aus. "Was ist der Nutzen des Nutzens?" fragte Gotthold Ephraim Lessing angesichts des (vorgeahnten) Absolutheitsanspruchs utilitaristischen Denkens. Bezogen auf die Wissenschaften signalisiert diese Fragehaltung, daß die Wissenschaften und ihre Leistungen selbst dahingehend zu problematisieren sind, wie sie von ihrem Typ und ihrer Leistung

---

[1]Vergl. K. Hübner et al. (Hrsg.), Die politische Herausforderung der Wissenschaft, a. a. O., S. 24-51 (Der Fall Lysenko u. a.).

her in die menschliche Lebenswelt eingebettet werden können, d. h. wie sich ihr Bezug zu den mit ihnen umgehenden Subjekten gestaltet.

Die Rationalität des Erkennens, die "Wissenschaftlichkeit" ausmacht, ist zu ergänzen durch eine Rationalität der Vernunft.[2] Vernunft ist unser Vermögen, Ideen anzuerkennen und unser Handeln unter diese Ideen zu stellen. Kriterium für den Gültigkeitsanspruch von Ideen (jenseits des Ideenpluralismus) ist – wie Kant gezeigt hat – die Möglichkeit der Herstellung eines widerspruchsfreien Selbstbezuges des Handelns zu sich, m. a. W.: Nur diejenigen Ideen können Gültigkeit beanspruchen, die nach ihrer Anerkennung nicht die Position des Subjektes mit seinen Fähigkeiten und seinen Ansprüchen, seinen Lebensbedingungen und seiner Sozialität beschädigen. Wir hatten dies konkretisiert in dem Vorschlag, Options- und Vermächtniswerte als basale Werte und Gewichtungskriterien in den Prozessen des Abwägens gelten zu lassen.

Solcherlei Vernunftrationalität muß somit auch das wissenschaftliche Forschen als Korrektiv und Leitidee begleiten. In der Frage nach der "Angemessenheit" der wissenschaftlichen Gegenstandskonstitution, nach der "Adäquatheit" des Einsatzes wissenschaftlicher Methoden – also nach den paradigmatischen Voraussetzungen – spiegelt sich der Anspruch der Vernunftrationalität. Denn diese Fragen können eben nicht durch den Prozeß der Herstellung des Wissens selbst beantwortet werden: Sie betreffen das Problem der Wahrheits*fähigkeit* und der Gültigkeits*unterstellung* von Möglichkeitsspielräumen einzelner Wahrheitsbehauptungen. Die Forderung, dieser Frage dadurch zu entsprechen, daß die Erträge der Wissenschaften auf den "Fond vorwissenschaftlich akkumulierter Erfahrung, die den Resonanzboden einer lebensgeschichtlich zentrierten sozialen Umwelt [bildet], also die vom ganzen Subjekt erworbene Bildung" zu beziehen seien, (Jürgen Habermas)[3] verengt die Bezugsdimension und scheint – abgesehen von der Vagheit dieser Forderung – Wissenschaften der Kontingenz historisch-sozialer Konstellationen auszuliefern. Dies ist unter wissenschaftssoziologischen Gesichtspunkten sicherlich ein fruchtbarer Ansatz zur Klärung von Wissenschaftsgenese. Für die normative Frage, für das Orientierungsproblem bei Grundsatzentscheidungen, kann die Rechtfertigungsproblematik aber nicht durch Verstehenstraditionen ersetzt werden (dies bedeutet umgekehrt nicht, daß im vorwissenschaftlichen Bereich die Irrationalität willkürlicher Anerkennungsakte herrschen müsse).

Nachfolgend soll dies im Blick auf exemplarische Fachwissenschaften verdeutlicht werden. Ausführlichere Erläuterungen müssen detaillierteren Einzelstudien überlassen bleiben.[4]

---

[2]Vergl. hierzu Chr. Hubig, Rationalitätskriterien, a. a. O.

[3]J. Habermas, Analytische Wissenschaftstheorie und Dialektik, in: Adorno et al., Der Positivismusstreit, a. a. O., S. 158f.

[4]S. dazu die Angaben in Kap. 0.2.

10.2 Grundentscheidungen bei der Gegenstandskonstitution – das Problem der Adäquatheit

Wenn es um die Fragen der Angemessenheit der Konstitution eines Forschungsgegenstandes geht, der eine Disziplin charakterisiert und an sich bindet, ist die wissenschaftsinterne Erkenntnisrationalität überfordert, denn ihre Regeln greifen erst *nach* der Gegenstandskonstitution. Gegenstände werden in ihrer Möglichkeit durch die Entscheidung für den Einsatz bestimmter Methoden bestimmt. Nun treten Rechtfertigungsprobleme weniger in den Situationen auf, in denen ein völlig neuer Gegenstandsbereich ins Blickfeld genommen wird: Hier kommt die menschliche Curiositas, die unverbietbare Neugier, zu ihrem Recht, und voreilige Restriktionen, Tabuisierungen und Denkverbote entbehren jeglicher Rechtfertigungsbasis, erst recht, wenn teleologisch argumentiert wird, ohne daß Folgen auch nur einigermaßen überschaubar wären.[5] Virulent wird vielmehr diese Problematik, wenn etablierte Methoden unter Kenntnis ihrer Leistungen und Grenzen von einem Gegenstandsbereich auf einen anderen übertragen werden. Dabei ist jeweils zu rechtfertigen, inwieweit die damit einhergehende (neue) Selektivität der Perspektive angemessen ist.

Wir treffen auf diese Fragestellung beispielsweise im Zusammenhang der Übertragung eines naturwissenschaftlich geprägten Naturbegriffes auf die Ökologie und Umweltforschung, ferner im Bereich der Übertragung naturwissenschaftlicher Sichtweisen auf die Erforschung menschlicher Leiden. Ein Blick auf die Diskussionen zeigt, daß gerade hier die Erkenntnisrationalität unter dem – ethisch reflektierten – Problemdruck zunehmend und schrittweise durch Elemente vernunftrationalen Reflektierens ergänzt wird. Natur und der menschliche Körper werden nicht mehr bloß als Gegenstände des Experimentierens und der Intervention begriffen, sondern in ihrem Bezug zu den mit ihnen umgehenden Subjekten, die dadurch sich selbst als ein Element eines solchen Bezugssystems zu begreifen lernen, thematisiert. Der Naturbegriff der Umweltforschung bekommt, wenn er in seiner Gestaltbarkeit und Gemachtheit durch menschliche Subjekte begriffen wird, den Charakter eines antwortenden Kosubjektes – nicht im anthropomorphen und animistischen Sinne, sondern in der Hinsicht, daß er zum Dialogpartner unserer Selbstvergewisserung über unsere Handlungsmöglickeiten und somit über uns selbst wird. So erscheint dann auch der Körper nicht mehr als dinghafte Maschine, sondern als Akteur in unserem Handlungssystem. Wenn Natur und Körper unter Kategorien subjektiver Selbstbezüglichkeit zu denken sind, verlangt dies den Einbezug des sozialwissenschaftlichen Methodenspektrums, das in der Umweltforschung und der Erforschung menschlichen Leidens inzwischen ja auch angewandt wird.

Im sozial- und wirtschaftswissenschaftlichen Bereich treffen wir Rechtfertigungsprobleme hinsichtlich der Adäquatheit von Methoden in den Diskussionen um die Erfassung menschlichen Handelns unter den Modellen rationalen Entscheidens an. Das Feld menschlichen Handelns erscheint dann als Gegenstandsbereich, der optimierbar ist, wobei Aspekte der Vernunftrationalität oftmals ausgeklammert

---

[5]Vergl. G. Küppers/P. Lundgren/P. Weingart, Umweltforschung – die gesteuerte Wissenschaft, Frankfurt/M. 1978.

werden. Seltsamerweise erscheinen diese Aspekte gerade dort, wo scheinbar irrationale Verhaltensmechanismen Anlaß zu ihrer "wissenschaftlich" fundierten Kritik geben – etwa wenn Handlungen ohne Aussicht auf Erfolg oder unter der Wahl des schwierigeren, "ineffizienteren", Weges gewählt werden.[6] Das Sich-bewähren-wollen, das Die-eigenen-Grenzen-erfahren-wollen bis hin zur "Angstlust" sind unter vernunftrationalen Gesichtspunkten keineswegs Formen abweichenden Verhaltens, die einer Erklärung ihres pathologischen Zustandekommens bedürfen, sondern es sind Formen der Identitätsbildung, die im Forschungsfeld nicht den Status von Ausnahmen und Regelverstößen bekommen dürfen, wie es z. B. die sog. "objektive" Hermeneutik als sozialwissenschaftliches Paradigma vorsieht.

Im Bereich der Psychologie und Arbeitswissenschaft finden wir eine ähnliche Problemlage, wenn es darum geht, unter bestimmten Modellen des "psychological Man" den Gegenstand Mensch unter bestimmten Parametern zu fassen, die möglichst in experimentellen Situationen operationalisierbar sind.[7] Dies wird z. B. in der Streßforschung besonders augenfällig (und somit auch bei den Konsequenzen, die die Ergonomie für die Gestaltung von Arbeitsplätzen daraus zieht, wenn Augeninnendruck, Nackenmuskelverspannung, Hautwiderstand und Transpirationsrate die psychische Situation des Arbeitenden charakterisieren sollen). Unter vernunftrationalen Gesichtspunkten sind die eher qualitativ zu charakterisierenden Dimensionen von Sozialität, Kommunikation etc. in das Gegenstandsfeld mit einzubeziehen. Im umfassenderen Sinne führt dies zur Konsequenz,, daß bei allen Erfolgen des manipulativen Umgangs mit Menschen, etwa beim Verhaltenstraining, die vernunftrationale Rechtfertigungsbasis nicht aus den Augen verloren werden darf: Dies bezieht sich insbesondere auf das wissenschaftsethische Gebot der Notwendigkeit weitestmöglicher Selbstdiagnose der Betroffenen.[8]

Im Bereich der Rechtswissenschaften resultiert aus der Berücksichtigung jener wissenschaftsethisch orientierten Sichtweise, daß neben dem paradigmatischen Verfahren der Subsumption von Einzelfällen unter die Rechtsregel, das den Forschungsbetrieb zur Herstellung konsistenter Rechtssysteme leitet, das den Übungsbetrieb im Studium und schließlich gar die Architektur rechnergestützter Entscheidungshilfen prägt, ergänzt werden muß durch die bereits von Aristoteles angemahnte Berücksichtigung der Billigkeit. Diese bezieht sich auf die Angemessenheit eines möglichen Bezugs von Rechtsregeln auf den Einzelfall jenseits definitorisch-logisch geprägter Subsumption und verlangt eine wissenschaftliche Fundierung, die ebenfalls aus dem Methodenspektrum der Sozialwissenschaften und verstehenden Wissenschaften befruchtet werden kann und einer stärkeren Berücksichtigung im Wissenschaftsbetrieb bedarf.

Für die Geisteswissenschaften schließlich scheint der Gegenstand in Form von vorgegebenen Texten vorfindlich. Gegenstandskonstitution bedarf aber auch hier der Rechtfertigung in dem Maße, wie die Gegenstände – beispielsweise durch Gattungszuweisung – in ihrer Bedeutung hierarchisiert werden (vom klassischen Kunstwerk bis zu den Gebrauchstexten, dem Kitsch oder pathologischen Zeugnissen). Je nach Zuordnung zu bestimmten Gattungen erscheinen die Texte als klas-

---

[6]Vergl. F. H. Tenbruck, Zur Kritik der planenden Vernunft, Freiburg/München 1972.
[7]Vergl. die in Kap. 0.2 erwähnten Arbeiten zur "Qualitativen Psychologie".
[8]Chr. Hubig, Rationalitätskriterien, a. a. O.

sisch-leitbildhaft oder als abweichend.[9] Auch hier liegt die Verlockung vor, durch Auswahl eines bestimmten Typs von Texten konsistente Theoriebildung zu begünstigen, wobei jedoch oft Momente produktiver Kritik zu kurz kommen, die den methodischen Ansprüchen der Interpretation nicht standhalten. Die Macht der Tradition, in der die Klassizität von Werken sich immer wieder selbst bestätigt und in deren Dienst die Geisteswissenschaften stehen – wie Hans Georg Gadamer es fordert[10] – ist zu konfrontieren mit den Ansprüchen und Erfordernissen von Ideologiekritik. Dies prägt in vielen Einzelfällen die grundlegenden Kontroversen im Bereich der Geisteswissenschaften.[11]

10.3 Chancen- und Risikoabwägung im Forschungsprozeß

Beim Umgang mit Chancen und Risiken bedarf es der Orientierung an den Richtlinien, wie sie für die Technik bereits vorgestellt wurden. Experimentelle Anordnungen finden die Grenzen ihrer Möglichkeit natürlich dort, wo Menschen, ohne daß sie die Verfahren explizit anerkennen, zum Gegenstand von Experimenten werden, bzw. dort, wo unter bewußter Ausklammerung triftiger Gesichtspunkte Forschung in bestätigender Absicht zu einseitigen Resultaten führt, deren positiver Effekt eher in der Gratifikation für die Schulenbildung als für den Wissensprozeß selber liegt. Die erste Forderung ist allgemeinethisch gut begründet, die zweite fällt in den Bereich des Wissenschaftsethos, so daß hier keine i. e. S. wissenschaftsethische Problemspezifik vorliegt. Somit erscheint der Forschungsprozeß selbst unter diesen Gesichtspunkten eher als wissenschaftsethisch immun, von bestimmten Einzelfällen (etwa der Durchführung von Feldversuchen im biologischen oder sozialen Bereich und den damit verbundenen Risiken) einmal abgesehen. Allerdings lassen sich über diese Regeln hinaus noch weitere Prinzipien fixieren, die zu beachten sind. Es sind solche, die die Aufrechterhaltung der Diskurs*bedingungen* von Wissenschaft garantieren, und den kontrollierenden Selbstbezug der Subjekte ermöglichen:

10.3.1 Das Gebot der Transparenz

Transparenz im Forschungsprozeß schließt nicht bloß das Verbot einer von externen Interessen bestimmten Privatwissenschaft ein, sondern bezieht sich auch auf die Öffnung des Diskurses für diejenigen, die von ihm betroffen sind. Es meint die konsequente Umsetzung des Gebots der Vernunftrationalität im Blick auf die Herstellung eines möglichst engen Bezugs zwischen Gesellschaft, Politik und Wissenschaft. Die Autonomie der letzteren als Ideal darf nicht verwechselt werden mit

---

[9]Chr. Hubig, Rezeption als Handlung, a. a. O.

[10]H. G. Gadamer, Wahrheit und Methode, Tübingen 1965.

[11]Vergl. K. O. Apel et al., Hermeneutik und Ideologiekritik, Frankfurt/M. 1971.

der Notwendigkeit ihrer Gestaltung durch die Bereitstellung materieller Voraussetzungen angesichts begrenzter Ressourcen , die im Bereich der Forschungsplanung immer zu Entscheidungen zwingt.

10.3.2 Das Gebot der Interdisziplinarität

Hergestellte Transparenz ermöglicht, die Selektivität von Perspektiven zu überwinden und im Gesamtspektrum möglichen Vorgehens Erträge der Wissenschaften zu relativieren und zu gewichten. Dabei ist insbesondere der Austausch der Wissenschaften untereinander gefordert, die Interdisziplinarität. Diese sollte nicht in der Addition und Akkumulation wissenschaftlicher Einzelerträge liegen, sondern in die Organisation gemeinsamer Forschungsdiskurse münden. Im Idealfall schlägt sich dies bereits in der entsprechenden Fassung der Grundkategorien nieder: So läßt sich ein adäquater Begriff etwa von Lärm nur unter Einbezug physikalischer, biologischer, medizinischer, psychologischer und soziologischer Gesichtspunkte gewinnen und kann die Lärmforschung interdisziplinär fundieren. Ähnliches gilt für Grundbegriffe wie Gesundheit, Natur, Leben etc.

10.4 Der Umgang mit dem Wissen – die institutionelle Verantwortung der Wissenschaft

In ihrer organisierten Form ist Wissenschaft ein Machtfaktor, der keineswegs ohne Einfluß auf die Prozesse ist, in denen die Erträge der Wissenschaften für bestimmte Zwecke Verwendung finden. Dies geht weit über den Bereich des Beratens und Mahnens hinaus. Nicht nur solch offenkundige Fälle wie die Indienstnahme der Laserforschung für SDI und damit verbundene Verweigerungshaltungen sind charakteristisch für jenes Geschehen. Vielmehr sind die Wissenschaften eine kulturprägende Kraft, was zwar weniger offenkundig bei den Naturwissenschaften scheint, aber im Blick etwa auf die Erweiterung der Ansprüche der Genforschung auf unsere Handlungskultur u. v. a. der Relativierung bedarf. Besonders deutlich wird die kulturprägende Kraft der Wissenschaften im Bereich der Wirtschafts- Sozial- und Geisteswissenschaften. Die Gestaltung gesellschaftlicher Handlungsstrukturen ist in vielerlei Hinsicht propagierten Modellen menschlichen Handelns bei den Versuchen (und dem Scheitern) ihrer Steuerung verpflichtet – vergl. etwa die Diskussion um den Monetarismus als Modell wirtschaftlicher Steuerung.

Und die Geisteswissenschaften, die seit der Notwendigkeit einer Auslegung der Mythen menschliche Identität sichern und Orientierungsangebote rekonstruieren, stehen bis in die Einzelfälle hinein immer wieder vor der Frage, ob sie die zu interpretierenden Texte in den Dienst der Identitätsbildung stellen (bis hin zur "nationalen" Identität), oder ein "weites Reich von Möglichkeiten" erschließen[12],

---

[12]W. Dilthey, Der Aufbau der geschichtlichen Welt in den Geisteswissenschaften, in: Ges. Schriften Bd. 7, Stuttgart 1958, S. 215.

"das in der Determination des wirklichen Lebens nicht vorhanden war", wodurch Orientierungen erschüttert und Ansatzpunkte zur Kritik gegeben werden können. Auch hier ist das Abwägen im Einzelfall unter den diskutierten Kriterien unabdingbar (vergl. die Kontroverse um Hölderlin, das literarische Biedermeier, Kafka, die preußische Tradition, den Historikerstreit u. v. a. mehr).

Im Rahmen einer allgemeinen Wissenschaftsethik sind – unserem aristotelischen Ansatz folgend – diese Fragen nicht mehr diskutierbar. Der Bedarf an Überlegungen, die den Bezug zu der ethischen Basis bei der Diskussion einzelwissenschaftlicher Kontroversen herstellen, ist ersichtlich und wurde in der Problemgeschichte immer wieder thematisiert. Wenn Friedrich David Ernst Schleiermacher schreibt "Die Wissenschaft von der Geschichte ist die Ethik", und die Geisteswissenschaften in den Dienst der "Vergewisserung unserer höchsten Interessen", der "Selbstfindung des Geistes" stellt, pointiert er eine Sichtweise, die stärker in den Forschungsprozeß zu integrieren wäre, und nicht erst, wie es oft geschieht, in den Alterswerken bedeutender Naturforscher, Historiker und Ökonomen zur Geltung kommen soll. Daß der "Flug der Eule der Minerva", die athenische Weisheit, erst in der Dämmerung einsetzen kann, wie Hegel bemerkt, kann uns nicht darüber hinwegtäuschen (und hinwegtrösten), daß Athene, die Erfinderin des Webstuhls und zugleich der Kunst, auch Verse zu weben (zu dem Zweck, das Schicksal erträglich zu machen)[13], als homo faber bereits vor der Dämmerung zu Entscheidungen gezwungen ist.

---

[13]Vergl. Pindar, 12. Pyth. Ode, in: Die Dichtungen und Fragmente, Leipzig 1942, S. 121.

Literaturverzeichnis

Th. W. Adorno/ M. Horkheimer, Dialektik der Aufklärung, Frankfurt/M. 1948.

Th. W. Adorno et al., Der Positivismusstreit in der deutschen Soziologie, Neuwied 1969.

G. Agricola, De re metallica, dt. Ausg. München 1977.

K. D. Alpern, Ingenieure als moralische Helden, in: H. Lenk/G. Ropohl (Hrsg.), Technik und Ethik, Stuttgart 1987, S. 177-193.

H. Albert, Theorie und Prognose in den Sozialwissenschaften, in: E. Topitsch (Hrsg.), Logik der Sozialwissenschaften, Köln/Berlin 1971, S. 126-143.

H. Albert/E. Topitsch (Hrsg.), Werturteilsstreit, Darmstadt 1979.

G. Andersson, Praxisbezug und Erkenntnisfortschritt, in: Chr. Hubig/W. v. Rahden (Hrsg.), Konsequenzen kritischer Wissenschaftstheorie, Berlin/New York 1978, S. 58-80.

K. O. Apel et al., Hermeneutik und Ideologiekritik, Frankfurt/M. 1971.
— Diskussionsbeiträge, in: W. Oelmüller (Hrsg.), Transzendentalphilosophische Normenbegründung, Paderborn 1978, S 173-203.

H. Arendt, Vita activa oder Vom tätigen Leben, Stuttgart 1960.

Aristoteles, Metaphysik, übers. v. H. Bonitz, München 1966.
— Nikomachische Ethik, übers. v. O. Gigon, München 1972.

J. H. Barnett, W. D. Willsted, Strategic Management, Boston 1988.

U. Beck, Risikogesellschaft, Frankfurt/M. 1986.

J. Bentham, Eine Einführung in die Prinzipien der Moral und der Gesetzgebung, in: O. Höffe (Hrsg.), Einführung in die utilitaristische Ethik, Tübingen [2]1992, S. 55-83.

D. Birnbacher, Sind wir für die Natur verantwortlich?, in: ders. (Hrsg.), Ökologie und Ethik, Stuttgart 1980, S. 103-139.

H. Blumenberg, Arbeit am Mythos, Frankfurt/M. 1969.

G. Böhme, Alternativen der Wissenschaft, Frankfurt/M. 1980.
— Autonomisierung und Finalisierung, in: Starnberger Studien 1, Die gesellschaftliche Orientierung des wissenschaftlichen Fortschritts, Frankfurt/M. 1971, S. 69-130.
— Alternativen in der Wissenschaft – Alternativen zur Wissenschaft, in: Chr. Hubig/W. v. Rahden (Hrsg.), Konsequenzen kritischer Wissenschaftstheorie, Berlin/New York 1978, S. 40-57.

G. Böhme et al., Alternativen in der Wissenschaft, in: Zs.f.Soz. 1 (1972), S. 302-316.

R. B. Brandt, Einige Vorzüge einer bestimmten Form des Regelutilitarismus, in: O. Höffe (Hrsg.), Einführung in die utilitaristische Ethik, Tübingen ^{2}1992, S. 183-222.

V. Brennecke/W. Ch. Zimmerli (Hrsg.), Technikverantwortung in der Unternehmenskultur, Düsseldorf 1992.

J. Briggs/F. D. Peat, Die Entdeckung des Chaos, München 1990.

W. Burisch, Soziologie der Organisation, Stuttgart/Berlin 1973.

J. S. Coleman, Die asymmetrische Gesellschaft, Weinheim/Basel 1986.

W. v. d. Daele, Die soziale Konstruktion der Wissenschaft, in: G. Böhme et al., Experimentelle Philosophie. Ursprünge autonomer Wissenschaftsentwicklung, Frankfurt/M. 1977, S. 129-182.

R. Dahrendorf, 'Anmerkungen zur Diskussion', in: Th. W. Adorno et al., Der Positivismusstreit in der deutschen Soziologie, Neuwied/ Berlin 1969, S. 145-154.

Der Maschinenschaden, Fachzs. für Risikotechnologie, 1988/H. 2.

F. Dessauer, Streit um die Technik. Frankfurt/M. 1956.

J. Dewey, Art as Experience, New York 1980.

Die Idee der deutschen Universität. Die fünf Grundschriften aus der Zeit ihrer Neubegründung, o. Hrsg., Darmstadt 1956.

W. Dilthey, Der Aufbau der geschichtlichen Welt in den Geisteswissenschaften, in: Ges. Schriften Bd. 7, Stuttgart 1958.

T. Donaldson, Corporations and Morality, Englewood Cliffs/NJ. 1982.

M. Dowie, Pinto Madness, in: R. J. Baum (Ed.), Ethical Problems in Engeneering, Vol. 2, Cases. New York 1980, S. 167-174.

Th. Ebert, Praxis und Poiesis. Zu einer handlungstheoretischen Unterscheidung des Aristoteles, in: ZfphF 30/31, S. 12-30.

J. G. Fichte, Werke, Stuttgart 1964.

F. Fischer, Jenseits eines technokratischen Diskurses: Risikoabschätzung in einer demokratischen Gesellschaft, in: Forschung aktuell, Sonderheft Technik und Gesellschaft, Nr. 36-38 Jg. 8, S. 25 ff.

E. Franck, Risikobewertung in der Technik, in: G. Hosemann (Hrsg.), Risiko in der Industriegesellschaft, Erlangen 1989.

W. K. Frankena, Analytische Ethik, München 1972.

P. A. French, Collective and Corporate Responsability, New York 1984.

B. S. Frey, Umweltökonomie, in: Handwörterbuch der Wirtschaftswissenschaften, Bd. 8, Stuttgart, S. 47-58.

H. Freyer, Theorie des gegenwärtigen Zeitalters, Stuttgart 1955.
— Über das Dominantwerden technischer Kategorien in der Lebenswelt der indu striellen Gesellschaft, in: Akademie der Wissenschaft und der Literatur, Abh. der geistes- und sozialwissenschaftlichen Klasse, Jg. 1960 Nr. 7, Wiesbaden 1960, S. 131-145.

G. D. Friedlander, The case of the Three Ingeneers vs. BART (Bay Area Rapid Transit), in: IEEE Spektrum, Oktober 1974.

H. G. Gadamer, Wahrheit und Methode, Tübingen 1965.

A. Gehlen, Die Seele im technischen Zeitalter, Reinbek 1957.
— Über die Geburt der Freiheit aus der Entfremdung, in: ders., Studien zur Anthropologie und Soziologie, Neuwied/Berlin 1963, S. 232-246.
— Moral und Hypermoral. Eine pluralistische Ethik, Frankfurt/M. 1973.
— Urmensch und Spätkultur, Frankfurt/M. 1977.

C. F. Gethmann, Ethische Aspekte des Handelns unter Risiko, in: VGB Kraftwerkstechnik H. 12,67 (1987).

R. E. Goodin, Protecting the Vulnerable. A Reanalysis of Our Social Responsabilities, Chicago/London 1985.

J. Habermas, Technik und Wissenschaft als 'Ideologie', Frankfurt/M. 1968.
— Notizen zu einem Begründungsprogramm, in: J. Habermas, Moralbewußtsein und kommunikatives Handeln, Frankfurt/M. 1983, S. 53-126.
— Theorie der Gesellschaft oder Sozialtechnologie?, in: ders./N. Luhmann, Theorie der Gesellschaft oder Sozialtechnologie, Frankfurt/M. 1971, S. 142-290.
— Analytische Wissenschaftstheorie und Dialektik, in: Th. W. Adorno et al., Der Positivismusstreit in der deutschen Soziologie, Neuwied 1969, S. 155-192.

E. Haeckel, Generelle Morphologie der Organismen, Berlin 1866.
— Die natürliche Schöpfungsgeschichte, Berlin 1868.

H. Haken, Erfolgsgeheimnisse der Natur. Synergetik: Die Lehre vom Zusammenwirken, Stuttgart 1981.

R. M. Hare, Entscheidungsfindung in der Städteplanung, Diskussionsbeiträge zur Ethik Nr. 16, Saarbrücken 1991.

M. Hariou, La théorie de l'institution et de la fondation, in: ders., Aux sources du droit, Paris 1933, S. 96-112.

G. W. F. Hegel, Über die wissenschaftlichen Behandlungsarten des Naturrechts, seine Stelle in der praktischen Philosophie, und sein Verhältnis zu den positiven Rechtswissenschaften (1802), in: Ges. Werke IV, Hamburg 1968, S. 417-485.

O. Höffe, Ethik und Politik. Grundmodelle und -probleme der praktischen Philosophie, Frankfurt/M. 1979.
— Ethik als praktische Philosophie – Die Begründung durch Aristoteles, in: ders., Ethik und Politik, Frankfurt/M. 1979, S. 60-82.

K. Holzkamp, Wissenschaft als Handlung, Berlin 1981.

M. Horkheimer, Kritik der instrumentellen Vernunft, Frankfurt/M. 1974.

G. Hosemann, Gefahrenabwehr und Risikominderung als Aufgaben der Technik, in: ders. (Hrsg.), Risiko in der Industriegesellschaft, Erlangen 1989, S. 102.

Chr. Hubig, Das Defizit der Finalisierungsdebatte und eine pragmatische Alternative, in: Chr. Hubig/W. v. Rahden (Hrsg.), Konsequenzen kritischer Wissenschaftstheorie, Berlin/New York 1978, S. 111-138.
— Handlung - Identität - Verstehen. Von der Handlungstheorie zur Geisteswissenschaft, Weinheim 1985.

— Rationalitätskriterien qualitativer Analyse, in: G. Jüttemann (Hrsg.),
Qualitative Forschung in der Psychologie, Weinheim 1985, S. 327-351.

— Idiographische und nomothetische Forschung aus wissenschaftstheoretischer
Sicht, in: H. Thomae (Hrsg.), Biographie und Psychologie,
Berlin/Heidelberg/New York 1987, S. 64-72.

— Die Hermeneutik und ihre Bedeutung für die Psychologie, in: G. Jüttemann
(Hrsg.), Wegbereiter einer Historischen Psychologie, Weinheim 1988, S. 70-83.

— Analogie und Ähnlichkeit. Probleme einer theoretischen Begründung ver
gleichenden Denkens, in: G. Jüttemann (Hrsg.), Komparative Kasuistik,
Weinheim 1989, S. 133-143.

— Ökologische Ethik und Wissenschaft, in: M. Faulstich (Hrsg.), Ganzheitlicher
Umweltschutz, Stuttgart 1990, S. 33-46.

— Rezeption und Interpretation als Handlungen. Zum Verhältnis von
Rezeptionsästhetik und Hermeneutik, in: H. Danuser/F. Krummacher (Hrsg.),
Rezeptionsästhetik und Rezeptionsgeschichte, Laaber 1991, S. 37-56.

— Abduktion. Das implizite Voraussetzen von Regeln, in: G. Jüttemann (Hrsg.),
Regelgeleitetes Handeln. Zur Wiederbegründung einer geisteswissenschaftlichen
Psychologie, Heidelberg 1991, S. 1-11.

— Kunst als Anwalt heuristischer Vernunft. Über die Möglichkeit der Kunst und
die Kunst des Möglichen, in: F. Koppe (Hrsg.), Perspektiven der
Kunstphilosophie, Frankfurt/M. 1991, S. 139-146.

— Prinzipien institutionellen Handelns: Über das Subjekt politischer Gestaltung,
in: A. Fritsch (Hrsg.), Warum versagt unsere Politik?, München 1993, S. 147-157.

— (Hrsg.), Ethik institutionellen Handelns, Frankfurt/New York 1982.

— (Hrsg.), Verantwortung in Wissenschaft und Technik, (TUB - Dokumentation
Nr. 54), Berlin 1990.

— mit W. v. Rahden (Hrsg.), Konsequenzen kritischer Wissenschaftstheorie,
Berlin/New York 1978.

K. Hübner et al. (Hrsg.), Die politische Herausforderung der Wissenschaft,
Hamburg 1976.

E. Jelden, Menschliche und elektronische Wissensverarbeitung in der Heuristik,
Bericht des DFG-Projektes Konstruktionshandeln, TU Berlin 1990.

— Technik und Weltkonstruktion. Versuch einer handlungs- und
erkenntnistheoretischen Grundlegung der Technikphilosophie,
Frankfurt/M./Berlin/Bern 1994.

H. Jonas, Das Prinzip Verantwortung. Versuch einer Ethik für die technologische
Zivilisation, Frankfurt/M. 1979.

— Technik, Medizin und Ethik, Frankfurt/M. 1987.

I. Kant, Grundlegung zur Metaphysik der Sitten (hrsg. v. K. Vorländer) Hamburg 1963.
— Metaphysik der Sitten, Hamburg 1966.
— Schriften zur Anthropologie, Geschichtsphilosophie, Politik und Pädagogik (= Werke, hrsg. v. W. Weischedel, Bd. 10), Darmstadt 1977.

E. Kapp, Grundlinien einer Philosophie der Technik, Braunschweig 1977

H. v. Kleist, Über das Marionettentheater (1810), in: Werke Bd. 4, München 1972.

D. Klumpp, Technikfolgenabschätzung, in: M. Mai, Sozialwissenschaften und Technik. Beispiele aus der Praxis, Frankfurt/M. 1990, S. 45-83.

Kommission der Europäischen Gemeinschaften: Stichwort Europa, Brüssel 1988.

H. Krings, System und Freiheit, Freiburg 1980.

Th. S. Kuhn, Die Struktur wissenschaftlicher Revolutionen, Frankfurt/M. 1967.
— Die Entstehung des Neuen, Frankfurt/M. 1977.

G. Küppers/P. Lundgren/P. Weingart, Umweltforschung – die gesteuerte Wissenschaft, Frankfurt/M. 1978.

J. Ladd, Morality and the Ideal of Rationality in Formal Organizations, in: T. Donaldson/P. H. Werhane (Hrsg.), Ethical Issues in Business, Englewood Cliffs/NJ. 1983, S. 125-136.

H. Lenk, Zur Sozialphilosophie der Technik, Frankfurt/M. 1982.
— Über Verantwortungsbegriffe und das Verantwortungsproblem in der Technik, in: ders./G. Ropohl (Hrsg.), Technik und Ethik, Stuttgart 1987, S. 112-148.
— Zwischen Wissenschaft und Ethik, Frankfurt/M. 1992.
— mit M. Mahring, Verantwortung und soziale Fallen, in: Ethik und Sozialwissenschaften 1 (1990) H. 1, S. 49-56.

— mit G. Ropohl (Hrsg.), Technik und Ethik, Stuttgart 1987.

N. Lobkowicz, Erkenntnisleitende Interessen, in: K. Hübner et al. (Hrsg.), Die politische Herausforderung der Wissenschaft, Hamburg 1976, S. 55-65.

H. Lübbe, Der Lebenssinn der Industriegesellschaft, Berlin 1990.

N. Luhmann, Die Welt als Wille ohne Vorstellung. Sicherheit und Risiko aus der Sicht der Sozialwissenschaften, in: Die politische Meinung Nr. 229.

— Soziologie der Moral, in: ders./S. H. Pfürtner, Theorietechnik und Moral, Frankfurt/M. 1978, S. 8-116.

O. Marquard, Apologie des Zufälligen. Philosophische Studien, Stuttgart 1986.
— Abschied vom Prinzipiellen, Stuttgart 1986.

K. Marx, Deutsche Ideologie,Darmstadt 1971.

R. K. Merton, Entwicklung und Wandel von Forschungsinteressen, Frankfurt/M. 1985.

M. Mesarovic/E. Pestel, Menschheit am Wendepunkt, Stuttgart 1974.

K.-M. Meyer-Abich, Wie ist die Zulassung von Risiken für die Allgemeinheit zu rechtfertigen?, in: M. Schüz (Hrsg.), Risiko und Wagnis Bd. 1, Pfullingen 1990, S. 172-193.

J. St. Mill, Utilitarismus, in: O. Höffe (Hrsg.), Einführung in die utilitaristische Ethik, Tübingen [2]1992, S. 84-97.

C. Mitcham, Information Technology and the Problem of Incontinence, in: ders./A. Hunig (Hrsg.), Philosophy and Technology II, Doordrecht/Boston 1986, S.123-150

J. Mittelstraß, Platon, in: O. Höffe (Hrsg.), Klassiker der Philosophie I. München 1981, S. 38-62.

H. Mohr, Evolutionäre Ethik, in: Wörterbuch der ökologischen Ethik, Freiburg 1986.

R. Musil, Der Mann ohne Eigenschaften, Reinbek 1970.

Ch. S. Peirce, Schriften II, Frankfurt/M. 1970.

H.-O. Peitgen/P. H. Richter, The Beauty of Fractals, Berlin/New York 1986.

Pindar, Die Dichtungen und Fragmente, übers. v. L. Wolde, Leipzig 1942.

K. R. Popper, Logik der Forschung, Tübingen [3]1969.

Projektgruppe ökolog. Wirtschaft (Hrsg.), Produktlinienanalyse, Köln 1987.

M. Praetorius, Marketing und Ethik, in: H.-G. Geisbüsch et al., Marketing, Stuttgart [2]1991.

J. Rawls, Eine Theorie der Gerechtigkeit, Frankfurt/M. 1976.

G. Ropohl, Die unvollkommene Technik, Frankfurt/M. 1985.

J.-P. Sartre, Ist der Existentialismus in Humanismus, in: ders., Drei Essays, Frankfurt/M./Berlin/Wien 1970, S. 7-51.

H. Schelsky, Der Mensch in der wissenschaftlichen Zivilisation, Köln/Opladen 1961.
— Die Arbeit tun die Anderen. Klassenkampf und Priesterherrschaft der Intellektuellen, Opladen 1975.

F. Schiller, Über die ästhetische Erziehung des Menschen in einer Reihe von Briefen, 23. Brief, Stuttgart 1965.

A. Schweitzer, Kultur und Ethik, in: ders., Ges. Werke II, München o.J.

G. Simmel, Der Konflikt der modernen Kultur, München/Leipzig 1918.

P. Singer, Praktische Ethik, Stuttgart 1984.

J. J. C. Smart, Extremer und eingeschränkter Utilitarismus, in: O. Höffe (Hrsg.), Einführung in die utilitaristische Ethik, Tübingen ²1992, S. 167-182.

R. Spaemann, Technische Eingriffe in die Natur als Problem der politischen Ethik, in: D. Birnbacher (Hrsg.), Ökologie und Ethik, Stuttgart 1986, S. 180-206.

R. Spaemann/R. Löw, Die Frage WOZU?, München/Zürich 1981.

U. Steger, Läßt sich "ethische" Unternehmensführung verwirklichen? – Vom guten Vorsatz zur täglichen Praxis, in: M. Dierkes/K. Zimmermann (Hrsg.), Ethik und Geschäft, Frankfurt/M. 1991, S. 187-204.

W. Stegmüller, Evolutionäre Erkenntnistheorie, Realismus und Wissenschaftstheorie, in: R. Spaemann et al. (Hrsg.), Evolutionstheorie und menschliches Selbstverständnis, Weinheim 1984, S. 5-34.

E. Ströker, Einführung in die Wissenschaftstheorie, Darmstadt 1973.

F. H. Tenbruck, Zur Kritik der planenden Vernunft, Freiburg/München 1972.

K. Türk, Soziologie der Organisation, Stuttgart 1978.

Verein Deutscher Ingenieure, Technikbewertung. Begriffe und Grundlagen (VDI-Richtlinie 3780), Düsseldorf 1991.

C. F. v. Weizsäcker, Bewußtseinswandel, München 1987.

P. H. Werhane, Persons, Rights and Corporations, Englewood Cliffs/NJ. 1985.

W. Ch. Zimmerli, Wandelt sich die Verantwortung mit dem technischen Wandel?, in: Lenk/Ropohl (Hrsg.), Technik und Ethik, Stuttgart 1987, S. 92-111.

Zs. für deutsche Landwirthe 1, 1850.

Namenregister

Adorno, Th. W. 15, 26ff
Agricola, G. 92, 156
Albert, H. 25f, 47
Alberti, L.-B. 157
Alpern, K. D. 63
Andersson, G. 38
Apel, K. O. 126, 130, 181
Arendt, H. 20
Aristoteles 6, 9, 14, 33, 65ff, 77,
    114, 118f, 127, 129, 131, 180

Bacon, F. 36, 152
Baldwin, J. M. 37
Barnett, J. H. 66
Beck, U. 112
Bentham, J. 122
Birnbacher, D. 155
Blumenberg, H. 150
Böhme, G. 36f, 49
Brandt, R. B. 123
Brecht, B. 68
Brennecke, V. 11
Briggs, J. 95
Bunge, M. 40
Burisch, W. 105

Cassirer, E. 151
Cicero 75
Coleman. J. S. 106f
Comenius 36

Daele, W. v. d. 36
Dahrendorf, R. 15
Dessauer, F. 19
Dewey, J. 151
Dilhey, W. 182

Donaldson, T. 107
Dowie, M. 65
Droysen, G. 19

Ebert, Th. 33
Erasmus von Rotterdam 156

Fechner, G. 82
Fichte, J. G. 127
Ficino, M. 157
Fischer, F. 112
Franck, E. 82f
Frankena, W. K. 18, 120, 122
French, P. A. 107
Frey, B. S. 107
Freyer, H. 20, 26, 29
Friedlander. G. D. 64

Gadamer, H. G. 181
Gehlen, A. 17, 19f, 34, 102, 106,
    150
Gethmann, C. F. 99
Goethe, J. W. 37, 151
Goodin, R. E. 106

Habermas, J. 27, 29, 31ff, 35, 109,
    124ff, 130f, 161, 178
Haeckel, E. 150
Haken, H. 106
Hare, R. M. 14
Hariou, M. 102
Hegel, G. W. F. 17, 20, 64, 68f,
    170, 183
Höffe, O. 14, 118, 120, 128
Hölderlin, F. 183
Holzkamp, K. 48

Springer-Verlag und Umwelt